◆ ཐོན་སྐྱེད་ཞིར་སྤྱོད་ལག་རྩལ།

རྟའི་རྒྱུན་མཐོང་ནད་རིགས་འགོག་བཅོས་བྱེད་ཐབས།

ལི་ཅིང་དང་རྗེང་ཡི་འཞང་། ཏུའུ་ཏན་བཅས་ཀྱིས་བསྒྲིགས།

ཚེ་བརྟན་དཔལ་གྱིས་བསྒྱུར།

天地出版社 | TIANDI PRESS

གནམ་ས་དཔེ་སྐྲུན་ཁང་།

图书在版编目（CIP）数据

马的常见疾病防治（藏文版）/ 李靖，邓亮，杜丹编著；才旦还译. —成都：天地出版社，2021.4（2023.5重印）
（实用生产技术）
ISBN 978-7-5455-6308-5

Ⅰ. ①马… Ⅱ. ①李…②邓…③杜…④才… Ⅲ. ①马病－防治－藏语 Ⅳ. ①S858.21

中国版本图书馆CIP数据核字（2021）第046377号

MA DE CHANGJIAN JIBING FANGZHI ZANGWEN BAN

马的常见疾病防治（藏文版）

出品人 杨政
编者 李靖 邓亮 杜丹
译者 才旦还
责任编辑 李倩
藏文特约编辑 次仁绒布 俄州卓玛 益西彭措
封面设计 阿林
电脑制作 四川胜翔数码印务设计有限公司
责任印制 白雪

出版发行 天地出版社
（成都市锦江区三色路238号 邮政编码：610023）
（北京市方庄芳群园3区3号 邮政编码：100078）
网址 http://www.tiandiph.com
电子邮箱 tianditg@163.com
经销 新华文轩出版传媒股份有限公司

印刷 成都市锦慧彩印有限公司
版次 2021年4月第1版
印次 2023年5月第4次印刷
开本 889mm × 1194mm 1/32
印张 7
字数 168千字
定价 32.00元
书号 ISBN 978-7-5455-6308-5

咨询电话：（028）86361282（总编室）
购书热线：（010）67693207（营销中心）

如有印装错误，请与本社联系调换。

དཀར་ཆག

རབ་བཅད་དང་པོ། ལུས་ཁམས་ལ་བརྟག་ཐབས།

དང་པོ། རྒྱུན་སྲོལ་བརྟག་ཐབས།

རྟའི་ལུས་ཁམས་ལ་བརྟག་དཔྱད་བྱེད་པ་ནི་རྟ་ལ་བདག་སྐྱོང་དོ་དམ་དང་ལས་ཀར་བཀོལ་བའི་གོ་རིམ་ཁྲོད་ཀྱི་ལས་རིམ་གལ་ཆེན་ཞིག་ཡིན་ཞིང་། བདེ་ཐང་ཡིན་མིན་ལ་བརྟགས་ན། རྟའི་རྒྱུན་ལྡན་གྱི་བྱ་སྤྱོད་དང་རྒྱུན་ལྡན་མིན་པའི་སྣང་ཚུལ་ལ་རྒྱུས་ལོན་བྱེད་ཐུབ།

1. ལུས་དྲོད་དང་འཕར་རྩ། འབྱིན་རྔུབ་བཅས་ཀྱི་ཚད་འཛལ། རྟའི་ལུས་དྲོད་དང་འཕར་རྩའི་ལྡིང་ཚད། དབུགས་འབྱིན་རྔུབ་ཀྱི་ཚད་བཅས་ལ་ཇི་ལྟར་ཚད་འཛལ་བར་འཛོན་དགོས་པར་མ་ཟད། དམིགས་ཚད་འདི་དག་གི་རྒྱུན་ལྡན་གྱི་ཁྱབ་ཁོངས་ལའང་རྒྱུས་མངའ་ཡོད་དགོས།

（1）ལུས་དྲོད་འཛལ་བ། ལུས་དྲོད་འཛལ་ཆས་ཀྱི་དྲོད་ཚད37℃མན་ལ་ཕབ་ཅིང་། སྙིང་ལ་ཕན་རྡོ་ལིན（凡士林）ནམ་འདག་ཆལ་གྱི་ཆུ་བསྐུས་ནས་ལུས་དྲོད་འཛལ་ཆས་ཀྱི2/3རྟའི་བཤང་སྒོ་ལས་གཞང་དཀར་ནག་གི་ནང་ལ་བཙུག་སྟེ། ལུས་དྲོད་འཛལ་ཆས་དམ་པོར་བཟུང་སྟེ། སྐར་མ་གཉིས་ཀྱི་རྗེས་སུ

ཕྱིར་བླངས་ནས་དྲོད་གྲངས་ལ་བལྟས་ཆོག །གལ་སྲིད་སྒྲོག་རྟུལ་ལུས་དྲོད་འཇལ་ཆས་ཀྱིས་རྟའི་ལུས་དྲོད་གཞལ་དགོས་ཚེ། ལུས་དྲོད་འཇལ་ཆས་ལས་ཏུའུ་ཏུའུ་ཞེས་པའི་སྒྲ་ཞིག་གྲགས་རྗེས། ད་གཟོད་བླངས་ནས་དྲོད་གྲངས་ལ་བལྟ་དགོས། རྟའི་རྒྱུན་ལྡན་གྱི་ལུས་དྲོད་ནི37.5～38.5℃བར་ཡིན་ཞིང་། གལ་སྲིད་ལུས་དྲོད39℃ལས་བརྒལ་ཚེ། ཕྱུགས་ནད་སྨན་པ་བོས་ནས་བརྟག་དཔྱད་བྱ་དགོས།

（2）རྩའི་འཕར་ཚད་འཇལ་བ། རྟའི་འཕར་རྩའི་སྙིང་ཚད་ལ་ལྟ་བདེ་བའི་ལུས་ཀྱི་གནས་གཉིས་ནི། མ་མགལ་གྱི་འཕར་རྩ་དང་མིག་རྒྱབ་གོང་རྗེབ་ཀྱི་འཕར་རྩ་གཉིས་ཡིན། རྟའི་རྒྱུན་ལྡན་གྱི་རྩའི་འཕར་གྲངས་ནི་སྐར་མ་རེར་ཐེངས26～42ཡིན། རྟ་བྲེལ་འཚུབ་ལངས་སྐབས་སྙིང་གི་སྙིང་ཚད་མགྱོགས་པས་རྩའི་འཕར་གྲངས་ཀྱང་དེ་མཐོར་འགྲོ་ངེས། རྟ་ལ་འདྲོགས་མ་བསླངས་པར་བག་ལྷོད་དང་འདུག་སྐབས། རྩའི་འཕར་གྲངས་སྐར་མ་རེར་ཐེངས55བརྒལ་ཚེ། མྱུར་དུ་ཕྱུགས་ནད་སྨན་པ་བོས་ནས་བརྟག་དཔྱད་བྱ་དགོས།

（3）དབུགས་འབྱིན་རྔུབ་ཀྱི་ཚད་འཇལ་བ། རྟའི་གསུམ་ཕོག་གི་བསྐུམ་བརྐྱང་ལ་བརྟག་པའམ། ཡང་ན་གནམ་གཤིས་འཁྱག་ན། རྟའི་སྣ་ཁུང་གི་དབུགས་འཚང་བའི་སྣང་ཚུལ་ལ་བརྟག་ཆོག །རྒྱུན་ལྡན་གྱི་དབུགས་འབྱིན་རྔུབ་ཀྱི་གྲངས་ཚད་ནི་སྐར་མ་རེར་ཐེངས8～16ཡིན་པ་དང་། གལ་སྲིད་རྟ་ངར་ལངས་ཡོད་པ་དང་རྟ་འདུལ་སྐབས། ལྷག་པར་ཚ་བ་ཆེ་སྐབས་བཏུལ་ན། དབུགས་འབྱིན་རྔུབ་ཀྱི་གྲངས་ཀ་འཕར་སྲིད།

2. རྒྱུན་ལྡན་མིན་པའི་གནས་ཚུལ་ལ་བརྟག་ཐབས། རྩ་ལ་ནད་བྱུང་ན་རྒྱུན་ལྡན་མིན་པའི་སྣང་ཚུལ་མངོན་སྲིད་དེ། རྣམ་རིག་དུབ་པ་དང་ཁེར་འདུག་བྱེད་པ། ཡི་ག་འཚུས་པ། འགྲོ་འདུག་མང་བ། ལག་པས་ས་སློག་པ། རྐང་པས་གསུམ་པར་འཕྲ་རྒྱག་པ། ལངས་ཉལ་གྱི་གྲངས་ཀ་མང་པ། འཁྱིལ་ལོག་རྒྱག་པ། རྔུལ་ཆུ་བཞུར་བ། དབུགས་འཐེན་རྔུབ་ཀྱི་ཚུལ་རྒྱུན་ལྡན་མིན་པ། སྣ་ཆུ་བཞུར་བ། ལུས་དྲོད་འཕར་བ། འགྲོ་བའི་ཚེ་མགོ་བོ་དུད་པ། དཔྱི་ཐུར་ལ་དཔྱངས་པ་སོགས་ཀྱི་སྣང་ཚུལ་མངོན།

གལ་སྲིད་རྟ་ལ་གོང་གསལ་གྱི་སྣང་ཚུལ་དེ་དག་བྱུང་ཚེ་ཕྱུགས་ནད་སྨན་པ་པོས་ནས་ནད་བརྟག་སྨན་བཅོས་བྱ་དགོས།

གཉིས་པ། མྱུར་སྐྱོབ་བྱེད་ཐབས།

རྟ་ལ་ནད་ཐོག་ནས་མྱུར་སྐྱོབ་བྱ་དགོས་ཚེ ABC ཡི་རྩ་དོན་བསྲུང་དགོས་ཏེ། A（airway）ནི་དབུགས་ལམ་སྟེ། དབུགས་ལམ་རྒྱུན་ལྡན་ཡིན་མིན་དང་། དངོས་པོ་གཞན་གྱིས་ཁེགས་ཡོད་མེད། དངོས་པོ་གཞན་པའི་ངོ་བོ་འགྱུར་བ་དང་གནས་སྤར་ཡོད་མེད་ལ་བརྟག་དགོས། ཨོལ་སྒོའི་གཞོགས་གཉིས་སྲིད་སྐབས་སྒྲོ་ཡུའི་ཁ་དབྱེ་དགོས། B（breathing）ནི་འཐེན་རྔུབ་སྟེ། དབུགས་འཐེན་རྔུབ་རྒྱུན་ལྡན་ཡིན་མིན་ལ་བརྟག་དགོས། གལ་སྲིད་དབུགས་འཐེན་རྔུབ་ཀྱི་མཚམས་

བཞག་ཆོ། མྱུར་དུ་མིའི་ཐབས་ཀྱིས་གློ་སྙུག་ལ་སྦྱུ་གུ་བཙུགས་ནས་འབྱིན་རྔུབ་ཀྱི་བྱེད་ལས་སླར་གསོ་དགོས། C（circulation）ནི་ཁྲག་གི་འཁོར་རྒྱུགས་ཏེ། རྣའི་རྩ་འཕར་ལྡིང་བྱེད་བཞིན་ཡོད་མེད་ལ་བརྟག་དགོས། གལ་སྲིད་རྩ་འཕར་མཚམས་བཞག་པ་ཡིན་ན། སྐར་མ་གཅིག་ལ་ཐེངས20～30ལྟར་སྙིང་ཁ་གནོན་འཕུར་བྱས་མུར། མིག་གི་རྒྱལ་མོར་བརྟག་དགོས། གནོན་འཕུར་གྱིས་གོ་ཆོད་པའི་རྟགས་ནི་འཕར་རྩ་ཆུང་གྲས་དག་འཕར་མགོ་བརྩམས་པ་དང་སྨུག་མདོག་ཡལ་ཞིང་། མིག་གི་རྒྱལ་མོ་ཇེ་ཆུང་དུ་འགྱུར་མགོ་བརྩམས་ནས་རང་འགུལ་གྱིས་དབུགས་འབྱིན་རྔུབ་བྱེད་ཐུབ་པའོ།།

1. **རྨ་ཁ།** རིགས་དང་ཚད་མི་འདྲ་བའི་རྨ་ཁའི་གསོ་ཐབས་མི་འདྲ་སྟེ། རྨ་ཁའི་གནས་ཚུལ་དངོས་ལ་གཞིགས་ནས་སྨན་བཅོས་བྱ་དགོས། ཁྲག་རྡོལ་རྨ་ཁ་ཡིན་ན། ཁྲག་འཛག་པའི་གནས་ཚུལ་དང་ངོ་བོ་ལྟར་མྱུར་དུ་ཁྲག་གཅོད་དགོས། རྨ་ཁ་གཙང་བཅོས་ཀྱི་ལག་ལེན་ལྟར། རྨ་ཁའི་ངོས་ཀྱི་མི་གཙང་བའི་དངོས་པོ་གཙང་འབྲུད་བྱས་ཤིང་། ནུས་པ་ཉམས་པའི་ཕུང་གྲུབ་ཀྱི་ཆ་ཤས་དག་བཅད་ནས་རྨ་ཁ་གསོ་དགོས། སྨན་བཅོས་ཚྭ་ཆུ（生理盐水）ཡིས་རྨ་ཁ་གཙང་མར་བཀྲུས་རྗེས། ཚང་བཙུད་དང་དབྱང་གཉིས་ཆུ།（双氧水）ཏིན་ཙྭ（碘伏）བཅས་ཀྱིས་དུག་བསལ་དགོས་ཤིང་། མི་རིང་པའི་སྐབས་སུ་རྨ་ཁ་དཀྲིས་ནས་སྲུང་སྐྱོབ་བྱ་དགོས།

2. **འཆིག་རྨས།** འཆིག་རྨས་ལ་རྨས་སྐྱོན་གྱི་ཚབས་ཆེ་ཆུང་ལྟར། ན་ཟུག

གཅོག་པ་དང་རྨ་ཁ་གཙང་མར་བཀྲུས་ཤིང་། རྨ་ཁའི་ཕྱི་ངོས་ལ་འབྲི་མོག་གིས་ལྷུམས་བཞག་སྟེ་རྨ་ཁ་དཀྲི་དགོས། འཚིག་རྨས་ལ་སྨན་བཅོས་བྱེད་སྐབས། བརྒྱལ་བའམ་ཁྲག་གི་ཤོང་ཚད་དམའ་བར་གཟབ་དགོས། རྫས་འགྱུར་གྱིས་ཚིག་པའི་རྨ་ཁར་སྨན་བཅོས་བྱེད་སྐབས། ཆུས་བཤལ་ནས་རྫས་འགྱུར་གྱི་སྨན་རྫས་དེ་སླར་བཏང་རྗེས་སྨན་བཅོས་བྱ་དགོས།

3. དུག་ཕོག་པ། མགྱོགས་པོར་དུག་རྫས་བཙལ་རྗེས་དུག་སེལ་སྨན་གྱིས་དུག་བསལ་དགོས། ཞིང་སྨན་ལིན（磷农药）གྱི་དུག་ཕོག་ཚེ། ལིན་སེལ་ཏིང（解磷定）དང་ཨ་ཐོའོ་ཕིན（阿托品）ལ་བསྟེན་དགོས། ཟེ་སྐྱུར་ཚྭའི་དུག་ཕོག་ཚེ། སྨན་ཡ་ཅ་ལན（亚甲蓝）དང་འཚོ་རྒྱུCལ་བསྟེན་དགོས། སྦྲུལ་གྱིས་སོ་བཏབ་ནས་དུག་ཕོག་ཚེ། མགྱོགས་པོར་དུག་འགོག་ཁྲག་དྭངས（蛇毒血清）ཀྱི་ཁབ་རྒྱག་དགོས་པ་དང་། ཞོར་དུ་རམ་འདེགས་ཀྱི་ཚུལ་དུ་ནད་བཅོས་བྱས་ནས་ལུས་པོའི་དབང་ནུས་ཀྱི་རྒྱུན་གསོ་དགོས། ཁ་ནས་མིད་པའི་དུག་རྫས་ཡིན་ན། འཛིབ་ཤུགས་ཆེ་བའི་སོལ་བ་བགོལ་ནས་དུག་རྫས་འཛིབ་ཏུ་འཇུག་པའམ། ཡང་ན་རྡོ་ཚིལ་གྱི་སྣུམ（石蜡油）བླུད་ནས་དུག་རྫས་མགྱོགས་པོར་ཕྱིར་འདོན་དུ་འཇུག་དགོས།

4. ཚ་བའི་གཟུས་གཟེར། སྐྱུར་བའི་རང་བཞིན་གྱི་ཚ་བའི་གཙུས་གཟེར་ནི་རྟ་ལ་བྱུང་བའི་རྒྱུན་མཐོང་གི་ནད་ཅིག་ཡིན་ཞིང་། གལ་སྲིད་དུས་ཐོག་ཏུ་སྨན་བཅོས་མ་བྱས་ན་རྟའི་ཚེ་སྲོག་ལ་ཉེན་ཁ་འབྱུང་སྲིད། ལྷང་དུབ་ལངས་པའི་རྟ་ལ

མཆོན་ན། འདྲོགས་སྣ་ཞིང་ཆོད་པོ་ཡིན་པས། སྨན་བཅོས་ཀྱི་གོ་རིམ་ཁྲིད་བདེ་འཇགས་ལ་གཟབ་དགོས། ཟུག་གཟེར་ལངས་སར་རེག་ནས་བཏག་པ་དང་གཞང་དཀར་ནག་ལ་བཏག་པ་དང་། B སྒྲ་རླབས་ཀྱི་བརྟག་དཔྱད་ལ་བརྟེན་ནས་གཙུས་གཟེར་ལངས་པའི་རྒྱུ་རྐྱེན་དང་ཚབས་ཆེ་ཆུང་ལ་རྒྱུས་ལོན་དགོས། གཞན་རྟ་དལ་མོར་འགྲོ་ཏུ་བཅུག་ན། ཟུག་གཟེར་བྱུང་བར་ཕན་པ་དང་། གནམ་ཁབ་རྒྱག་སྐབས་གློག་འབྱེད་རྫས（电解质）དོ་སྙོམས་ཡིན་མིན་ལ་གཟབ་དགོས། གལ་སྲིད་ན་ཟུག་དེ་ཆེར་གྱུར་པའམ། ན་ཟུག་མ་བཅག་ན། གཤག་བཅོས་ཀྱི་བཅོས་ཐབས་ལ་བརྟེན་ཆོག།

5. **བརྒྱལ་བ།** སྐྱུར་བའི་རང་བཞིན་གྱི་བརྒྱལ་བ་ནི་རང་རྐྱ་འཕེར་བའི་ནད་ཅིག་མིན་པར། ནད་གཞན་པ་དང་མཉམ་དུ་བྱུང་བའི་ནད་ཅིག་ཡིན། དེའི་སྨན་བཅོས་ལ་ཐོག་མའི་ནད་གཞི་ལ་དབྱེ་ཞིབ་བྱས་ནས་བརྒྱལ་བའི་རྒྱུ་རྐྱེན་འཚོལ་དགོས། རྟ་ལ་བརྒྱལ་བའི་ནད་བྱུང་ན། རྩ་ཆས་སྟེར་མཚམས་བཞག་ནས་ནད་གཞི་སེལ་བ་དང་། ཆུ་དང་གློག་འབྱེད་རྫས། སྐྱུར་བུལ་བཅས་དོ་སྙོམས་ཡོང་བར་འབད་དགོས་པར་མ་ཟད། ཁྲག་གི་ཤོང་ཚད་དམའ་སྐབས་ཁྲག་བརྒྱབ་ནས་སྙིང་གི་དབང་ནུས་གསོ་དགོས།

6. **བཤལ་ནད།** སྐྱུར་བའི་རང་བཞིན་གྱི་བཤལ་བའི་ནད་ཀྱིས་ལུས་ཁམས་ལ་ཆུས་མ་འདང་བར་ཚ་ཤོར་བའི་རང་བཞིན་གྱི་བརྒྱལ་བའི་ནད་བསྐྱེད་སྲིད། ནད་དེ་བྱུང་བའི་རྟའི་རྩའི་འཕར་ཚད་དང་ཁྲག་རྩ་ཕྲ་མོར་བརྟགས་ནས་

ཁྲག་རྩ་ཁ་གང་བའི་དུས་ཚོད་དང་སྐྱི་ལྤགས་སླར་གསོའི་དུས་ཚོད། ཕྲ་ཕུང་དམར་པོའི་ཤོང་བསྡུར། སྤྲི་དཀར་སྤྲིའི་འདུས་ཚད་བཙས་ལ་བརྟགས་ནས་ནད་ཀྱི་ཚབས་ཚེ་ཆུང་ལ་དཔྱད་དགོས། ཆུ་ཤོར་བའི་གནས་ཚུལ་ལྟར། ཆུ་དང་གློག་འཕྲེད་རྫས་ཁ་གསབ་བྱས་ན། ཁྲག་གི་ཤོང་ཚད་རིམ་བཞིན་སླར་སོས་ཐུབ།

རབ་བཅད་གཉིས་པ། རིམས་འགོག་དང་འབུ་སེལ།

དང་པོ། དུས་བཅད་རིམས་འགོག

རྟ་གསོ་མཁན་གྱིས་རྩ་འཛུགས་དང་འཆར་གཞི་ཡོད་པར་རྟ་ལ་འགོག་སྨན་བརྒྱབ་ནས་རིམས་ནད་ཚོད་འཛིན་དང་སྔོན་འགོག་བྱེད་ཐུབ་དགོས།

1. **རྒྱུན་སྤྱོད་རིམས་འགོག**

(1) **རྟའི་ཆམ་རིམས།** Equi–Fluཐ་ཕུང་འགོག་སྨན་དང་རྟའི་ཆམ་རིམས་རིགས་ཟུང་།（A1དངA2）ཞོར་འདེགས་འགོག་སྨན（佐剂苗）བཅས་ལ་བསྟེན་དགོས། རྟེའུ་ལ་ལོ་རེར་འགོག་སྨན་ཐེངས་གཉིས་ལ་རྒྱག་དགོས་པ་དང་། གཟའ་འཁོར3～4ནང་ཐེངས་གཅིག་དང་། རྗེས་མའི་ལོ་རེར་འགོག་སྨན་ཐེངས་གཅིག་ལ་རྒྱག་དགོས། རྒོད་མ་ལ་ལོ་རེར་འགོག་སྨན་ཐེངས་གཉིས་ལ་རྒྱག་དགོས་པ་དང་། རྟེའུ་མ་བཙས་པའི་སྔོན་གྱི་གཟའ་འཁོར4～6ནང་འགོག་སྨན་ཐེངས་གཅིག་ལ་རྒྱག་དགོས།

(2) **འཛམ་བུ་ལྷག་དཀྲི།** ལག་ཆགས་པའི་རྟ་ལ་འཛམ་བུ་ལྷག་དཀྲིའི་རིགས་ཀྱི་དུག་རྒྱུའི་པགས་འོག་ལ་འགོག་སྨན3mlརྒྱག་དགོས་པ་དང་།

འགོག་སྨན་བརྒྱབ་ནས་ཟླ་གཅིག་འགོར་བའི་རྗེས་སུ་རིམས་འགོག་ནུས་པ་ཡོད་པ་དང་རིམས་འགོག་ནུས་ཡུན་ཙུང་རིང་། དེ་ནས་ལོ་ལྟར་བར་ཡང་བསྐྱར་འགོག་སྨན་ཐེངས་གཅིག་ལ་རྒྱག་དགོས། རྐོད་མས་རྗེའུ་མ་བཙས་པའི་སྔོན་གྱི་གཟའ་འཁོར4～6ནང་འགོག་སྨན་ཐེངས་གཅིག་ལ་རྒྱག་དགོས། གལ་སྲིད་ཉེ་དུས་རྨ་ཁའམ་གཤག་བཅོས་ལ་འགོག་སྨན་བརྒྱབ་ནས་ཟླ་དྲུག་གི་རྗེས་སུ་ནད་བྱུང་ན། ཡང་བསྐྱར་འགོག་སྨན་ཐེངས་གཅིག་ལ་རྒྱག་དགོས། ཕྱི་ནད་དང་རྗེའུ་བཙས་པ། རྨ་ཁར་སྨན་བཅོས་བྱས་སྔོང་ན། འཛུམ་བུ་ལྷག་དཔྱི（破伤风）རིགས་ཀྱི་དུག་རྒྱུ་ཡི་འགོག་སྨན་བརྒྱབ་ན་ལེགས།

（3）རྟའི་ཧྲོ་ཐོ་སྨ་ཁི་ཚ་ནད། རང་རྒྱལ་དུ་རྟའི་ཧྲོ་ཐོ་སྨ་ཁི་ཚ་ནད（马波托马克热）མེད་པས། རིམས་ཁུལ་ཁོ་ནའི་རྟ་ལ་འགོག་སྨན་བརྒྱབ་པས་ཆོག །འགོག་སྨན་བསྟེན་ཚུལ་ནི། ལོ་གཉིས་རེའི་ནང་འགོག་སྨན་ཐེངས་གཅིག་ལ་རྒྱག་དགོས་པ་དང་། རྐོད་མར་རྗེའུ་མ་བཙས་པའི་སྔོན་གྱི་གཟའ་འཁོར4～6ནང་འགོག་སྨན་ཐེངས་གཅིག་ལ་རྒྱག་དགོས།

（4）ཁྱི་སྨྱོན་གྱི་ནད། ནད་ཁྱབ་ཁུལ་དུ་ཁྱི་སྨྱོ་ནད་ཀྱི་དུག་ཆུང་ཕྲ་ཕུང་འཁྱག་སྐམ་འགོག་སྨན（狂犬病弱毒细胞冻干疫苗）བརྒྱབ་ནས་རིམས་ནད་འགོག་དགོས། རྟའི་སྐེད་ཚིགས་ཀྱི་པགས་འོག་ལ1mlརྒྱག་དགོས་པ་དང་། དེའི་རིམས་འགོག་ནུས་ཡུན་ལོ་གཅིག་ཡིན།

（5）རྟའི་ཨོལ་ཚམ། དུས་བཅད་ལྟར་ལོ་རེའི་དཔྱིད་ཀ་དང་སྟོན་ཁར་

རྟའི་ཨོལ་ཚམ་སྤྲ་རྒྱུར་རིམས་བཤེར་བརྒྱུད། དུས་ཐོག་ཏུ་གདགས་གཤིས་ཅན་གྱི་རྟ་ཟུར་དུ་བཀར་ནས་རིམས་ནད་འགོ་ཁྱབ་ཀྱི་ཉེན་ཁ་ཡོད་པའི་རྟ་ནད་པ་གསད་དགོས། ནད་འདི་ལ་སྔོན་སོན་གྱི་འགོག་སྨན་བཟོས་མེད་ཅིང་། སྔོན་ཚད་ལྟར་ན་གསོ་བ་དང་བརྟག་པ། ཟུར་བཀར། སྨན་བཅོས། དུག་སེལ་བཅས་ཀྱི་ཕྱོགས་བསྡུས་རང་བཞིན་གྱི་སྔོན་འགོག་བྱེད་ཐབས་ལ་བརྟེན་པ་དང་། ད་ལྟ་རིམས་བཤེར་དང་ཞིབ་དཔྱད་ཚད་ལེན་གྱི་འགོག་བཅོས་བྱེད་ཐབས་གཙོ་བོར་འཛིན། 2010ལོར་རང་རྒྱལ་གྱི་ཞིང་ལས་པུའུ（དེང་གི་ཞིང་ལས་ཞིང་སྡེ་པུའུ）ཕྱུགས་ནད་ཅུས་གྱིས་དངོས་སུOIEལ་ནད་འདི་རྩ་མེད་དུ་བཏང་ཟིན་པའི་བརྡ་ཁྱབ་སྤེལ་བ་རེད།

（6）**རྒོད་མ་འཕྱིལ་བའི་ཧྲ་མོན་པའི་སྲིན་ནད།** དེ་ལ་རྒོད་མ་འཕྱིལ་བའི་ཧྲ་མོན་པའི་དུག་ཆུང་འཁྱག་སྐམ་སྲིན་རྒྱུའི་འགོག་སྨན（马流产沙门氏菌弱毒冻干菌苗）ལོ་རེར་ཐེངས་གཉིས་ལ་རྒྱག་པ་དང་། ཐེངས་རེར་པགས་འོག་ཏུ་ཐེངས་གཉིས་ལ་རྒྱག་དགོས། ཉིན་བདུན་རེའི་ནང་ཐེངས་དང་པོར1mlདང་ཐེངས་གཉིས་པར2mlརྒྱག་དགོས། ལོ་ཕྱེད་ཀར་རིམས་འགོག་ནུས་པ་ཡོད་པ་དང་། རྟ་ཡོངས་ལ་བཀོལ་ཆོག །རྟ་འཕྱིལ་བའི་ཧྲ་མོན་པའིC39དུག་ཆུང་འཁྱག་སྐམ་སྲིན་རྒྱུའི་འགོག་སྨན་ནི་ལག་ཆགས་པའི་རྟ་དང་རྟེའུ་ཡོངས་ལ་བཀོལ་ཆོག་ཅིང་། ལོ་རེར་ཐེངས་གཅིག་ལ་རྒྱག་དགོས་པ་དང་། དེའི་རིམས་འགོག་གི་ནུས་ཡུན་ལོ་གཅིག་ཡིན།

（7）**འཇར་པན་གྱི་ཀླད་ཚད་ཁ་བ།** རིམས་ཁྱུལ་དུ་ནད་འགོ་བའི་

ཉེན་ཁ་ལྡན་ན། རིགས་ཁ་པའི་ཀླད་ཚད་དུག་ཆུང་འགོག་སྨན་ལོ་རེར་ཐེངས་གཅིག་ལ་རྒྱག་དགོས། འབུ་སྲུང་གི་རིགས་མ་བྱུང་བའི་སྔོན་གྱི་ཟླ་གཅིག་གི་ནང་འགོག་སྨན་རྒྱག་དགོས་པ་དང་། ལོ་གཉིས་པར་ཡང་བསྐྱར་ཐེངས་གཅིག་ལ་རྒྱག་དགོས། དེའི་རིམས་འགོག་གི་ནུས་ཡུན་ལོ་གསུམ་ཡིན།

2. འཕྲུལ་བསྟུན་རིམས་འགོག

འཕྲུལ་བསྟུན་རིམས་འགོག་ནི་རིམས་ཁུལ་ཏེ་རིམས་ནད་ཁྱབ་ཁུལ་ལམ་རིམས་ནད་བྱུང་སའི་འགྲོ་སླ་བའི་རྟ་ལ་མགྱོགས་པོར་འགོག་སྨན་རྒྱག་པ་ལ་གོ།

གཉིས་པ། འབུ་སེལ།

རིགས་མི་འདྲ་བའི་འབུ་སེལ་སྨན་གྱིས་སྲོག་ཆགས་ཀྱི་ལུས་པོའི་ཕྱི་ནང་གི་འབྲི་འབུ་གསོད་པའམ། ཕོག་ནས་འབུ་ཕྱི་ལ་འདེད་པ་ལ་སྨན་རྫས་ཀྱིས་འབུ་སེལ་ཐབས (འབུ་སེལ་ཞེས་བསྡུས་ཚིག) ཞེས་བྱ། དེ་ནི་སྲོག་ཆགས་ཀྱི་འབྲི་འབུའི་ནད (寄生虫病) འགོག་བཅས་ཀྱི་བྱེད་ཐབས་གལ་ཆེན་ཞིག་ཡིན། འབུ་སེལ་བའི་ཡུལ་དུས་མི་འདྲ་བའི་དབང་གིས་འབུ་སེལ་བའམ་འདེད་པ་ལ་གཤམ་གྱི་རིགས་འགར་དབྱེ་ཆོག་སྟེ།

1. **སྨན་བཅོས་རང་བཞིན་གྱི་འབུ་སེལ་ཐབས།** སྨན་བཅོས་རང་བཞིན་ནི་རྟ་ལ་འབྲི་འབུའི་ནད་འགོས་ནས་ནད་རྟགས་མངོན་ན། འབུ་སེལ་བའི་སྨན་ལ་

བསྟེན་ནས་འཕྲི་འབུ་འདེད་པའམ་བསད་ནས་རྟའི་ལུས་ཁམས་ལ་སྐྱར་ཡང་འཕྲི་འབུའི་གནོད་འཚེ་འབྱུང་དུ་མ་བཅུག་པར་སྨན་བཅོས་ཀྱི་དམིགས་ཡུལ་འགྲུབ་པར་བྱེད་པ་ལ་གོ།

2. **སྔོན་འགོག་རང་བཞིན་གྱི་འབུ་སེལ་ཐབས།** སྔོན་འགོག་རང་བཞིན་གྱི་འབུ་སེལ་ལ་དུས་བཅད་ཀྱི་འབུ་སེལ་ཐབས་ཀྱང་ཟེར། དེ་ནི་རྟ་ལ་ནད་རྟགས་ཡོད་མེད་ལ་མ་གཞིགས་པར། ལོ་རེའི་དུས་ཚིགས་ངེས་ཅན་ལྟར་རྟ་ཁྲུ་ཡོངས་ལ་འབུ་སེལ་བའི་སྨན་བཅོས་བྱེད་པ་ལ་གོ།

འབུ་སེལ་སྨན་རྫས་གདམ་གསེས་ཀྱི་ཚད་གཞི་ནི། སྨན་རྫས་ཀྱི་ཕྱོད་ནུས་མཐོ་ཞིང་དུག་ཤུགས་ཆུང་བ། བཀོལ་ཁྲབ་ཡངས་པ། རིན་གོང་དམའ་བ། བཀོལ་བདེ་བ་བཅས་ཡིན།

རྟའི་རིགས་སུ་གནོད་པའི་རྒྱུན་མཐོང་འཕྲི་འབུའི་འགོ་ཁྱབ་ཁྱད་ཆོས་དང་འབུ་སེལ་སྨན་རྫས་རེའུ་མིག་དང་པོ་དང་གཉིས་པ་ལྟར་ལགས།

རེའུ་མིག་དང་པོ། ནའི་ཁོངས་སུ་གནོད་པའི་སྲོག་ཆགས་ཀྱི་རྒྱུན་མཐོང་འཕྲི་འབུ་དང་འགོ་ཁྱབ་ཁྱད་ཆོས།

ནད་གཞི།	འཕྲི་འབུའི་རྣེན་གནས།	ནད་མིང་།	འགོ་ཁྱབ་ཀྱི་ཁྱད་ཆོས།
དང་པོ། པགས་པའི་འཕྲི་འབུ།			
1. གཡན་སྲིན།	སྐྱི་ལྤགས་ཀྱི་ནང་རིམ།	གཡན་སྲིན་གྱི་ནད།	འབྲེལ་ཐུག་བྱུང་ན་འགོ་བའི་སྐྱི་ལྤགས་ཀྱི་ནད་གཙོ་བོ་ཞིག་ཡིན།
2. འཕྲུག་གཡན།	ལུས་ཀྱི་ཕྱི་ངོས།	འཕྲུག་གཡན་གྱི་ནད།	འབྲེལ་ཐུག་བྱུང་ན་འགོ་བའི་སྐྱི་ལྤགས་ཀྱི་ནད་གཙོ་བོ་ཞིག་ཡིན།
3. རྐང་པའི་གཡན་འབུ།	རྐང་པའི་ཕྱི་རིམ།	རྐང་པའི་གཡན་ནད།	འབྲེལ་ཐུག་བྱུང་ན་འགོ་བ་དང་ཁྱབ་པར་བྱེད།
4. ལྤོ་འཕྱེ་གཡན་འབུ།	སྤུའི་དྲ་ག་དང་སྐྱི་ཚིལ་གཤེར་རྨེན།	ལྤོ་འཕྱེ་གཡན་འབུའི་ནད།	འབྲེལ་ཐུག་བྱུང་ན་འགོ་བ་དང་ཁྱབ་པར་བྱེད།
5. ཤིག	ལུས་ཀྱི་ཕྱི་ངོས།	ཤིག་ནད།	འབྲེལ་ཐུག་བྱུང་ན་འགོ་བ་དང་ཁྱབ་པར་བྱེད།
6. ཁྲག་ཤིག	ལུས་ཀྱི་ཕྱི་ངོས།	ཁྲག་ཤིག་གི་ནད།	འབྲེལ་ཐུག་བྱུང་ན་འགོ་བ་དང་ཁྱབ་པར་བྱེད།
7. རྟ་བོང་སྦྲང་འབུའི་རིགས་དུག	སྐྱི་ལྤགས། སྐྱི་འཕེལ་དབང་པོའི་འབྱར་སྐྱི།	རྟ་བོང་རིག་དུག	གཙོ་བོ་སྦྱོར་སྤེལ་ལ་བརྟེན་ནས་འགོ་བ་ཡིན།
8. སྦྲང་རིགས།	ལུས་ཀྱི་ཕྱི་ངོས།	སྦྲང་མས་སོ་བཏབ་ནས་བྱུང་བའི་པགས་ཚད།	ཁྲག་འཇིབ་པ་ལ་བརྟེན་ནས་འགོ་ཞིང་དབྱར་ཁ་དང་སྟོན་ཁར་འབྱུང་།

ནད་གཞི།	འཁྲི་འབྲུའི་རྟེན་གནས།	ནད་མིང་།	འགོ་ཁྱབ་ཀྱི་ཁྱད་ཆོས།
གཉིས་པ། སྙིང་ཁམས་ཁྲག་རྩའི་མ་ལག་གི་འཁྲི་འབྲུ།			
1 དབྱི་པའི་སྨུང་འབྲུ།	ཁྲག་སྐྱོ།	དབྱི་པའི་སྨུང་འབྲུའི་ནད།	ཁྲག་འཐིབ་པའི་རིགས་ཀྱི་འབུ་སྲིན་གྱིས་ཁྱབ་པར་བྱེད།
2. ནོ་སྣ་སྣེ་སི་འབྲུ།	ཕྲ་ཕུང་དམར་པོ།	ལི་དབྱིབས་འབྲུ་ནད།	རྣའི་འཁྲི་འབྲུ་གཙོ་བོའི་གྲུས་ཀྱི་གཅིག་ཡིན་ལ། གཡན་འབུ་ལ་བརྟེན་ནས་ཁྱབ་ཅིང་། དབྱར་ཁ་དང་སྟོན་ཁར་བྱུང་ཚད་མང་།
3. རྣའི་སྣ་སྣེ་སི་འབྲུ།	ཕྲ་ཕུང་དམར་པོ།	ལི་དབྱིབས་འབྲུ་ནད།	རྣའི་འཁྲི་འབྲུ་གཙོ་བོའི་གྲུས་ཀྱི་གཅིག་ཡིན་ལ། གཡན་འབུ་ལ་བརྟེན་ནས་ཁྱབ་ཅིང་། དབྱར་ཁ་དང་སྟོན་ཁར་བྱུང་ཚད་མང་།
གསུམ་པ། འབྲིན་རྫབ་མ་ལག་གི་འཁྲི་འབྲུ།			
ཨན་པའི་ཧྲ་མཇུག་སྐྱུད་སྲིན།	སྒོ་ཡུ།	ཧྲ་མཇུག་སྐྱུ་སྲིན་གྱི་ནད། (སྒོ་བའི་སི་སྲིན།)	རིད་པའི་རང་བཞིན་གྱི་འབུ་ཕྲུག་ལ་བརྟེན་ནས་འགོ་བ་ཡིན།
བཞི་པ། འཇུ་བྱེད་མ་ལག་གི་འཁྲི་འབྲུ། (གཅིག) ཕོ་བའི་འཁྲི་འབྲུ།			
1. ཁ་ཆེ་རྡི་ར་ཞི་སྐྱུད་སྲིན་དང་ཁ་ཆུང་མཉེན་ལྡན་སྐྱུད་སྲིན། སྦྲང་མཉེན་སྐྱུད་སྲིན།	ཕོ་བ།	ཕོ་བའི་སྐྱུད་སྲིན་གྱི་ནད།	རིད་པའི་རང་བཞིན་ཅན་གྱི་འབུ་ཕྲུག་མེད་པའམ། རྨ་ཁར་རླི་ལྷག་བྱེད་སྐབས་འབུ་ཕྲུག་མེད་པ་བརྒྱུད་ནས་འགོ་བ་ཡིན།

ནད་གཞི།	འབྲི་འབུའི་རྗེན་གནས།	ནད་མིང་།	འགོ་ཁྱབ་ཀྱི་ཁྱད་ཆོས།
2. ཕོ་རྒྱུའི་སྦྲང་སྲིན་སོགས།	ཕོ་བ།	ཕོ་སྦྲང་གི་ནད།	རྒྱལ་ཡོངས་ལ་ཁྱབ་ཡོད་པ་དང་། ལྷག་པར་ནུབ་བྱང་དང་བྱང་ཤར། ནང་སོག་སོགས་སུ་བྱུང་ཚད་མང་།
(གཉིས།) རྒྱུ་མའི་འབྲི་འབུ།			
1. ལོ་མའི་དབྱིབས་ཀྱི་རྒྱུ་འབུ་ལེབ་རིང་།	རྒྱུ་ནག	རྒྱུ་འབུ་ལེབ་རིང་གི་ནད།	གཡན་འབུ་ཁོག་ལ་སོང་བར་བརྟེན་ནས་འགོ་ཞིང་། དབྱར་ཁ་དང་སྟོན་ཁར་བྱུང་ཚད་མང་། གཙོ་བོ་ཕྱུགས་ཁ་རྐང་ལ་གནོད།
2. རྒྱུ་འབུ་ལེབ་རིང་ཕྲང་ངུ་།	རྒྱུ་ལྷག་དང་རྩམ་ལོང་།	རྒྱུ་འབུ་ལེབ་རིང་གི་ནད།	གཡན་འབུ་ཁོག་ལ་སོང་བར་བརྟེན་ནས་འགོ་ཞིང་། དབྱར་ཁ་དང་སྟོན་ཁར་བྱུང་ཚད་མང་། གཙོ་བོ་ཕྱུགས་ཁ་རྐང་ལ་གནོད།
3. གྲོལ་འབུ།	རྒྱུ་ནག	གྲོལ་འབུ་སྤལ་བའི་ནད།	རེད་པའི་རང་བཞིན་ཅན་གྱི་སྲིན་སྔོང་ཁོག་ཏུ་སོང་བར་བརྟེན་ནས་འགོ་ཞིང་། རྗེའུ་ལ་བྱུང་བ་མང་།
4. རྟའི་མདུག་ཇོ་སྐྲད་སྲིན།	རྒྱུ་མ།	མདུག་ཇོ་སྐྲད་སྲིན།	སྲིན་སྔོང་གིས་རེད་པའི་རྩྭ་ཆས་དང་འཕྲུང་ཆུ། རེད་ཟིན་པའི་ལོ་ཆས་ལྷག་པ་ལ་བརྟེན་ནས་འགོ་བ་ཡིན།
5. ལྗི་པའི་སྐྲད་སྲིན་ཟླུམ་པོ།	རྒྱུ་མ།	སྐྲད་སྲིན་ཟླུམ་པོ།	ཁ་དང་སྐྱི་ལྤགས་ལ་བརྟེན་ནས་འགོ་བ་ཡིན།
6. སྐྲད་སྲིན་ཟླུམ་པོ་དཀྱུས་མ།	རྒྱུ་མ།	སྐྲད་སྲིན་ཟླུམ་པོ།	སྲིན་སྔོང་ལ་བརྟེན་ནས་འགོ་ཞིང་། འབུ་ཕྲུག་གིས་ཁྲག་རྡོག་རང་བཞིན་གྱི་ན་ཟུག་བསྐྱེད་ངེས།
7. སོ་མེད་སྐྲད་སྲིན་ཟླུམ་པོ།	རྒྱུ་མ།	གོང་དང་མཆུངས།	སྲིན་སྔོང་ལ་བརྟེན་ནས་འགོ་བ་ཡིན།
8. རྟའི་སྐྲད་སྲིན་ཟླུམ་པོ།	རྒྱུ་མ།	གོང་དང་མཆུངས།	སྲིན་སྔོང་ལ་བརྟེན་ནས་འགོ་བ་ཡིན།

ནད་གཞི།	འཁྲི་འབྱུའི་རྟེན་གནས།	ནད་མིང་།	འགོ་ཁྱབ་ཀྱི་ཁྱད་ཆོས།
9. ཨེལ་མད་ཨེར་གདོགས་ན྄ུམ་འབུ།	རྒྱ་མ།	ན྄ུམ་འབུའི་ནད།	གྲིན་སྡོང་ལ་བརྟེན་ནས་འགོ་བ་ཡིན།
ལྔ་བ། དོན་སྙོད་གཞན་པའི་འཁྲི་འབུ།			
1. སོར་རྣམ་སི་དབྱིབས་སྐྱུད་སྲིན་གྱི་འབུ་སྒོང་།	ཀླད་གཞུང་།	ཀླད་གཞུང་རྐང་འབམ།	སོ་བདུབ་པ་ལ་བརྟེན་ནས་འགོ་བ་ཡིན།
2. མཇུག་འཁྱིལ་སི་འབུ།	རྒྱས་པ་དང་རྒྱ་བ།	མཇུག་འཁྱིལ་སི་འབུའི་ནད།	སྲུང་རིགས་ཆུང་བ་ལ་བརྟེན་ནས་འགོ་བ་ཡིན།
3. ནུ་འབུར་མང་བའི་སི་འབུ།	སྐྱི་ལྤགས་ཀྱི་འོག་དང་ཕྲུམ་ཤའི་འབྲེལ་སྐྱོང་ཕུབ་གྲུབ།	སི་འབུའི་ནད།	སྲུང་རིགས་ཆུང་བ་ལ་བརྟེན་ནས་འགོ་བ་ཡིན།
4. སོར་རྣམ་སི་དབྱིབས་སྐྱུད་སྲིན་དང་རྟའི་སི་དབྱིབས་སྐྱུད་སྲིན། ཤྭའི་སི་དབྱིབས་སྐྱུད་སྲིན་གྱི་འབུ་སྒོང་།	མིག	མིག་སྲིན་གྱི་ནད།	དབྱར་ཁ་དང་སྟོན་ཁར་བྱུང་ཚད་མང་། སྲུང་སྲིན་གྱིས་ཁྲག་འཐེབ་པ་ལ་བརྟེན་ནས་འགོ་བ་ཡིན།
5. རྟའི་སི་དབྱིབས་སྐྱུད་སྲིན།	གསུས་ལོག	གསུས་ལོག་གི་སི་དབྱིབས་འབུ་ནད།	དབྱར་ཁ་དང་སྟོན་ཁར་བྱུང་ཚད་མང་ཞིང་། སྲུང་སྲིན་ལ་བརྟེན་ནས་འགོ་བ་ཡིན།

སྨན་མིང་།	སྨན་གྱི་སྤྱོར་ཚད་དང་སྨན་དབྱེབས།	བསལ་བྱའི་འཁྲི་འབུ།
སུ་ཟུང་ཁྲིལ་གཉིས་སྦྱན།（硫双二氯酚）	ལེབ་མོ།10～20mg/kg	མཆིན་ལེབ་དབྱིབས་ཀྱི་འཛེབ་འབུ་དང་། ལོ་མའི་དབྱིབས་ཀྱི་མགོ་གཙེར་རྒྱུ་འབུ་ལེབ་མོ།
ཁྲིལ་ཐེ་ལིའུ་ཨེན།（氯硝柳胺）	ལེབ་མོ། 200～300mg/kg	རྣའི་མགོ་གཙེར་རྒྱུ་འབུ་ལེབ་མོ།
ཨོ་ཕུན་ཏ་ཙོལ（奥苯达唑）	འབྱར་བག་ཅན་ནམ་དཔྱངས་བསྲེས་ཅན།10～15mg/kg	རྣའི་སྐྲུད་སྲིན་ཟླུམ་པོ། སོ་མེད་སྐྲུད་སྲིན་ཟླུམ་པོ། སྐྲུད་སྲིན་ཟླུམ་པོ་དཀྱུས་མ། སྐྲུད་སྲིན་ཟླུམ་པོ་ཆུང་བ། རྣའི་གློལ་འབུ། རྣའི་མཇུག་རྙེ་སྐྲུད་སྲིན། ལྷེ་པའི་སྐྲུད་སྲིན་ཟླུམ་པོ།
ཨོ་ཧྥུན་ཏ་ཙོལ། （奥芬达唑）	སྨན་ཕྱེ། འབྱར་བག་ཅན་ནམ་དཔྱངས་བསྲེས་ཅན། 10mg/kg	རྣའི་སྐྲུད་སྲིན་ཟླུམ་པོ། སོ་མེད་སྐྲུད་སྲིན་ཟླུམ་པོ། སྐྲུད་སྲིན་ཟླུམ་པོ་དཀྱུས་མ། སྐྲུད་སྲིན་ཟླུམ་པོ་ཆུང་བ། རྣའི་གློལ་འབུ། རྣའི་མཇུག་རྙེ་སྐྲུད་སྲིན།
ཨོ་ཧྥུན་ཏ་ཙོལ+འབུ་བརྒྱའི་གཉན་པོ།（奥芬达唑+敌百虫）	འབྱར་བར་ཅན། ཨོ་ཧྥུན་ཏ་ཙོལ། 2.5 mg/kg འབུ་བརྒྱའི་གཉན་པོ།40 mg/kg	ཨོ་ཧྥུན་ཏ་ཙོལ་དང་མཚུངས། གཞན་པགས་སྐྲང་ཡང་འདུས།
ཧྥེ་པན་ཐེར།+འབུ་བརྒྱའི་གཉན་པོ།（非班太尔+敌百虫）	འབྱར་བག་ཅན། ཧྥེ་པན་ཐེར།6 mg/kg འབུ་བརྒྱའི་གཉན་པོ།40 mg/kg	རྣའི་སྐྲུད་སྲིན་ཟླུམ་པོ། སོ་མེད་སྐྲུད་སྲིན་ཟླུམ་པོ། སྐྲུད་སྲིན་ཟླུམ་པོ་དཀྱུས་མ། སྐྲུད་སྲིན་ཟླུམ་པོ་ཆུང་བ། རྣའི་གློལ་འབུ། རྣའི་མཇུག་རྙེ་སྐྲུད་སྲིན། པགས་སྐྲང་།
ཧྥེ་པན་ཐེར།	འབྱར་བག་ཅན། གསེར་ཁྲ། ཧྥེ་པན་ཐེར། 6 mg/kg	རྣའི་སྐྲུད་སྲིན་ཟླུམ་པོ། སོ་མེད་སྐྲུད་སྲིན་ཟླུམ་པོ། སྐྲུད་སྲིན་ཟླུམ་པོ་དཀྱུས་མ། སྐྲུད་སྲིན་ཟླུམ་པོ་ཆུང་བ། རྣའི་གློལ་འབུ། རྣའི་མཇུག་རྙེ་སྐྲུད་སྲིན།

སྨན་མིང་།	སྨན་གྱི་སྦྱོར་ཚད་དང་སྨན་དབྱིབས།	བསལ་བྱའི་འཁྲི་འབུ།
དབྱི་ཝེ་སྲིན་རྒྱ།（伊维菌素）	འབྱར་བག་ཅན། གཤེར་ཁྱ།0.2mg/kg	རྟའི་སྐྱད་སྲིན་ཟླུམ་པོ། སོ་མེད་སྐྱད་སྲིན་ཟླུམ་པོ། སྐྱད་སྲིན་ཟླུམ་པོ་དཀྱུས་མ། སྐྱད་སྲིན་ཟླུམ་པོ་ཆུང་བ། རྟའི་གྲོལ་འབུ། རྟའི་མཇུག་རྔེ་སྐྱད་སྲིན། སྦང་མཆིན་སྐྱད་སྲིན། མཇུག་སྒོར་སྐྱད་སྲིན་གྱི་རིགས། ཕོ་སྦང་གི་རིགས། ཨན་པའི་དྲ་མཇུག་སྐྱད་སྲིན། ལྤེ་པའི་སྐྱད་སྲིན་ཟླུམ་པོ།
སྨན་ཕུན་ཏ་ཙོལ།（芬苯达唑）	འབྱར་བག་ཅན། རི་ལ་བུ། གཤེར་ཁྱ།5mg/kg	རྟའི་སྐྱད་སྲིན་ཟླུམ་པོ། སོ་མེད་སྐྱད་སྲིན་ཟླུམ་པོ། སྐྱད་སྲིན་ཟླུམ་པོ་དཀྱུས་མ། སྐྱད་སྲིན་ཟླུམ་པོ་ཆུང་བ། རྟའི་གྲོལ་འབུ། རྟའི་མཇུག་རྔེ་སྐྱད་སྲིན།
སེ་མྱིས་ཏིན།（噻嘧啶）	འབྱར་བག་ཅན། གཤེར་ཁྱ། ཆེས་ཉུང་བའི་ཚད་ནི6.6mg/kgཡིན།	རྟའི་སྐྱད་སྲིན་ཟླུམ་པོ། སོ་མེད་སྐྱད་སྲིན་ཟླུམ་པོ། སྐྱད་སྲིན་ཟླུམ་པོ་དཀྱུས་མ། སྐྱད་སྲིན་ཟླུམ་པོ་ཆུང་བ། རྟའི་གྲོལ་འབུ། རྟའི་མཇུག་རྔེ་སྐྱད་སྲིན། རྒྱ་འབུ་ལེབ་རིང་།
ཀ་པེན་མད་ཙོ།（甲苯咪唑）	འབྱར་བག་ཅན། གཤེར་ཁྱ། ཆེས་ཉུང་བའི་ཚད་ནི6.6mg/kgཡིན།	རྟའི་སྐྱད་སྲིན་ཟླུམ་པོ། སོ་མེད་སྐྱད་སྲིན་ཟླུམ་པོ། སྐྱད་སྲིན་ཟླུམ་པོ་དཀྱུས་མ། སྐྱད་སྲིན་ཟླུམ་པོ་ཆུང་བ། རྟའི་གྲོལ་འབུ། རྟའི་མཇུག་རྔེ་སྐྱད་སྲིན།
མའོ་ཞི་ཁི་ཏིན།（莫昔克丁）	འབྱར་བག་ཅན།/སྦྱིན་རྣམ་སྦྱི་བ་རྫས།0.4mg/kg	རྟའི་སྐྱད་སྲིན་ཟླུམ་པོ། སོ་མེད་སྐྱད་སྲིན་ཟླུམ་པོ། སྐྱད་སྲིན་ཟླུམ་པོ་དཀྱུས་མ། སྐྱད་སྲིན་ཟླུམ་པོ་ཆུང་བ། རྟའི་གྲོལ་འབུ། རྟའི་མཇུག་རྔེ་སྐྱད་སྲིན། སྦང་མཆིན་སྐྱད་སྲིན། མཇུག་སྒོར་སྐྱད་སྲིན་གྱི་རིགས། ཕོ་སྦང་གི་རིགས། ལྤེ་པའི་སྐྱད་སྲིན་ཟླུམ་པོ། ཨའི་པའི་སྦྲུ་སྒོར་སྐྱད་སྲིན།
འབུ་བརྒྱའི་གཞན་པོ།（敌百虫）	གཤེར་ཁྱ། 40mg/kg	ཕོ་སྦང་གི་རིགས། རྟའི་གྲོལ་འབུ། རྟའི་མཇུག་རྔེ་སྐྱད་སྲིན། སྦང་འབུ། ཤིག །ལྡི་བ། གཡན་འབུ།

སྨན་མིང་།	སྨན་གྱི་སྤྲོར་ཚད་དང་སྨན་དབྱིབས།	བསམ་བྱའི་འཁྲི་འབྱ།
དེ་དེ་ཕེ།（敌敌畏）	སྨན་ཐྱི། 170mg/kg	རྣའི་སྐྱད་སྲིན་ཟླུམ་པོ། སོ་མེད་སྐྱད་སྲིན་ཟླུམ་པོ། སྐྱད་སྲིན་ཟླུམ་པོ་དཀྱུས་མ། སྐྱད་སྲིན་ཟླུམ་པོ་ཆུང་བ། རྣའི་གྲོལ་འབུ། པ་སྦྲང་གི་རིགས། སྦྲང་འབུ། ཤིག ཕྱི་བ། གཡན་འབུ།
པེ་ཆིན།（哌嗪）	སྨན་ཐྱི། 67mg/kg	རྣའི་གྲོལ་འབུ།
ཁིལ་གཉིས་ཕེན་ཧིན།（二氯苯胂）	ཤེལ་ཕྱི་དཀར་པོ། རྒྱུན་སྤྱོད་ཀྱི་ཚ་སྐྱར་ཚ། རྒྱའི་ནང་དུ་ཞུ་སླ། 3～4mg/kg, ཉིན4～5ནང་ཐེངས་གཅིག་ལ་ལྡུད་དགོས།	རྣའི་སྦྲང་འབུ། ཀླད་གཞུང་སི་དབྱིབས་འབུ།
ནན་ཧོང་ཕེན་ཞན་ནོ།（萘磺苯酰脲）	གཞེར་ཁྱ།10～15mg/kg	དབྱི་པའི་སྦྲང་འབུ། རྟ་པོང་རེག་དུག་སྦྲང་འབུ། རྨ་པའི་སྦྲང་འབུ།
ཁིན་ཐིས་ཨན།（喹嘧胺）	སྨན་ཐྱི།5mg/kg ཟླ2～3བར་ཐེངས་གཅིག་ལ་རྒྱག་དགོས།	དབྱི་པའི་སྦྲང་འབུ། རྟ་པོང་རེག་དུག་སྦྲང་འབུ།
དྭན་གསུམ་མི།（三氮脒）	གཞེར་ཁྱ།3～4mg/kg	ནོ་བྷ་ཐེ་སི་འབུ། རྣའི་བྷ་ཐེ་སི་འབུ། ཞོར་སྐྱེས་འབུ། རྟ་པོང་རེག་དུག་སྦྲང་འབུ།
ཟེ་སྐྱར་ཁིན་ལིན་ནོ།（硫酸喹啉脲）	གཞེར་ཁྱ། 0.6～1mg/kg	ནོ་བྷ་ཐེ་སི་འབུ། རྣའི་བྷ་ཐེ་སི་འབུ།
ཁིལ་ཐུས་ཐེན།（氯菊酯）	རླངས་སྤེ་བ་སྨན། 0.2%～0.4% གཞེར་ཁྱ་དང་བསྡེབས་ནས་གཏོར་བ།	སྦྲང་འབུ། སྦྲང་ནག ཁབ་སྦྲང་། ཤིག ཕྱི་བ། གཡན་འབུ་སོགས།

3. འབྲུ་སེལ་སྐབས་མཉམ་འཛོག་དགོས་པ་འགའ།

（1）འབྲུ་སེལ་བའི་དུས་ཚོད་གཏན་འཁེལ་བྱེད་པ། ངེས་པར་དུ་ས་གནས་དེ་གའི་འབྲི་འབྲུའི་ནད་ཀྱི་རིམས་ནད་རིག་པའི་རྟོག་ཞིབ་རྒྱུས་ཡོད་ལྟར་གཏན་འཁེལ་བྱ་དགོས་པ་ལས། གང་འདོད་ལྟར་གཏན་འཁེལ་བྱས་ན་གནོད་པ་ལས་ཕན་པ་ཆུང་། སྔོན་ལ་མ་བསྟེན་པའི་སྔོན་དུ་ས་གནས་དེ་གར་འབྲི་འབྲུའི་རིགས་གང་དག་ཡོད་པ་དང་། འགོ་བའི་ཚད་ཅི་འདྲ་ཡིན་པར་རྒྱུས་ཡོད་དགོས། ཕྱིར་བཏང་དུ་འབྲུའི་རིགས་ལུས་པོར་ནར་མ་སོན་པའི་སྔོན་དུ་སེལ་བའམ་འདེད་དགོས་ཤིང་། ལག་ཆགས་པའི་འབྲུས་སྒོ་ང་བཏང་བའམ། འབྲུ་སྒོང་གིས་ཕྱིའི་ཁོར་ཡུག་རེད་པར་ཡང་སྔོན་འགོག་བྱེད་ཐུབ་དགོས་པ་དང་། ཡང་ན་སྟོན་ཁ་དང་དགུན་ཁར་འབྲུ་བསལ་ན། རྣམ་དགུན་བསྐྱལ་བར་ཕན་པར་མ་ཟད། སྟོན་ཁ་དང་དགུན་ཁར་གྲང་ངར་ཆེ་བས། འབྲུ་བསལ་བའམ་དེད་རྗེས་འབྲུ་སྒོང་དང་འབྲུ་ཕྲུག་ནར་སོན་མི་ཐུབ་པས་ཁོར་ཡུག་ལ་སྨགས་བཙོག་ཆེན་པོ་བཟོ་མི་ཐུབ།

（2）སྨན་རྫས་ཀྱི་བྱེད་ནུས་ལ་རྒྱུས་ཡོད་དགོས། སྨན་གྱིས་འབྲུ་བསལ་ན། དེས་གོ་ཚོད་མིན་དེ་སྨན་རྫས་ཀྱི་བྱེད་ནུས་དང་འབྲེལ་བ་དམ་པོ་ལྡན། སྨན་མ་བཀོལ་བའི་སྔོན་དུ་སྨན་གྱི་དངོས་ལུགས་དང་རྫས་འགྱུར་གྱི་ངོ་བོ། འབྲུ་སེལ་བའི་ཁྱབ་ཁོངས། ཞོར་སྐྱོན། སྤྱོར་ཚད་དང་བསྟེན་ཐབས། རྟའི་ལུས་པོའི་སྨན་གྱི་ཚབ་བརྗེའི་གོ་རིམ་ལ་རྒྱུས་མངའ་གསལ་ཐག་ཆོད་པ་ཡོད་ན། སྨན་དབྱིབས་དང་བསྟེན་ཚུལ། བཅོས་ཡུན་བཅས་ཇི་ལྟར་གདམ་པར་ཕན་ཐོགས་ཤིང་། སྨན་གྱི་ནུས་

པ་ཐོན་པའང་ལེགས་ངེས།

(3) སྨན་རྫས་ཀྱི་ཞོར་སྐྱོན་ལ་གཟབ་ཚུལ། སྤྱིར་བཏང་དུ་འབུ་སེལ་བའི་སྨན་ཡོངས་ལ་ཞོར་སྐྱོན་ལྡན། རིགས་མི་འདྲ་བའི་སྨན་རྫས་ཀྱི་དུག་ནུས་ཆེ་ཆུང་མི་འདྲ་ཞིང་། གཅིག་མཚུངས་ཀྱི་སྨན་རྫས་དག་གི་ཐོན་སྐྱེད་བྱེད་ས་མི་འདྲ་བས་ཀྱང་དུག་ནུས་ལ་ཁྱད་པར་ཡོད། དེ་བས་འབུ་མ་བསལ་བའི་སྔོན་དུ་འཕྲུས་ཚབ་རང་བཞིན་གྱི་ཚུལ་དུ་ལོ་ན་དང་ཕོ་མོ་མི་འདྲ་བའི་རྟ་ལ་བདེ་འཛུགས་དང་ཚོད་ལྟ་བྱ་དགོས་ཤིང་། རྒྱུས་ལོན་རྗེས་དཔགས་ཏེ་སྤྲོད་རྟ་ཡོངས་ཀྱི་འབུ་བསལ་ན་དུག་མི་ཐོག་པར་ཕན། ནད་ཚབས་ཆེན་ཡིན་པ་དང་ཤ་ཤེད་ཞན་པའི་རྟ་རྣམས་ཟུར་དུ་བཀར་ནས་སྨན་ལ་བསྟེན་ཚད་ཇེ་ཉུང་དུ་གཏང་དགོས།

(4) ལུགས་དང་མཐུན་པར་སྨན་ལ་བསྟེན་ཚུལ། འབུ་སེལ་བའི་སྨན་སྤྱོད་པའི་གོ་རིམ་ཁྲིད་ངེས་པར་དུ་སྨན་བསྟེན་ཚུལ་ཡང་དག་ཡིན་མིན་ལ་མཉམ་བཞག་ནས། བསྟུན་མར་ལོ་འགར་སྨན་རིགས་གཅིག་བསྟེན་པ་མང་དྲགས་པར་གཟབ་དགོས། འབུ་སེལ་བའི་སྨན་ལ་བསྟེན་སྐབས་སྨན་རྫས་གཞན་དང་མཉམ་དུ་བསྟེན་པའམ། བསྡེབས་ནས་བསྟེན་མི་རུང་།

(5) འབུ་སེལ་བའི་སྨན་གྱི་མང་ཉུང་གཏན་འཁེལ་བྱ་དགོས། འབུ་སེལ་བའི་སྨན་གྱི་མང་ཉུང་ནི་ལུས་ལྗིད་ཀྱི་སྤྱི་རྒྱ་ལྟར་བརྩི་དགོས། ཆ་རྐྱེན་འཛོམས་ན་རྟའི་ལྗིད་ཚད་རྒྱ་མས་གཞལ་དགོས་ཤིང་། ཆ་རྐྱེན་མ་འཛོམས་ན། ཉམས་མྱོང་ཅན་གྱི་ལས་ཀ་བས་ལུས་ཀྱི་རིང་ཚད་ལྟར་ལྗིད་ཚད་འཇལ་བ་དང་། ཡང་ན་མིག་གིས་

འཇལ་ཡང་ཆོག །ཕྱིད་ཚད་དམའ་དྲགས་པའམ་མཐོ་དྲགས་ན་འབྲུ་སེལ་བའི་ཕྱོད་ནུས་དང་རྟའི་བདེ་ཐང་ལ་གནོད།

（6）སྨན་བསྟེན་མཚམས་འཇོག་ཡུན་གྱི་གནད། སྨན་བསྟེན་མཚམས་འཇོག་ཡུན་ནི་རྟ་ལ་སྨན་ལྷུད་མཚམས་བཞག་པ་ནས་བཤའ་ཆོག་པའི་ཆོག་མཆན་ཐོབ་པའམ། གཞན་པའི་ཐོན་རྫས（འོ་མ་དང་ཤ་སོགས）ཚོང་རར་འགྲེམ་པའི་ཆོག་མཆན་ཐོབ་པའི་བར་གྱི་དུས་ཡུན་ལ་གོ །འབྲུ་སེལ་སྨན་ལ་བསྟེན་སྐབས་སྨན་བསྟེན་མཚམས་འཇོག་ཡུན་གྱི་རིང་ཐུང་སྟེ། སྨན་རྫས་སྲོག་ཆགས་ཀྱི་ལུས་སྟེང་དུ་ལུས་པའི་དུས་ཡུན་ལ་གཟབ་དགོས།

（7）མཉམ་འཇོག་དགོས་པ་གཞན་དག །འབྲུ་སེལ་བའི་སྨན་བཅོས་ལས་ཀ་དེ་ཆེད་སྦྱོད་དང་ཟུར་བཀར་གྱི་ཆ་རྐྱེན་ཡོད་པའི་ར་སྐོར་དུ་བསྒྲུབ་དགོས། འབྲུ་བསལ་རྗེས་བཏང་བའི་རྟ་གཅིན་དང་རྟ་སྦང་སོགས་གཞི་གཅིག་ཏུ་སྤུངས་ནས "སྐྱེ་དངོས་དྲོད་ཕབས་ཀྱི་ཐབས" ལྟར་ཐག་གཅོད་བྱས་ནས་ཁོར་ཡུག་ལ་སྨགས་བཙོག་བཟོ་བར་གཟབ་དགོས། གཞན་འབྲུ་བསལ་རྗེས་འབྲུ་སེལ་པའི་ཕྱོད་ནུས་ལ་སྟོམ་རྩིས་བླངས་ནས་དགོས་མཁོ་ལྟར་འབྲུ་སེལ་སྨན་རྫས་ཁ་གསབ་བྱས་ཆོག

（8）འབྲུ་སེལ་བའམ་སྨན་གྱིས་བཀྲུས་རྗེས་དུས་ཐོག་ཏུ་ཕན་ནུས་ལ་བརྟགས་ནས་ཡང་བསྐྱར་འབྲུ་བསལ་དགོས་མིན་ཐག་གཅོད་དགོས། ཕྱུགས་ནད་སྨན་པས་འབྲུ་མ་སེལ་བའི་སྡེ་གཞུག་ཏུ་བསྡུར་ཚད་ངེས་ཅན་ལྟར་རྟ་ཟུར་བཤེར་

བྱས་ཏེ་འབྲུ་སྔོང་ངམ་འབྲུ་སྨྱུག །འབྲུ་ཆེ་བ་བཙས་ཀྱི་གྲངས་འབོར་གྱི་འགྱུར་ལྡོག་གནས་ཚུལ་ལ་བརྟག་དཔྱད་བྱས་ཏེ། བསྐྱར་དུ་འབྲུ་བསལ་དགོས་མིན་གཏན་འཁེལ་བྱ་དགོས་སོ། །

རབ་བཅད་གསུམ་པ། རྒྱུན་མཐོང་ཁོག་ནད།

དང་པོ། ཁ་ཚ།

ཁ་ཚ（stomatitis）ནི་ཁ་སྦུག་གི་འབྱར་སྐྱིའི་གཉན་ཚད་ཀྱི་སྤྱི་མིང་ཡིན་ཞིང་། ནད་ཐོག་སྨན་བཅོས་ལྟར་ན། མཆིལ་མ་ཟགས་པ་དང་ཁ་སྦུག་གི་འབྱར་སྐྱི་དམར་པོར་གྱུར་པ། སྐྲངས་པ་སོགས་ཀྱི་ནད་རྟགས་མངོན།

【ནད་རྒྱུ།】 ཐད་ཀྱེན་རང་བཞིན་གྱི་གནོད་སྐྱོན་ནི། དཔེར་ན་རྩྭ་ཆས་སྲ་མོ（གྲ་མ་དང་རྩྭ་ཡི་སྡོང་རྐང）དང་། རྩྭ་ཆས་ཁྲོད་འདྲེས་པའི་ཤིང་ཕྱུར་དང་ཤེལ་ཆག །འཛེར་མ། ལྕགས་སྐུད་སོགས། ཡང་ན་ཡོ་ཆས་སོགས་ཀྱིས་ཐད་ཀར་ཁ་ནང་གི་འབྱར་སྐྱི་ལ་རྨས་སྐྱོན་བཟོས་ནས་ཁ་སྦུག་ལ་གཉན་ཚད་རྒྱས་པ་ཡིན་ཞིང་། རྫས་འགྱུར་རང་བཞིན་གྱི་གནོད་སྐྱོན་ནི། དཔེར་ན་རྗེ་ཐལ་ཟོས་པ་དང་ཨན་ཆུ（氨水）འཐུང་བ། རྩྭ་ཆས་རུལ་བ་ཟོས་པའམ། སྨན་བླུད་པ་མང་དྲགས་པ་དང་སྐྱེ་དངོས་ཕྲ་རབ་ཀྱིས་རེད་པ་སོགས་ཀྱིས་བསྐྱེད་པ་ཡིན།

【ནད་རྟགས་དང་ངོས་འཛིན།】 རྩྭ་ཆས་ཟ་བའམ་ལྡུད་པ་དལ་བ་དང་། ཡང་ན་རྩྭ་ཆས་མི་ཟ་བ། རྩྭ་ཆས་སླེ་མོའི་རིགས་ཁོ་ན་ཟ་བ། སྦོམ་ཞིང་སྲ་མོ་

ཡིན་པའི་རྫ་ཆས་མི་ཟ་བ། མཆིལ་མ་ཟགས་པ། ཁ་ནས་ལྦུ་བ་དཀར་པོ་འཛག་པ། ཁའི་འབྱར་སྐྱི་དམར་པོར་འགྱུར་ཞིང་སྐྲངས་པ། ཟུག་གཟེར་ལངས་པ། ཁའི་དྲོད་ཚད་འཕར་བ་སོགས་ཀྱི་ནད་རྟགས་མངོན།

【སྨན་བཅོས།】སྨན་བཅོས་ཀྱི་རྩ་དོན་ནི་ནད་རྒྱུ་བསལ་སྲུར། བདག་སྐྱོང་ལེགས་པོ་བྱས་ནས་ཁ་སྦྱུག་གཙང་བཤལ་དང་། ནད་རྒྱུ་ཚོད་འཛིན་དང་གཉན་སེལ་བཅས་ཡིན།

1. **ནད་རྒྱུ་བསལ་བ།** དཔེར་ན་ཁའི་ནང་དུ་ཟུག་པའི་གྲ་མ་ལེན་པ་དང་། རིང་དྲགས་པའི་སོ་གཙོད་པ་སོགས།

2. **བདག་སྐྱོང་ལེགས་པོ་བྱེད་པ།** འཇུ་སླ་ཞིང་སྙི་མོ་ཡིན་པའི་རྫ་ཆས་བྱིན་ནས་འཚོ་བཅུད་མཁོ་འདོན་དང་། འཚོ་བཅུད་འཛོམས་པའི་སྒོ་གཟན་དང་སྲུས་ལེགས་སྒོ་རྫ་སྐམ་པོ་སྟེར་དགོས། གཟན་རྫ་ཟ་མི་ཐུབ་པའམ་བལྡད་མི་ཐུབ་པའི་རྟ་ལ། དུས་ཐོག་ཏུ་ལྟགས་གསབ་ཀྱི་ཁབ་རྒྱག་པའམ། ཡང་ན་སྦུ་གུ་ལ་བརྟེན་ནས་གསེར་ཟས་ཀྱི་རིགས་ལྡུད་དགོས།

3. **ཁ་སྦྱུག་གཙང་བཤལ་དང་ཚོད་འཛིན། གཉན་སེལ།** 1%གི་ཚྭ་ཆུའམ2%ཀྱི་པོན་སྐྱུར་བཞུ་ཁུ། 0.1%གི་མེན་མདོག་སྐྱུར་ཙྭའི（高锰酸钾）བཞུ་ཁུས་ཁ་སྦྱུག་བགྱུ་དགོས། རྒྱུན་མ་ཆད་པར་མཆིལ་མ་ཟགས་ན། 1%གི་མཚུར་དཀར་བཞུ་ཁུའམ1%གི་རོའུ་སྐྱུར་བཞུ་ཁུས（鞣酸溶液）ཁའི་ནང་བགྱུ་བ་དང་། ཟགས་རལ་རང་བཞིན་གྱི་ཁ་ཚའི་ནད་བྱུང་ན། ཏིན་ཆང་མདར་སྨུམ

（碘酊甘油）མམ2%ཀྱི་ཕིན་སྐྱུར་མངར་སྣུམ།（硼酸甘油）1%གི་ཧྲོང་ཨན་མངར་སྣུམ（磺胺甘油）ནད་བྱུང་སར་བྱུག་དགོས།

【སྔོན་འགོག】 དུས་རྒྱུན་གྱི་རྣ་ཆས་དོ་དམ་ལ་མཉམ་བཞག་ནས་རྣ་ཆས་ཀྱི་སྡེབ་སྦྱོར་འོས་ཤིང་འཚམ་དགོས། རྩེ་མོ་རྣོན་པོ་ཅན་གྱི་དངོས་པོ་དང་སྐྱི་དངོས་དུག་ཅན་རྣ་ཆས་དང་བསྡེབ་པར་གཟབ་པ་དང་། རྣ་ཆས་རུལ་བ་སྟེར་མི་རུང་། ངར་སྐྱིད་རང་བཞིན་དང་རུལ་བསླད་རང་བཞིན་གྱི་སྨན་ལྡུད་སྐབས་ངེས་པར་དུ་བླང་བྱ་ལྟར་བསྟེན་དགོས། ཁ་འཕྲེད་ཡོ་ཆས་སོགས་བཀོལ་ནོར་འབྱུང་མི་རུང་བ་དང་། དུས་བཅད་ལྟར་བརྟར་ནས་ཟད་པའི་དོ་མི་སྙོམས་པའི་སོ་རྣམས་ལེགས་སྲིག་བྱ་དགོས།

གཉིས་པ། མྱུར་བའི་རང་བཞིན་གྱི་ཕོ་བ་སྦོས་པའི་ནད།

མྱུར་བའི་རང་བཞིན་གྱི་ཕོ་བ་སྦོས་པའི་ནད（acute gastric dilatation）ནི་གཟན་རྣ་སོགས་ཟོས་པ་མང་དྲགས་པའི་རྐྱེན་བསྐལ་བྱུང་བ་དང་སྦོས་པ། རྣ་ཆས་འཇུ་མ་ཐུབ་པར་ཕོ་གཞུག་རིངས་འཁྱམས་དང་། དབང་ནུས་ཉམས་པ་ལས་བསྐྱེད་པའི་ཕོ་བ་སྦོས་པའི་ནད་ཅིག་ཡིན། ཕོ་བ་སྦོས་དྲགས་ན་ཕོ་བ་ཐེད་པའམ་གས་པའི་གནས་ཚུལ་འབྱུང་སྲིད། དེ་ལ་གློ་བུར་དུ་ནད་བྱུང་བའམ་ཕོ་བར་ཟུག་གཟེར་ལངས་པ། དབུགས་འཚང་བའི་ནད་རྟགས་མངོན།

【ནད་རྒྱུ།】

1. གདོད་བྱུང་རང་བཞིན་གྱི་ཕོ་བ་སྲོས་པའི་ནད།

（1）འཇུ་དཀའ་ཞིང་སྲོ་སླ་བའི་རྫ་ཆས（འབྲུ་ཕྱེ་དང་ཕུབ་མ）མང་པོ་ཟོས་པ།

（2）སྐྱུར་བསྐལ་བྱུང་སླ་བའི་རྫ་ཆས（སྤང་མ་དང་དྭགས་ཀྱི་སྙིགས་རོ། གཟན་རྫའི་རྩད་པ་སོགས）དང་རྫ་ཆས་རུལ་བ（འཁྱགས་རེངས་ཐེབས་པའི་རྫ་ཆས་ཀྱི་རྩད་པ་དང་གཞི་གཅིག་ཏུ་སྤུངས་ནས་རྙིད་པའི་རྫ་སྔོན་སོགས）ཟོས་པ།

（3）ཕོ་བར་མི་འཕྲོད་པའི་རྫ་ཆས་བྱིན་པའམ་ཐང་ཆད་དྲགས་པ། རྫ་ཆས་ཀྱིས་འགྲངས་རྗེས་ལས་ཀ་ལྷི་མོར་བཀོལ་བ། སྤུས་ལེགས་རྫ་ཆས་བྱིན་རྗེས་ཆུ་མང་པོ་བླུད་པ། སློ་བུར་དུ་ཉིན་ཆས་བརྗེ་བ། རྫ་ཆས་སྟེར་ཚུལ་དང་གོ་རིམ་སོགས་གློ་བུར་དུ་བརྗེས་པར་བརྟེན། རྫ་ཆས་འཇུ་བའི་ཆོས་ཉིད་ལ་ཤུན་ཐེབས་ནས་བྱུང་བ།

2. རྗེས་བྱུང་རང་བཞིན་གྱི་ཕོ་བ་སྲོས་པའི་ནད། རྒྱུན་མཐོང་རིགས་ཀྱི་རྒྱུ་ནག་གི་ནད་ཅིག་སྟེ། དཔེར་ན་རྫ་ཆས་མ་འཇུ་བ་དང་ཁེགས་པ། གཉན་ཚད་སོགས་ཀྱི་ནད་དང་། ལོང་གཞམ་རྩམ་ལོང་འགགས་རྗེས་ཀྱང་ནད་འདི་འབྱུང་།

【ནད་རྟགས་དང་ངོས་འཛིན།】

1. གདོད་བྱུང་རང་བཞིན་གྱི་ཕོ་བ་སྲོས་པའི་ནད། ཕལ་མོ་ཆེར་རྫ་ཆས

ཐོས་རྗེས་ཀྱི་དུས་ཚོད3～5ནང་གློ་བུར་དུ་ནད་འདི་འབྱུང་བ་དང་། ནད་རྟགས་གཙོ་བོ་ལ་གཞམ་གསལ་ལྟར།

（1）གསུམ་གཟེར། མར་ཉལ་བ་དང་ཡར་ལངས་པ། འཁྱིལ་ལོག་རྒྱག་པ། གསུམ་པར་ཕྱིར་ལྟ་བྱེད་པ། སྐབས་ལ་ལར་ཁྲིའི་འདུག་སྟངས་ལྟར་འདུག་སྲིད།

（2）སྤྱིར་བཏང་གི་ནད་རྟགས། འབྱར་སྐྱི་དམར་པོའམ་སྨུག་པོར་འགྱུར་པ། དབུགས་འཚང་བ། རྩའི་འཕར་ཚད་མགྱོགས་པ། བྲང་གཞུང་དང་གྲུ་མོའི་རྒྱབ་ངོས་དང་བརླའི་ནང་ལོགས། སྙིད་ཚིགས་ཀྱི་ལོགས་གཉིས། རྣ་རྩ། མིག་གི་མཐའ་འཁོར་བཅས་སུ་རྔུལ་ཆུ་ཐོན་པ་དང་། རྟ་ནད་པ་ལ་ལའི་ལུས་ཡོངས་ནས་རྔུལ་ཆུ་བཞུར་བའང་ཡོད།

（3）འཇུ་བྱེད་མ་ལག་གི་ནད་རྟགས། ཡི་ག་འཆུས་པ་དང་ནད་བྱུང་མ་ཐག་ཁའི་ནང་དུ་འབྱར་བག་ཅན་གྱི་ཁ་ཆུ་འཛག་པ་དང་། རིམ་བཞིན་ཁ་ནང་བསྐམས་ནས་དྲི་ངན་བྲོ་བ་དང་སྦོ་དྲེག་ཆགས་པ་ཡིན། སྨན་དཔྱད་པོ་ཚས་ཀྱིས་ཉན་ནས་བརྟགས་ན། རྒྱུ་མ་འཁྱིལ་བའི་སྒྲ་རིམ་བཞིན་ཇེ་ཆུང་དུ་འགྲོ་བའམ་མེད་པར་འགྱུར་སྲིད། ནད་བྱུང་མ་ཐག་ཏུ་རྟ་སྟངས་ཅུང་ཙམ་ཞིང་། རིམ་བཞིན་གནོང་མཚམས་ཆད་ངེས།

（4）ཕོ་ཤེལ་གྱིས་བརྟག་པ། ཕོ་ཤེལ་ཕོ་བའི་ནང་བཅུག་རྗེས་སྐྱུར་དྲི་བྲོ་བ་དང་རུལ་བའི་དངོས་པོ་ཕྱི་ལ་བཏོན་ནས་རིམ་བཞིན་གྲུག་གཟེར་ཇེ་ཆུང་ངམ་བྱང་ངེས། མང་ཆེ་བ་གནོད་བྱུང་རང་བཞིན་དང་དབུགས་སྦོས་རང་བཞིན་གྱི་ཕོ་

བ་སྦྲོས་པར་སྤྱོད་ལ། ཟས་ཁེགས་ནས་ཕོ་བ་སྦྲོས་པ་ལ་དབུགས་རྔུང་ཞུང་ངུ་ཙམ་ལས་ཕྱིར་འདོན་རྒྱུ་མེད་པ་དང་གསུམ་པའི་ན་ཟུག་ཀྱང་བྱུང་མི་ཐུབ།

2. **རྩེས་བྱུང་རང་བཞིན་གྱི་ཕོ་བ་སྦྲོས་པའི་ནད།** ཐོག་མར་གདོད་བྱུང་རང་བཞིན་གྱི་ནད་རྟགས་མངོན་པ་དང་། དེ་ནས་ད་གཟོད་ཕོ་བ་སྦྲོས་པའི་ནད་རྟགས་མངོན་ངེས། ནད་དེ་ཐོག་པའི་རྟ་མང་ཆེ་བའི་སྣ་ཁུང་ལས་ཕོ་བའི་ནང་གི་གཤེར་ཁུ་བཞུར་ནས་ཐོན་པ་ནི་ནད་འདིའི་ཁྱད་ཆོས་ལ་ངོས་འཛིན། དཔྱད་ཆས་ཕོ་བའི་ནང་དུ་བཙུག་རྗེས། སྐྱུར་དྲི་བྲོ་བའི་གཤེར་ཁུ་སེར་པོའམ་ལྗང་ནག་བཞུར་ནས་ཐོན་པ་དང་། གཤེར་ཁུ་ཕྱི་ལ་བཞུར་རྗེས་ན་ཟུག་བྱུང་སྲིད་ནའང་། ངུས་ཚོད་ངེས་ཅན་འགོར་རྗེས་བསྐྱར་དུ་འཕར་སྲིད་ལ། ཡང་དང་བསྐྱར་དུ་བྱུང་བ་ནི་རྗེས་བྱུང་རང་བཞིན་གྱི་ཕོ་བ་སྦྲོས་པའི་ནད་ཀྱི་ཁྱད་ཆོས་གཙོ་བོ་ཞིག་ཡིན།

【སྨན་བཅོས།】 སྨན་བཅོས་ཀྱི་རྩ་དོན་ལ་བདག་སྐྱོང་ལེགས་པོ་བྱེད་པ་དང་ན་ཟུག་གཅོག་པ། སྙིང་ཤུགས་ཆེར་སྐྱེད་བཅས་ཡོད།

1. **བདག་སྐྱོང་ལེགས་པོ་བྱེད་པ།** ངུས་ཐོག་ཏུ་ན་ཟུག་གཅོག་པའི་སྨན་ལ་བརྟེན་ནས་བཙལ་ཐབས་ཐབས་པར་གཟབ་དགོས།

2. **ཕབས་བཟོ་ཟུག་འཛོམས།** ཕོ་བའི་ནང་གི་དངོས་པོའི་སྐྱུར་བསྐལ་གྱི་མཚམས་འཛོག་པ་དང་། ཕོ་བའི་སྦྲོས་ཚད་ཇེ་ཡང་དུ་གཏོང་བ། ཕོ་བ་ཐེད་པའམ་གས་པར་གཟབ་པའི་སྔུར་བསྟུན་བྱེད་ཐབས་ཤིག་ཡིན་ཞིང་། ཞོར་ལ་གསུམ་པའི་ཟུག་གཟེར་དང་ཕོ་གཞུག་རེངས་འཁུམ་བྱུང་བར་ཡང་ཕན།

（1）དབུགས་སྒོས་རང་བཞིན་གྱི་ཕོ་བ་སྒོས་པ། ཐོག་མར་ཕོ་བའི་ནང་གི་དངོས་པོ་བླངས་ནས་གནོན་ཤུགས་ཇེ་ཡང་དུ་བཏང་རྗེས། ཕོ་སྦུག（胃管）གིས་ཆུ་སྦྱོར་ཁིལ་ཆོན་ཆང་བཅུད་མཉམ་སྡེབ（水合氯醛酒精合剂）བམ་རྡོ་ཀྲད་ཆང་བཅད་ཀྱི་བཞུ་ཁུ（鱼石脂酒精溶液）ནང་དུ་བཙུག་ན་ཟུག་གཟེར་གཞོམ་པར་ཕན།

（2）ཟས་འགགས་ནས་ཕོ་བ་སྒོས་པ། ཐོག་མར་ཕོ་བ་བཤལ་དགོས་ཤིང་། ཐེངས་རེར་ཆུ་ནྡོད་མོL1～2ཡིས་གཤེར་ཁུ་ཕྱི་ལ་བཏོན་ཅིང་། སྐྱུར་དྲི་མི་བྲོ་བའི་བར་དུ་ཡང་དང་བསྐྱར་དུ་གཙང་བཤལ་བྱ་དགོས།

（3）ཆུ་བསགས་ནས་ཕོ་བ་སྒོས་པ། ཕལ་མོ་ཆེར་རྗེས་འབྱུང་རང་བཞིན་གྱི་ཁྱད་ཆོས་མངོན་ཞིང་། ཕོ་བའི་ནང་གི་དངོས་པོ་བླངས་ནས་གནོན་ཤུགས་ཇེ་ཡང་དུ་གཏོང་བ་ནི་སྐབས་འཕྲལ་གྱི་བཅོས་ཐབས་ཡིན་པས་ནད་གཞི་ལ་བརྟགས་ནས་སྨན་བཅོས་བྱ་དགོས།

3. གཟེར་བྱེད་འཁྲུམ་བརྒྱུད། དེ་ནི་ཕོ་བ་ཁེགས་པའམ་སྒོས་པ་བྱུང་བར་ཕན་པའི་བྱེད་ཐབས་ཤིག་ཡིན་ཞིང་། སྨན་བཅོས་ཀྱི་གོ་རིམ་ཡོངས་ལ་སྤྱད་ཆོག་པ་དང་། སྤྱིར་བཏང་དུ་ཕབས་བཟོ་གཟེར་བྱང་གི་རྗེས་སུ་ལག་ལེན་དུ་བསྟར་དགོས།

3. སྙིང་ཁམས་གསོ་བ་དང་གཤེར་ཁུ་ཁ་གསབ་བྱེད་པ། ཐབས་འདི་ལུས་ཀྱི་ཆུ་ཟད་པ་མངོན་གསལ་ཡིན་དུས་སྤྱོད་དགོས། ཆུ་ཚྭའི་ཚབ་བཟེ་དོ་སྙོམས་

མེད་པའི་གནས་ཚུལ་དངོས་ལ་གཞིགས་ནས། བསབ་བྱའི་གཤེར་ཁུའི་རིགས་དང་མང་ཉུང་གཏན་འཁེལ་བྱ་དགོས། སྙིང་ཁམས་གསོ་བ་དང་གཤེར་ཁུ་ཁ་གསབ་ཐབས་ཀྱིས་རྒྱུན་ལྡན་གྱི་ཁྲག་གི་ཤེད་ཚད་རྒྱུན་འཁྱོངས་དང་། ཁྲག་རྩའི་བྱེད་ནུས་ལེགས་བཅོས་སུ་བཏང་ན། རིམས་འགོག་གི་ནུས་པ་ཇེ་མཐོར་གཏོང་ཐུབ།

【སྔོན་འགོག】 རྩ་ཆས་དོ་དམ་ལ་ཤུགས་སྣོན་དང་། ལྷག་དོན་ལས་ཀར་བཀོལ་ནས་ཐང་ཚད་དྲགས་པ། ཞོགས་དྲགས་པའི་སྐབས་སུ་རྩ་ཆས་ཀྱི་སྡེབ་སྦྱོར་ལ་གཟབ་དགོས། བལྟག་དགོས་པའི་རྩ་ཆས་མང་པོ་མ་བྱིན་པར་རྩ་ཆས་ཟོས་པ་མགྱོགས་དྲགས་པར་གཟབ་དགོས། རྟའི་སྤབ་མཐུར་བླངས་རྗེས་རྩ་ཆས་འཛོག་སའི་ཁང་པའམ་མཛོད་ཁང་དུ་འཛུལ་ནས་སྦྱུས་ལེགས་རྩ་ཆས་བཟའ་བར་ཡང་གཟབ་དགོས་སོ། །

གསུམ་པ། རྒྱུ་མའི་གླང་འཐབ།

རྒྱུ་མའི་གླང་འཐབ (intestinal spasm) ནི་རྒྱུ་མའི་འདམ་འདྲེད་ཤ་གནད་ལ་རྒྱས་སྐྱོན་ཐེབས་ནས་འཁྲུམས་ཤིང་། མཚམས་ཚིགས་དང་བཅས་གསུས་པ་ན་བའི་ཁྱད་ཆོས་ཅན་གྱི་གསུས་གཟེར་གྱི་ནད་ཅིག་ཡིན།

【ནད་རྒྱུ།】 རྩ་ཆས་ཧུལ་བ་ཟོས་ནས་རྒྱུ་མའི་ནང་སྦྲལ་གསེད་ཀྱི་དངོས་པོ་གཞན་པ་བྱུང་བ་དང་། གནམ་གཤིས་ལ་འགྱུར་ལྡོག་བྱུང་སྐབས་ལས་

ཀར་བཀོལ་རྗེས་ཆུ་འཁྱག་འཐུང་ཚོད་མ་ཟིན་པ། གྲང་ངར་ཆེ་བའི་མཚན་མོར་ཁང་པའི་ཕྱི་རོལ་དུ་ཉལ་བ། དུས་ཡུན་རིང་པོར་རླན་སར་ཉལ་བ། ཆར་གྱིས་བརླན་པའམ། བ་མོ་ཆགས་པའི་གཟན་རྩྭ་ཟོས་པ་སོགས་ཀྱིས་ནད་འདི་བསྐྱེད།

【ནད་རྟགས་དང་ངོས་འཛིན།】 གསུམ་པར་ཟུག་གཟེར་དྲག་པོའམ་ཆུང་ཙམ་ལངས་པའམ། བསྐྱར་འཕར་རང་བཞིན་གྱིས་ཟུག་གཟེར་ལངས་པ། ཐང་ལ་ཉལ་ནས་མི་ལངས་པའམ་འགྲེལ་ལོག་རྒྱག་པ། སྐར་མ5～10ཡི་རྗེས་སུ་ཟུག་གཟེར་བྱུང་བ་དང་། ཟུག་གཟེར་བྱུང་བའི་སྐབས་སུ་ནད་ཡོག་པའི་རྟའི་རྣམ་རིག་བདེ་ཐང་ཅན་གྱི་རྟ་དང་ཁྱད་པར་མེད། ཡིན་ནའང་སྐར་མ10～30ནང་བསྐྱར་དུ་ཟུག་གཟེར་ལངས་ཤིང་། དེ་ནས་སྐར་མ5～10ཡི་རྗེས་སུ་བསྐྱར་དུ་ཟུག་གཟེར་བྱུང་ངེས། འདི་ལྟར་མཚམས་ཚིགས་དང་བཅས་ཟུག་གཟེར་ལངས་པའི་ནད་རྟགས་མངོན་པ་ལས་གཞན། གཤམ་གསལ་གྱི་ནད་རྟགས་འགའ་མངོན་སྲིད་དེ། ནད་ཡང་མོ་ཅན་གྱི་རྟའི་ཁ་ནང་རློན་པ་ཡིན་པ་དང་། ཁ་དོག་རྒྱུན་ལྡན་ནམ་སྐྱ་བོ་ཡིན། ནད་ལྕི་མོ་ཅན་གྱི་ཁའི་མདོག་དཀར་པོར་འགྱུར་ཞིང་ཁའི་དྲོད་ཚད་དམའ། རྣ་ཅོག་དང་སྣ་ཁུང་འཁྱག་པོ་ཡིན། གསུམ་པར་ཟུག་གཟེར་ལངས་པ་ལས་དབུགས་ཀྱི་འབྱིན་རྔུབ་དང་ལུས་དྲོད། རྩའི་འཕར་ཚད་བཅས་རྒྱུན་ལྡན་ཡིན། རྒྱུ་དཀར་ནག་འགྲུལ་བའི་སྒྲ་རྗེ་མཐོ་དང་། སྐབས་ལ་ལར་ལྷུགས་རིགས་ཀྱི་སྒྲ་ལྟ་བུ་གྲགས་ཤིང་། རྒྱུ་མ་འགྲུལ་བའི་སྒྲ་རྗེ་མཐོར་སོང་བ་དང་བསྟུན་ནས་རྟ་སྦྲངས་གཏོང་གྲངས་རྗེ་མང་དང་། རྟ་སྦྲངས་ཀྱང་གར་པོ་ནས་སླ་པོར་འགྱུར་ཞིང་། རིམ་

བཞིན་ཇེ་ཞུང་དུ་འགྱུར་ངེས། གསུམ་པར་ཟུག་གཟེར་དྲག་པོ་ལངས་སྐབས། ལུས་ཡོངས་ཀྱི་ནད་རྟགས་ཚབས་ཆེན་དུ་འགྱུར་ཞིང་། རྒྱུ་མ་འགྱུལ་བའི་སྒྲ་ཇེ་ཆུང་དུ་གྱུར་ནས་རྒྱུ་མ་འགགས་པའམ། རྒྱུ་མའི་གནས་སྤོ་བའི་གནས་ཚུལ་འབྱུང་སྲིད།

【སྨན་བཅོས།】 སྨན་བཅོས་ཀྱི་རྩ་དོན་ནི་རྒྱུ་མ་གཙང་བཤལ་བྱས་ནས་པབས་བསྐལ་གྱི་མཚམས་འཛོག་རྒྱུ་དེ་ཡིན།

སྤྱིར་བཏང་དུ་གཤམ་གྱི་སྨན་རྫས་དག་གདམ་སྤྱོད་བྱས་ཆོག་སྟེ། ཆུ་སྦྱོར་ཁིལ་ཆོན（水合氯醛）8gདང་ག་བུར་ཕྱེ་མ8gདང་། ཤིང་མར（植物油）500mlབཅས་ལྡུད་པའམ། ཡང་ན་མིས་བཟོས་ཚྭ300gདང་། དྲི་ཞིམ་ཨན་ཞུའོ（芳香氨醑）30～60mlདང་། ཉིང་ཞུན（陈皮酊）50～80mlདང་། ཆུ་སྦྱོར་ཁིལ་ཆོན8～15gབཅས་ཆུས་བཞུས་ནས་ལྡུད་དགོས།

【སྔོན་འགོག】 རྩྭ་ཆས་དོ་དམ་ལ་ཤུགས་སྣོན་བྱས་ཏེ། དུས་རྒྱུན་འཁྲུག་རེངས་སུ་གྱུར་པ་དང་། བརྡུད་མེད་པའི་གཟན་རྩྭའམ། རྩྭ་ཆས་རུལ་བ་སྟེར་མི་རུང་། དགུན་ཁར་ཆུ་འཁྱག་འཐུང་དུ་འཇུག་མི་རུང་བ་དང་། འགྱུལ་སྐྱོད་དང་ལས་ཀར་བཀོལ་བའི་ཡུན་ཚོད་འཚམ་ཡིན་དགོས།

བཞི་པ། རྒྱུ་མ་སྦོས་པ།

རྒྱུ་མ་སྦོས་པའི་ནད（intestinal tympany）ནི་རྒྱུ་མའི་འདུ་ནུས་

འཁྲུགས་ཤིང་། རྒྱུ་མའི་ནང་གི་རླུང་འཕེལ་ནས་དབུགས་ཕྱི་ལ་འདོན་མ་ཐུབ་པས། དབུགས་རླུང་རྒྱུ་མའི་ནང་འདུས་ནས་རྒྱུ་མ་སྦོས་ཤིང་གཟེར་བའི་ནད་ཅིག་ཡིན།

【ནད་རྒྱུ།】 གདོད་བྱུང་རང་བཞིན་གྱི་རྒྱུ་མ་སྦོས་པའི་ནད་ནི་རྣམ་པབ་བསྐལ་སླ་བའི་རྫ་ཆས་མང་པོ་ཟོས་པས་བསྐྱེད་པ་ཡིན། ཆེས་ཐོག་མར་མཐོ་སྒང་གི་ས་ཆར་ཐོན་པའི་རྣ་ལ་ནད་འདི་འབྱུང་སླ་ཞིང་། མཐོ་སྒང་གི་ཁོར་ཡུག་ལ་ལོབས་རྗེས་ནད་བྱུང་ཚད་མངོན་གསལ་གྱིས་དེ་དམའ་རུ་འགྱུར་སྲིད། རྗེས་བྱུང་རང་བཞིན་གྱི་རྒྱུ་མ་སྦོས་པའི་ནད་ནི་རྒྱུ་འགགས་དང་རྒྱུ་མའི་གནས་འགྱུར་གྱིས་བསྐྱེད་པ་ཡིན།

【ནད་རྟགས་དང་ངོས་འཛིན།】 རྫ་ཆས་ཟོས་རྗེས་སྐར་ལྷང་དུབ་བྱུང་བའམ། ཡང་ན་ཡུན་རིང་པོར་གསུམ་པར་ཟུག་གཟེར་ལངས་པ་ཡིན། གསུམ་པ་སྦོས་ཤིང་དཔྱི་རུས་ཀྱི་མཚམས་ནས་འབུར་བ་སོགས་ཀྱི་ནད་རྟགས་འབྱུང་། ལུས་པོའི་ཕྱི་ངོས་ཀྱི་སྡོད་ཚ་རྒྱས་པ་དང་འབྲུར་སྐྱི་དམར་ནག་ཏུ་འགྱུར་པ། སྙིང་གི་འཕར་ལྡིང་དེ་མགྱོགས་སུ་འགྱུར་ཞིང་རྩ་ལམ་ཕྲ་ཞིང་གཉོམ། དབུགས་འབྱིན་རྤུབ་དཀའ་ཞིང་། ནད་ཚབས་ཆེ་ན་དབུགས་འབྱིན་རྤུབ་བྱེད་མ་ཐུབ་པར་ཤི་བའང་ཡོད།

【སྨན་བཅོས།】 རྒྱུ་མ་སྦོས་པའི་ནད་ཚབས་ཆེ་བའི་རྣ་ལ་མཚོན་ན། རྒྱུ་མ་བརྟོལ་ནས་རླུང་དབུགས་ཕྱི་ལ་གཏོན་དགོས། ཡིན་ནའང་གསུམ་པའི་ནང་སྐྱིའི་གཉན་ཚད་འབྱུང་བར་སྔོན་འགོག་བྱེད་ཐུབ་དགོས། སྨན་བཅོས་ཀྱི་རྩ་དོན་

ནི་དབུགས་བཏོན་ནས་གནོན་ཤུགས་དེ་ཡང་དུ་གཏོང་བ་དང་ན་ཟུག་འཇོམས་པ། རྒྱུ་མ་གཙང་བཤལ་བྱས་ནས་ཕབས་བསྐལ་གྱི་མཚམས་འཛོག་པ་བཅས་ཡིན།

རླུང་དབུགས་ཕྱིར་བཏོན་ནས་གནོན་ཤུགས་དེ་ཡང་དུ་གཏོང་བ་ལ་རྒྱུ་མའི་སྦྲོས་ཚད་གཞིར་བཟུང་ནས་སྨན་བཅོས་བྱ་དགོས། རྒྱུ་མ་སྦྲོས་པ་ཚབས་ཆེན་མིན་ན། བཤལ་བའི་སྨན་དང་སྐྱུར་འགོག་གི་སྨན་རྫས་ལ་བརྟེན་ནས་རྒྱུ་མའི་ནང་གི་དངོས་པོ་གཙང་བཤལ་བྱས་ནས་སྨན་བཅོས་བྱས་ཆོག །གསུམ་པ་སྦྲོས་པ་མངོན་གསལ་ཡིན་ཞིང་དབུགས་འཚང་བ། སྙིང་གི་འཕར་ཚད་མགྱོགས་པ་སོགས་ཚབས་ཆེ་བའི་ནད་རྟགས་མངོན་ན། རླུང་དབུགས་ཕྱི་ལ་བཏོན་རྗེས་གསུམ་ཤོག་ཏུ་སྲིན་འགོག་གཉན་སེལ་གྱི་ཁབ་བརྒྱབ་ནས་གསུམ་པའི་འབྱར་སྐྱིའི་གཉན་ཚད་འབྱུང་བར་སྔོན་འགོག་བྱ་དགོས། རྒྱུན་ལྡན་ལྟར་ན། ཆིང་མེ་སུའུ（青霉素）ཁྲི240～ཁྲིIU360 སྨན་བཅོས་ཚྭ་ཆུ་ཁབ་སྨན（37～40℃）500mlདང་། 0.25%གྱི་ཕུ་རོ་ཁཱ་དཡིན（普鲁卡因）ཁབ་སྨན20～40mlནང་བཞུས་རྗེས་གསུམ་པར་ཁབ་རྒྱག་དགོས།

རྒྱུ་བཤལ་སྐྱུར་འགོག་ལ་མིས་བཟོས་ཚྭ200～300g（ཡང་ན་གཞན་པའི་བཤལ་སྦྱོར）དང་རྡོ་ཚིལ15～20gབླུད་ཆོག །རྒྱུ་མའི་དབང་ནུས་སླར་གསོ་དང་དེ་མཐོར་གཏང་སླད10%གི་ཁིལ་འགྱུར་ནཱ（氯化钠）བཞུ་ཁུ200～500mlསྡོད་རྩར་བརྒྱབ་ཆོག

ལྔ་པ། ཨོལ་ལག་གཉན་ཚད།

ཨོལ་ལག་གཉན་ཚད（bronchitis）ནི་རྒྱུ་རྐྱེན་དུ་མས་བསླངས་པའི་རྣའི་གློ་ཡུའི་ཡན་ལག་གི་འབྱར་སྐྱིའི་ཕྱི་ངོས་སམ་གཉིང་རིམ་ལ་བྱུང་བའི་གཉན་ཚད་ཅིག་ཡིན། དེ་ལ་གློ་ལུ་བ་དང་སྣ་ཆུ་བཞུར་བ། གོ་རིམ་མེད་པར་ཚ་དྲོད་རྒྱས་པའི་ནད་རྟགས་མངོན། རྟེའུ་དང་རྟ་རྒན་ལ་ནད་འདི་བྱུང་བ་མང་ཞིང་། གྲང་ངར་ཆེ་བའི་དུས་ཚིགས་སམ། གནམ་གཤིས་གློ་བུར་དུ་ཇེ་འཁྱག་ཏུ་གྱུར་ནའང་ནད་འདི་འབྱུང་སྲིད།

【ནད་རྒྱུ།】 རྟ་རའི་འཕྲོད་བསྟེན་གྱི་ཆ་རྐྱེན་ཞན་ཞིང་རླུང་མི་རྒྱུ་བ། དྲོ་ཞིང་རླན་ཆེ་བ། འཁྱག་པ། རྡུལ་ཚས་ཀྱི་འཚེ་བཙུད་དང་མི་སྙོམས་པ་སོགས་ཀྱིས་ལུས་པོའི་རིམས་འགོག་ནུས་པ་ཇེ་ཞན་དུ་གྱུར་ནས་བསྐྱེད་པའི་ནད་རྒྱུའི་སྐྱེ་དངོས་ཕྲ་རབ་ཀྱིས་རེད་པར་གྱུར་པའི་ནད་ཅིག་ཡིན། འཁྱག་དྲགས་པའི་ཁ་དབུགས་དང་ཐལ་རྡུལ། ངར་སྣོང་རང་བཞིན་གྱི་རླུང་དབུགས་བཅས་ཀྱིས་ཐད་ཀར་གློ་ཡུའི་ཡན་ལག་གི་འབྱར་སྐྱི་ལ་གནོད་སྐྱོན་ཐེབས་པར་བརྟེན་ནད་འདི་འབྱུང་ཞིང་། ཨོལ་ཚད་དང་གློ་ཚད། བྲང་སྐྱིའི་གཉན་ཚད་སོགས་ཀྱི་ནད་བྱུང་རྗེས་ཀྱང་ནད་འདི་འབྱུང་།

【ནད་རྟགས་དང་ངོས་འཛིན།】 མྱུར་བའི་རང་བཞིན་གྱི་ཨོལ་ལག་གཉན་ཚད་ཀྱི་ནད་རྟགས་གཙོ་བོ་ནི་གློ་ལུ་བ་དེ་ཡིན། ཐོག་མའི་དུས་རིམ་དུ་ལུ་

བའི་ཡུན་ཐུང་ཞིང་། སྐམ་ལུ་དང་གཟེར་ལུ་བྱེད་པ་དང་། དེ་ནས་དུས་ཡུན་རིང་ཙམ་འགོར་ཞིང་ཚད་གཤིས་ཅན་གྱི་དངོས་པོ་ཇེ་མང་དུ་ཕྱིན་པ་དང་བསྟུན་ནས། རློན་ལུ་བྱེད་པ་དང་ལུ་བའི་དུས་ཡུན་ཇེ་རིང་དུ་འགྲོ་བ་ཡིན། སྐབས་ལ་ལར་མདོག་སྐྱ་པོ་དང་སེར་པོ་ཅན་གྱི་འབྱུར་ཁུའམ། རྣག་གཤིས་ཅན་གྱི་འབྱུར་ཁུ་ལུས་ནས་ཐོན་ངེས། སྨན་བཅོས་དཔྱད་ཆས་ཀྱིས་བརྟགས་ན། དབུགས་འཇིན་རྟུབ་ཀྱི་སྒྲ་ཇེ་ཆེ་དང་ཧར་སྒྲ་སྐམ་པོའམ། ཧར་སྒྲ་རློན་པ་གྲག་ངེས། དལ་བའི་རང་བཞིན་གྱི་ཨོལ་ལག་གཉན་ཚད་ལ་མཚོན་ན། ཉིན་མོ་དང་མཚན་མོ་གང་ཡིན་རུང་། འགྲུལ་སྐྱོད་དམ་ལྷིང་འཛགས་སུ་གནས་སྐབས་ལུ་བ་མངོན་གསལ་ཡིན་ཞིང་། མང་ཆེ་བ་སྐམ་ལུ་དང་གཟེར་ལུ་ཡིན། སྤྱིར་བཏང་དུ་ལུད་པ་ཙུང་ཞུང་ཞིང་། ལུད་པར་བརྟགས་ན། གདགས་གཤིས་ཅན་ཡིན་ཞིང་ལུས་དྲོད་ལ་མངོན་གསལ་གྱི་འགྱུར་ལྡོག་མེད།

མྱུར་བའི་རང་བཞིན་གྱི་ཨོལ་ལག་གཉན་ཚད་ལ་X སྐྱུད་བརྟག་དཔྱད་བྱས་ན། གློ་བའི་ཁྲ་རིས་ཇེ་སྦོམ་དུ་གྱུར་བ་ལས་གཞན་པའི་འགྱུར་ལྡོག་མེད། དལ་བའི་རང་བཞིན་གྱི་ཨོལ་ལག་གཉན་ཚད་ལ་X སྐྱུད་བརྟག་དཔྱད་བྱས་ན། ཐོག་མའི་དུས་རིམ་དུ་རྒྱུན་ལྡན་མ་ཡིན་པའི་སྣང་ཚུལ་ཅི་ཡང་མེད་ལ། རྗེས་སུ་གློ་བའི་ཁྲ་རིས་ཇེ་སྦོམ་དུ་འགྱུར་བ་དང་འཁྲུགས་པ། དྲ་དབྱིབས་སམ་ཐག་དབྱིབས། ཁྲ་ཐིག་གི་དབྱིབས་སུ་མངོན།

【སྨན་བཅོས།】 སྨན་བཅོས་ཀྱི་རྩ་དོན་ནི་བདག་སྐྱོང་ལེགས་པོ་བྱེད་

པ་དང་། ལུད་པ་སེལ་བ་དང་སྲིན་འགོག་གཉན་སེལ་བཅས་ཡིན།

རྟ་རའི་ནང་ལ་རླུང་རྒྱ་ཕྱུབ་དགོས་པ་དང་དགུན་ཁར་རྟ་རའི་ནང་དྲོད་ལྡན་དགོས། ཆུ་གཙང་མ་དང་བཅུད་འཛོམས་པའི་རྫ་ཆས་ཀྱིས་གསོ་དགོས། མཚམས་མ་ཆད་པར་ལུ་བ་དང་གློ་ཡུའི་ཡན་ལག་གི་ཟགས་ཐོན་འབྱུར་བག་ཅན་ཡིན་པའི་རྟ་ནད་པར་ཞུ་བའི་རང་བཞིན་གྱི་ལུད་པ་སེལ་བའི་སྨན་ལྷུད་དགོས་པ་དང་། ཟགས་ཐོན་མང་པོ་མེད་ནའང་མཚམས་མ་ཆད་པར་ལུ་བ་དང་། ཟུག་གཟེར་ལངས་པའི་རྟ་ནད་པར་གཟེར་འཛོམས་ལུད་སེལ་གྱི་སྨན་བདམས་ཚོག་པ་སྟེ། དཔེར་ན། ག་བུར་ཚང་བཅུད་མང་སྦྱོར（复方樟脑酊）ལྔ་བུ། སྲིན་འགོག་གཉན་སེལ་གྱི་བཅོས་ཐབས་ལ་དུག་སྲིན་འགོག་གི་སྨན（抗生素）བདམས་ཚོག །རྟའི་གློ་ཡུའི་ཡན་ལག་འཁུམས་པའི་སྣང་ཚུལ་བྱུང་ན། ཨིན་ཇ་བུལ（氨茶碱）སོགས་ཀྱི་སྨན་ལ་བརྟེན་ན་ནད་བྱང་བར་ཕན།

【སྔོན་འགོག】 ནད་འདིའི་སྔོན་འགོག་ལ་གཙོ་བོ་རྫ་ཆས་དོ་དམ་ལ་ཤུགས་སྣོན་བྱེད་པ་དང་། ཉེན་ཆས་དོ་སྙོམས་ཡོང་བར་བྱས་ནས་རིམས་འགོག་ནུས་པ་ཇི་མཐོར་གཏོང་རྒྱུ་དེ་ཡིན། གནམ་གཤིས་ལ་འགྱུར་ལྡོག་ཆེ་སྐབས། རྟའི་གཟན་གསོ་དོ་དམ་ལ་ཤུགས་སྣོན་བྱེད་པ་དང་། སྒྱུར་བའི་རང་བཞིན་གྱི་ནད་བྱུང་ན་དུས་ཐོག་ཏུ་སྨན་བཅོས་བྱ་དགོས།

དྲུག་པ། མགྲིན་ཚད་དང་ཨོལ་སྔོད་ཀྱི་ནད།

མགྲིན་ཚད (laryngitis) ནི་མགྲིན་པའི་འབྲུར་སྐྱིའི་གཉན་ཚད་ཀྱིས་བསྣུངས་ནས་གློ་ལུ་དྲག་པོ་ལངས་པ་དང་། མགྲིན་པའི་ཚོར་བ་སྐྱེན་པའི་ཁྱད་ཆོས་ལྡན་པའི་དབུགས་ལམ་གྱི་ནད་རིགས་ཤིག་ཡིན། ཨོལ་སྔོད་ཀྱི་ནད (gutural pouches disease) ལ་ཨོལ་སྔོད་ལ་རྣག་བསགས་པ་དང་ཨོལ་སྔོད་རླུམ་སྲིན་གྱི་ནད་དང་ཨོལ་སྔོད་སྦོས་པ་སོགས་འདུས། དེ་ནི་ཨོལ་སྔོད་ཀྱི་འབྲུར་སྐྱི་དང་ཉེ་འགྲམ་གྱི་རྨེན་མདུད་ལ་གཉན་ཚད་རྒྱས་པའི་སྤྱི་མིང་ཡིན། ནད་འདི་རྟ་དང་དྲེལ། བོང་བུ་ལ་མ་གཏོགས་མི་འགོ།

【ནད་རྒྱུ།】 མགྲིན་ཚད་ནི་གཙོ་བོ་གྲང་ནད་ཀྱིས་དབུགས་ལམ་རེད་པ་དང་། རྡུལ་ཐལ་རྡུལ་དང་དུ་སྨུག །ངར་སྣོད་རང་བཞིན་གྱི་དབུགས་དང་དངོས་པོ་རྫུབ་པར་བརྟེན་ནས་བྱུང་བ་ཡིན། སྨྲ་ཁུ་ཕོ་བར་གཏོང་སྐབས་ལག་ལེན་ལ་མ་བྱུང་བར་རྟའི་ཨོལ་བའི་འབྲུར་སྐྱི་ལ་རྨས་སྐྱོན་ཐེབས་ནས་མགྲིན་པ་སྐྲངས་པ་དང་། རྟ་འཚེར་གྲངས་མང་དྲགས་ནའང་ནད་འདི་འབྱུང་། མགྲིན་ཚད་ནི་སྣ་བའི་གཉན་ཚད་དང་གློ་བའི་གཉན་ཚད། གློ་ཡུའི་ཡག་ལག་གི་གཉན་ཚད། མགྲིན་པའི་གཉན་ཚད། རྟའི་རྨེན་རིམས་སོགས་བྱུང་བའི་རྗེས་ནས་ཀྱང་འབྱུང་སྲིད། ཨོལ་སྔོད་ཀྱི་ནད་ནི་མགྲིན་པའི་གཉན་ཚད་དང་ཨོལ་བའི་གཉན་ཚད། རྟའི་རྨེན་རིམས། རྟའི་ཨོལ་ཆམ། འགྲམ་རྨེན་གཉན་ཚད་སོགས་ཀྱི་ནད་བྱུང་བའི་གོ་རིམ་

ཁྲོད་འབྱུང་སླ་བར་མ་ཟད། ཧླམ་སྲིན་གྱིས་ཨོལ་སྔོད་རེད་ནའང་འབྱུང་།

【ནད་རྟགས་དང་ངོས་འཛིན།】 མགྲིན་ཚད་ཀྱི་ནད་རྟགས་གཙོ་བོ་ནི་གློ་ལུ་དྲག་པོ་ལངས་པ་དང་། ནད་བྱུང་མ་ཐག་ཏུ་སྐམ་ལུ་དང་གཟེར་ལུ་བྱེད་ཅིང་། ལུ་བའི་སྒྲ་ཐུང་ཞིང་དབུགས་ཀྱི་ཧམ་པ་རྒོད། རིམ་བཞིན་ནད་ཡུན་རིང་བའི་རྙོན་ལུ་རུ་འགྱུར་ཞིང་། ནད་ཡུན་རིང་ན་སྐད་འགགས་པའི་སྣང་ཚུལ་འབྱུང་། ཨོལ་བ་མནན་པ་དང་། ཐལ་རྡུལ་དང་མཁའ་དབུགས་འཁྲུག་པོ་རྡུབ་པ། རྫྭ་ཚས་སྦོམ་པོ་མེད་པ། ཚུ་འཁྱག་གིས་སྨན་བླུད་པ་སོགས་ཀྱིས་ཀྱང་གློ་ལུ་དྲག་པོ་བསླང་ངེས།

ཨོལ་སྔོད་ཀྱི་ནད་ལ་གཙོ་བོ་སྣ་ཁུང་ལས་འབྱུར་བག་ཅན་གྱི་རྣག་ཁུ་འཛག་པའི་ནད་རྟགས་མངོན་ལ། རྟས་མགོ་སྒྱུར་བ་དང་རྫྭ་ཚས་སོགས་བལྷད་པ། ཨོལ་སྔོད་ལ་བཅོར་གནོན་ཐེབས་སྐབས་ཟགས་ཐོན་བཞུར་བ་ཅུང་མང་། ཨོལ་སྔོད་ལས་རྣག་མང་པོ་ཐོན་སྐབས། འཁྲིན་རྡུབ་དང་རྫྭ་ཚས་སོགས་མེད་དཀའ་བའི་སྣང་ཚུལ་འབྱུང་ཞིང་། འགྲམ་རྩེན་ལ་རེག་ནས་བརྟགས་ན། སྐྲངས་པ་དང་ཟུག་གཟེར་ལངས་ཤིང་། ཚབས་ཆེ་ན་མགོ་བོ་འགྱུལ་བར་གནོད་པ་ཐེབས་སྲིད། ཨོལ་སྔོད་ལ་རྣག་བསགས་རྗེས་ལུས་དྲོད་འཕར་བ་དང་རྣམ་རིག་དུབ་པ། ཡི་ག་འཆུས་པའི་སྣང་ཚུལ་འབྱུང་།

ཐོག་མར་ནད་རྟགས་ལྟར་ནད་ལ་བརྟག་པ་དང་། ནད་ངོས་འཛིན་པར་ཨོལ་ཤེལ་གྱིས་ཞིབ་བཤེར་བྱ་དགོས། ནད་འདི་དང་མེད་པའི་གཞན་ཚད་གཉིས་ལ་

བྱེད་པར་མཆིས་ཏེ། མིད་པའི་གཉན་ཚད་ལ་གཙོ་བོ་རྩ་ཆས་སོགས་མིད་དཀའ་བའི་ནད་རྟགས་ལྡན་ཞིང་། རྩ་ཆས་ཟ་བ་དང་ཆུ་འཐུང་སྐབས་རྩ་ཆས་དང་ཆུ་སྣ་ཁུང་གཉིས་ལས་ཕྱི་ལ་བཞུར་ཡོང་བ་དང་ལུ་བའི་ཚད་ཙུང་ཡང་མོ་ཡིན། ནད་འདི་རིགས་ཀྱི་སྲོག་ཆགས་ཀྱི་རྣ་གྲེ་སྤུ་གུ་ནི་ན་ཙ་དང་ཨོལ་སྒོའི་བར་དང་། འགྲམ་རྨེན་གྱི་སྐྱོད་ངོས་ཀྱི་མ་མཐའ་ཏུས་པའི་མཚམས་སུ་ཡོད་ཅིང་། རྒྱུན་ལྡན་ལྟར་ན་གོང་དབྱིབས་སུ་མངོན། ཨོལ་སྒོད་ལ་གཉན་ཚད་རྒྱས་སྐབས་གནས་དེའི་ཆུད་ཚད་འཕར་ཞིང་། རེག་ན་ཚོར་བ་སྐྱེན་པ་དང་སྐྲངས་ཡོད། སྐབས་ལ་ལར་སྲ་མོ་ཡིན་ཞིང་སྐབས་འགར་འགྱུལ་བཞིན་ཡོད། གལ་སྲིད་འགྱུལ་ན་ནང་དུ་གཤེར་ཁུ་ཡོད་པའི་རྟགས་ཡིན་ཞིང་། ལྷེམ་ཤུགས་ལྡན་ན་ནང་དུ་རླུང་དབུགས་ཡོད་པ་ཡིན། ནང་དུ་གཉན་ཚད་ཀྱི་དངོས་པོ་ཡོད་པའམ་རྣག་བསགས་ཡོད་ན། རྣ་ཁུང་ལས་དྲི་བཙོག་པའི་འབྲུར་བག་ཅན་གྱི་རྣག་བཞུར་ཡོང་། ནད་འདི་མགོ་བོ་སྒྱུར་བའམ་ཨོལ་སྒོད་ལ་རེག་ན། ཕྱི་ལ་བཞུར་ཚད་ཇེ་མང་དུ་འགྲོ་སྲིད། གལ་སྲིད་ནད་དེ་ཐོག་པའི་རྟ་མ་འགྱུལ་བར་ལངས་ཡོད་སྐབས། མགོ་བོ་བདེ་ཕྱོགས་ལ་འཁོར་ཞིང་། གལ་སྲིད་ཨོལ་སྒོད་སྐྲངས་པའམ་གཉན་ཚད་རྒྱས་པ་ཚབས་ཆེ་ན། རེམ་བཞིན་ལུ་བ་དང་དབུགས་འབྱིན་རྔུབ་དཀའ་བ། རྩ་ཆས་སོགས་མིད་དཀའ་བ་སོགས་ཀྱི་ནད་རྟགས་མངོན་སྲིད། ཨོལ་སྒོད་ལ་གཙག་བརྒྱབ་ན། གཤེར་གཟུགས་སམ་རྣག་ཕྱི་ལ་འདོན་ཐུབ།

【སྨན་བཅོས།】 སྨན་བཅོས་ཀྱི་ཙ་དོན་ནི་ནད་རྒྱུ་བསལ་ནས་བྱུག་

གཟེར་བྱུང་དུ་འཇུག་རྒྱུ་དེ་ཡིན། ཟུག་གཟེར་གཞོམ་པར་གཙོ་བོ་མགྲིན་པའམ་ཨོལ་སྟོད་ཀྱི་ཁ་ཟུམ་པའི་བྱེད་ཐབས་སྤྱོད། ཨོལ་སྟོད་ཀྱི་རྣག་སོགས་ཕྱི་ལ་འདོན་པར་རྟའི་མགོ་བོ་སྨུར་དུ་བཙུག་ནས་ཨོལ་སྟོད་མནན་ན་ཟུག་གཟེར་བྱུང་བར་ཕན་ཞིང་། རྟ་ནད་པས་དུས་ཡུན་རིང་པོར་མགོ་བོ་སྨུར་ནས་རྫ་ཆས་སོགས་ཟོས་ནའང་རྣག་སོགས་ཕྱི་ལ་འདོན་ཐུབ། གལ་སྲིད་ཨོལ་སྟོད་དུ་རྣག་མང་པོ་བསགས་ནས་ཕྱི་ལ་འདོན་མ་ཐུབ་ན་གཅག་རྒྱག་པའམ། ཨོལ་སྟོད་གཤགས་ཤིང་། དེ་ནས་སྨན་བཅོས་ཚྭ་ཆུས་ཨོལ་སྟོད་བཀྲུས་ནས་དུག་བསལ་ཏེ། ལག་པས་ཨོལ་སྟོད་བཙིར་ཞིང་ཡང་དང་བསྐྱར་དུ་བཀྲུས་རྗེས། རྨ་ཁར་ཆིང་མེ་སུའུ་དང་ལན་མེ་སུའུ（链霉素）ཡི་ཁབ་བརྒྱབ་ སྐབས། སྨུར་དུ་རྟའི་མགོ་བོ་ལྷོད་ཅིང་། རྟའི་མགོ་བོ་སྐར་མ2～3ལ་འགྲོགས་སུ་བཙུག་པས་ཆོག །ལུས་ཡོངས་ལ་ནད་རྟགས་མངོན་ན། རྟའི་སྟོད་རྩར་སྲིན་འགོག་གི་ཁབ་རྒྱག་དགོས།

【སྔོན་འགོག】 དུས་རྒྱུན་གྱི་རྫ་ཆས་དོ་དམ་ལས་ཀ་ལེགས་པོར་བསྒྲུབས་ནས་རྫ་ཆས་ཀྱི་སྤུས་ཀ་དང་སྟེབ་སྦྱོར་ལ་གཟབ་དགོས། རྟ་རའི་འཕྲོད་བསྟེན་གཙང་མ་རྒྱུན་འཁྱོངས་དང་། རྟ་འཁྱག་ཏུ་འཇུག་མི་རུང་བར་མ་ཟད། ལས་ཀར་བཀོལ་ཡུན་ཡང་ཇི་ཐུབ་ཏུ་བཏང་ནས་རིམས་འགོག་ནུས་པ་ཇི་མཐོར་གཏང་དགོས། ཨོལ་བ་དང་ཐག་ཉེ་བའི་དབང་པོའི་གཞན་ཚད་ཀྱི་ནད་དུས་ཐོག་ཏུ་སྨན་བཅོས་བྱས་ནས་ནད་མཆེད་པར་གཟབ་དགོས། སྨན་བཅོས་ཡོ་ཆས་ཏེ། དཔེར་ན་ཟོ་བའི་དཔྱད་ཆས་དང་སྨན་ལྡུད་བྱེད་ཀྱི་ཡོ་ཆས་སོགས་བཀོལ་ན། ལག་ལེན་ལ་

ཞིབ་ཚ་ལྡན་དགོས་པས། འབྲུར་སྐྲི་ལ་གནོད་སྐྱོན་ཐེབས་པར་གཟབ་ནས་ནད་འདི་འབྱུང་བར་སྔོན་འགོག་བྱ་དགོས།

བདུན་པ། སྙིང་ཤུགས་ཉམས་པ།

སྙིང་ཤུགས་ཉམས་པ（cardiac failure）ནི་སྙིང་གི་བསྐུམ་ཤུགས་ཇེ་ཞན་དུ་གྱུར་ཅིང་། ཕྱི་ལ་འཕུད་པའི་ཁྲག་གིས་མ་འདང་བར་སྡོད་རྩ་འགགས་ནས་སྐྲི་ལྷགས་ཀྱི་འོག་ཏུ་ཆུ་གསོག་པ་དང་འཁྲིན་རྫུབ་དཀའ་བ། འབྲུར་སྐྲི་སྨུག་པོར་འགྱུར་བ། སྟེང་རིམ་གྱི་སྡོད་རྩ་བཀང་དྲགས་པས་སྙིང་གི་འཕར་མཚམས་འཛོག་པ་དང་། ལུས་ཡོངས་ཀྱི་ཁྲག་གི་འཁོར་སྐྱོད་ལ་གནོད་པ་ཐེབས་ནས་གློ་བུར་དུ་འཆི་སྲིད་པའི་ནད་ཅིག་ཡིན། དེ་ལ་འཁྲིན་རྫུབ་དཀའ་བ་དང་སྙིང་གི་འཕར་ཚད་མགྱོགས་པ། སྡོད་རྩ་སྐྲངས་པ། སྙིང་གི་ལྡིང་ཚད་དང་རྩའི་འཕར་ཚད་ཇེ་ཞན་དུ་འགྱུར་བ། ལུས་ཡོངས་སྐྲངས་པ་བཅས་ཀྱི་ནད་རྟགས་མངོན།

ནད་ཡུན་གྱི་རིང་ཐུང་ལྟར་ན་མྱུར་བའི་རང་བཞིན་གྱི་སྙིང་ཤུགས་ཉམས་པའི་ནད་དང་། དལ་བའི་རང་བཞིན་གྱི་སྙིང་ཤུགས་ཉམས་པའི་ནད་བཅས་གཉིས་སུ་དབྱེ་ཞིང་། ནད་རྒྱུ་ལྟར་ན་གདོད་བྱུང་རང་བཞིན་གྱི་སྙིང་ཤུགས་ཉམས་པའི་ནད་དང་། རྗེས་བྱུང་རང་བཞིན་གྱི་སྙིང་ཤུགས་ཉམས་པའི་ནད་བཅས་གཉིས་སུ་དབྱེའོ།།

【 ནད་རྒྱུ། 】

1. སྐྱུར་བའི་རང་བཞིན་གྱི་སྙིང་ཤུགས་ཉམས་པའི་ནད།

（1）ལས་ཀ་ལྷི་མོ་ལ་བགོལ་བའམ་བགོལ་ཡུན་རིང་དྲགས་པ། ལམ་ཐག་རིང་པོར་རྒྱུགས་པ་དང་། ལྷག་པར་དུས་ཡུན་རིང་པོར་ངལ་གསོས་པའི་རྟ་སློ་བུར་དུ་ལས་ཀར་བགོལ་ནའང་ནད་འདི་འབྱུང་སྲི།

（2）ཁབ་བརྒྱབ་པ་མགྱོགས་དྲགས་པས་སྙིང་གི་ཐེག་ཚད་ལས་བརྒལ་བ་དང་། སྙིང་གི་བཀུམ་ཤུགས་ལ་གནོད་སྐྱོན་ཐེབས་ནའང་སྙིང་ཤུགས་ཉམས་སྲིད་དེ། དཔེར་ན་ཀལ་སྦྱོར་སྨན་རྫས（钙制剂）དང་ཧིན་སྦྱོར་སྨན་རྫས།（砷制剂）ལུང་པེན།（隆朋）ཁིལ་གར་འགྱུར་ཏྲའི་བཞུ་ཁུ（浓氯化钾溶液）སོགས་ཀྱིས་ནད་འདི་བསྐྱེད། སྲིད་སྨན་སྤྱོད་ནོར་བྱུང་བ་དང་ཐོག་གིས་བརྒྱབ་པ། གློག་གིས་བརྒྱབ་པ་སོགས་ཀྱིས་ཀྱང་སྙིང་ཤུགས་ཉམས་པའི་ནད་བསླང་སྲིད།

（3）སྐྱུར་བའི་རང་བཞིན་གྱི་སྙིང་ཤུགས་ཉམས་པའི་ནད་ནི་སྐྱུར་བའི་རང་བཞིན་གྱི་འགོ་ནད་ཀྱི་རྗེས་སུ་འབྱུང་སྲིད་དེ། དཔེར་ན་སྐྱུར་བའི་རང་བཞིན་གྱི་རྟའི་འགོ་གཉིས་ཅན་གྱི་ཟུངས་ཁྲག་ཉམས་པ་དང་། འགོ་ཁྱབ་རང་བཞིན་གྱི་བྲང་སྐྲིའི་གཉན་ཚད་སོགས་ཀྱི་ནད་བྱུང་རྗེས་འབྱུང་སྲིད་པར་མ་ཟད། འགོ་ཁྱབ་རང་བཞིན་གྱི་ནད་ལྷི་མོ་ཐོག་པ་སྟེ། དཔེར་ན་ཕོ་རྒྱུའི་གཉན་ཚད་དང་ནད་དུག་རང་བཞིན་གྱི་ནད། ཚད་ཉུང་འབྱུང་རྒྱུས（微量元素）མ་འདང་བ་སོགས་

གྱིས་ཀྱང་ནད་འདི་བསྐྲང་སྲིད།

2. དལ་བའི་རང་བཞིན་གྱི་སྙིང་ཤུགས་ཉམས་པའི་ནད། ཁྲག་རྒྱས་པའི་ཚུལ་གྱི་སྙིང་ཤུགས་ཉམས་པ་དང་ཡུན་རིང་བའི་མྱུར་བའི་རང་བཞིན་གྱི་སྙིང་ཤུགས་ཉམས་པ། སྙིང་ཁམས་རང་སྐྱེང་གི་ནད་གཞན་པ་སྟེ། དཔེར་ན། སྙིང་ཚད་དང་སྙིང་ལ་ཚ་བ་རྒྱས་པ། སྙིང་གི་སྒྲོ་འདབ་ནད་བཅས་ཀྱིས་བསྐྲངས་པ་ཡིན། གཞན་ཁྲག་གི་འཁོར་རྒྱུགས་ལ་གནོད་པའི་དལ་བའི་རང་བཞིན་གྱི་ནད་ཡོངས་ཀྱིས་ཀྱང་དལ་བའི་རང་བཞིན་གྱི་སྙིང་ཤུགས་ཉམས་པའི་ནད་བསྐྲང་སྲིད་དེ། དཔེར་ན། དལ་བའི་རང་བཞིན་གྱི་མཁལ་ཚད་དང་གློ་སྦུག་དབུགས་སྐྲངས་ཀྱི་ནད་སོགས་ཀྱིས་དལ་བའི་རང་བཞིན་གྱི་སྙིང་ཤུགས་ཉམས་པའི་ནད་བསྐྲང་ངེས།

【ནད་རྟགས་དང་དོས་འཛིན།】 1.མྱུར་བའི་རང་བཞིན་གྱི་སྙིང་ཁམས་ཉམས་པའི་ནད་བྱུང་མ་ཐག་པའི་རྟའི་རྣམ་རིག་དང་རྡྭ་ཚས་ཀྱི་ཡི་ག་ལ་མངོན་གསལ་གྱི་འགྱུར་ལྡོག་མེད་ཅིང་། ལས་ཀར་འཕོལ་སྐབས་རྟུལ་རྒྱ་བཞུར་བ་དང་ཐང་ཆད་སླ་བ། དབུགས་འཚང་བ། འབྲུར་སྐྱི་སྨུག་པོར་འགྱུར་བ། མིག་འབྲས་འབུར་བ། གོམ་པ་བརྟན་པོ་མིན་པ། རང་སྟོབས་མི་ཐུབ་པར་འགྱེལ་བ། ལུས་ཕྱིའི་སྟོད་རྩ་སྦོས་པ། རྩའི་འཕར་ཚད་དྲག་པ། རྒྱུན་དུ་སྙིང་འཚུབ་པ་དང་སྙིང་གི་ལྡིང་ཚད་ཇེ་མགྱོགས་སུ་འགྲོ་བ། སྐབས་ལ་ལར་སྙིང་སྦྲ་ཆེ་ཞིང་འགྲོས་མི་སྙོམས་པའི་ནད་རྟགས་ཀྱང་མངོན། ནད་ཡུན་བསྲིངས་པའི་ཚེ། རྟ་ནད་པའི་རྣམ་རིག་དུབ་ཅིང་ཡི་ག་འཆུས་པ། མཐོང་ཐུབ་པའི་འབྲུར་སྐྱིའི་མདོག་སྨུག་པོར་

འགྱུར་བ་ཚབས་ཆེ་བ། ལུས་ཕྱིའི་སྔོད་རྩ་སྦོམ་པ། ལུས་ཡོངས་ནས་རྫུལ་ཆུ་བཞུར་ཞིང་འཕྲིན་རྫབ་བྲེལ་བ། གློ་བུར་དུ་ཆུ་བསགས་པ། དཔྱད་ཆས་ཀྱིས་ཉན་ན། གློ་བའི་ནང་དུ་རློན་སྒྲ་གྲགས་པ། སྐབས་ལ་ལར་སྣ་ཁུང་གཉིས་ལས་མདོག་མེད་པའི་ལྦུ་བ་འཛག་པ་དང་། སྙིང་འཚུབ་པའི་སྐབས་བྲང་སྐྲི་འདར་འགྱུལ་བྱེད།

2. དལ་བའི་རང་བཞིན་གྱི་སྙིང་ཤུགས་ཉམས་པའི་ནད་ཀྱི་ནད་ཡུན་རིང་ཞིང་། ནད་དེ་ཐོག་པའི་རྟའི་རྣམ་རིག་དུབ་པ་དང་ཡི་ག་འཆུས་པ། ལས་ཀར་བཀོལ་ན་ཐང་ཆད་སླ་ཞིང་རྫུལ་ཆུ་བཞུར། འབྲུར་སྐྲི་སྨུག་པོར་གྱུར་པ་དང་ལུས་ཕྱིའི་སྔོད་རྩ་སྦོམ་པ། རྨིག་པའི་སྟེ་མོའམ་བྲང་གཞུང་སྐྲངས་པ། ལུས་དྲོད་རྒྱས་པའི་ནད་རྟགས་མངོན་ཞིང་། ཟུག་གཟེར་གྱི་ནད་རྟགས་མེད། འགྱུལ་སྐྱོད་འོས་འཚམ་བྱས་ན་ནད་བྱང་བར་ཕན། ནད་ཡུན་བསྲིངས་པ་དང་བསྟུན་ནས་རྟའི་ལུས་པོའི་ལྟིད་ཚད་མར་ཆག་ཅིང་། སྙིང་གི་ལྟིང་ཚད་ཇེ་མགྱོགས་སུ་འགྲོ། སྙིང་སྒྲ་དང་པོ་ཆེ་བ་དང་སྙིང་སྒྲ་གཉིས་པ་ཆུང་། སྙིང་གཡོན་པ་ཉམས་སྐབས་འཕྲིན་རྫབ་དཀའ་ཞིང་ལུ་བ། སྣ་ཁུང་ལས་མདོག་མེད་པའམ། མདོག་དམར་པོ་ཅན་གྱི་ལྦུ་བའི་གཤེར་ཁུ་འཛག །གློ་བའི་ནང་རློན་ཏར་གྱི་སྒྲ་གྲགས། སྙིང་གཡས་པ་ཉམས་པའི་སྐབས་འབྲུར་སྐྲི་སྨུག་པོར་འགྱུར་ཞིང་། སྐེད་ཚིགས་ཀྱི་སྔོད་རྩ་སྦོམ་པ། བྲང་གཞུང་སྐྲངས་ནས་རླུགས་པ། མཆིན་པ་སྐྲངས་པ། ཕོག་ལ་ཆུ་གསོག་པ་སོགས་ཀྱི་ནད་རྟགས་མངོན། དབང་རྩའི་ཁྲག་འགགས་པ་དང་དབྱང་རླུང་གིས་མ་འདང་བར་བཤལ་བ་དང་ལུ་བ། གཅིན་སྲི་དཀར་པོའི་ཚོར་བ་ཞན་པ། ཚོར་དབང་ཉམས་པ།

སྐྲང་འཕྲབ་སོགས་ཀྱི་ནད་རྟགས་མངོན་སྲིད།

【སྨན་བཅོས།】 སྨན་བཅོས་ཀྱི་རྩ་དོན་ནི་བདག་སྐྱོང་ལེགས་པོ་བྱེད་པ་དང་སྙིང་ཤུགས་ཀྱི་ཐེག་ཤུགས་རྗེ་ཆུང་དུ་གཏོང་བ་སོགས་ཀྱི་བཅོས་ཐབས་ལག་ལེན་བྱེད་པ་དེ་ཡིན།

ཐོག་མར་ནད་དེ་ཐོག་པའི་རྟ་ལྷིང་འཛུགས་ཀྱི་རྟ་རའི་ནང་དུ་འཇུག་དགོས། སྙིང་ཁམས་ཉམས་པ་ཚབས་ཆེན་མིན་པའི་རྟས་རུང་ཙམ་ལ་ངལ་གསོས་རྗེས། འཇུ་སླ་ཞིང་སྙི་མོ་ཡིན་པའི་བཅུད་ལྡན་གཟན་རྫ་སོགས་སྟེར་དགོས་ཤིང་། སྨན་ལ་མ་བསྟེན་ཡང་ལུས་པོ་སྐྲང་སོས་ཐུབ། ལུས་པོ་སྐྲངས་ཡོད་པའི་རྟ་ལ། ཆུའི་ཚོད་བཟུང་ཞིང་ཚྭ་ཁ་གསབ་བྱས་ནས་གཅིན་འབེབས་སྨན་རྫས（利尿剂）ལྡུད་དགོས་པ་དང་། ལྷིད་ཚད་སྟོང་ཁི་རེ་ལ་གཅིན་མྱུར་འབེབས་སྨན་རྫས（速尿）0.5～1.0mgཤ་གནད་དུ་རྒྱག་དགོས། བསྟུན་མར་ཉིན་3～4 ལ་སྨན་ལྡུད་མཚམས་བཞག་རྗེས་སླར་ཡང་སྨན་བཅོས་བྱ་དགོས།

བརྒྱད་པ། མཁལ་ཚད།

མཁལ་ཚད（nephritis）ནི་མཁལ་རིལ་ཆུང་བ་དང་མཁལ་མའི་ཐུག་ཆུང་ངམ། མཁལ་མའི་གཉན་ཚད་རང་བཞིན་གྱི་ནད་ཀྱི་སྤྱི་མིང་ཡིན། དེ་ལ་མཁལ་མའི་ཚོར་བ་སྐྱེན་པ་དང་གཅིན་སྲི་བ། གཅིན་ལ་ཁྲི་དཀར་དང་ཁྲག་

འབྲེལ་བ་སོགས་ཀྱི་ནད་རྟགས་མངོན། ནད་ཀྱི་ཡུན་རིང་ཐུང་ལྟར། མྱུར་བའི་རང་བཞིན་གྱི་མཁལ་ཚད་དང་། དལ་བའི་རང་བཞིན་གྱི་མཁལ་ཚད་གཉིས་སུ་དབྱེ་ཞིང་། ནད་བྱུང་སའི་གནས་ལྟར་ན། མཁལ་རིལ་ཆུང་བའི་མཁལ་ཚད་དང་བར་འདེགས་རང་བཞིན་གྱི་མཁལ་ཚད（间质性肾炎）གཉིས་སུ་དབྱེ། གཉན་ཚད་ཀྱི་ཁྱབ་ཁོངས་ལྟར་ན། ཁྱབ་ཡངས་བའི་མཁལ་ཚད་དང་ཁྱབ་ཆུང་བའི་མཁལ་ཚད་གཉིས་སུ་དབྱེ། དེ་ནི་རྟ་ལ་བྱུང་བའི་རྒྱུན་མཐོང་གི་ནད་ཅིག་ཡིན།

【ནད་རྒྱུ།】

1. འགོ་བའི་རང་བཞིན་གྱི་ནད་རྒྱུ་མཆེད་པའི་གོ་རིམ་ཁྲིད་མཁལ་ཚད་ཀྱི་ནད་བསླང་སྲིད།

2. ནད་དུག་རང་བཞིན་གྱི་ནད་རྒྱུའི་ཕྱི་རྐྱེན་ནད་དུག་ཐོག་པ་དང་། རྩི་ཤིང་དུག་ཅན་ཟོས་པ་སྟེ། དཔེར་ན། བེ་ལོའམ་རྩྭ་ཚས་རུལ་བ་མང་པོ་ཟོས་པ། ཡང་ན་གོ་འཛོལ་བྱུང་ནས་མཁལ་མར་གནོད་པའི་སྨན་རྫས་དུག་ཅན་དང་། ངར་སྐྱེད་ཅན་ནམ་མཁལ་དུག་ཅན་གྱི་སྨན་རྫས（ཐང་སྨུམ། བྱང་ཁྲ། ཁིལ་སྒྲུང་།〈氯仿〉རྡོ་ཐལ་སྐྱུར། ཆུ་དབྱང་སྐྱུར་སོགས）བླུད་པའམ། རྫས་འགྱུར་དངོས་རྫས་ཧིང（砷）དང་དངུལ་ཆུ（汞）ལིན་སྦྱོར་སྨན་རྫས（磷制剂）སོགས་ཟོས་པར་བརྟེན་ནད་འདི་བསྐྱེད་ཅིང་། ནང་རྐྱེན་རང་བཞིན་གྱི་ནད་དུག་ཐོག་པ་ལ། དཔེར་ན་རྒྱུ་ཚད་དང་གསུམ་སྐྱིའི་གཉན་ཚད། མཆིན་ཚད། པགས་ནད། མེ་སོགས་ཀྱིས་ཚིག་ནས་བསྐྱེད་པའི་དུག་རྒྱུ་དང་། ཚབ་བརྗེའི་ཐགས་ཐོན་ནམ་དབྱེ་

ཁྲལ་ཟུགས་དངོས་སོགས་མཁལ་མ་ལས་ཕྱི་ལ་ཟུགས་སྐབས་ཀྱང་མཁལ་ཚད་ཀྱི་ནད་བསླང་སྲིད།

3. ཐད་རྐྱེན་ཅན་གྱི་ནད་རྒྱུ། མཁལ་མར་རིག་ཤུགས་ཐེབས་པའམ་འགྱེལ་བ། རྡོག་ཐོས་བརྒྱབ་པ། མགྱོགས་པོར་ལུས་པོ་དཀྲོགས་པ་སོགས་ཀྱི་ཕྱི་ཤུགས་ཀྱི་ཤན་ཐེབས་ནའང་ནད་འདི་བསྐྱེད་སྲིད།

གཞན་ཉེ་གམ་གྱི་དབང་པོའི་གཉན་ཚད（མཁལ་ཐོར་གྱི་གཉན་ཚད། ལྷང་བུའི་གཉན་ཚད། མངལ་ནད་བད་འགྱུར། མཁལ་མའི་ཁྲག་ཚབས）ཀྱིས་ནད་འདི་བསྐྱེད་པའང་ཡོད།

【ནད་རྟགས་དང་ངོས་འཛིན།】

1. མྱུར་བའི་རང་བཞིན་གྱི་མཁལ་ཚད། མཁལ་ཚད་ཀྱི་ནད་ཐོག་པའི་རྟའི་ཡི་ག་འཚུས་པ་དང་རྣམ་རིག་དུབ་པ། འཇུ་སྟོབས་ཞན་པ། ལུས་དྲོད་ཙུང་འཕར་བའི་ནད་རྟགས་མངོན། མཁལ་མའི་ཚོར་བ་སྐྱེན་པ་དང་། ལྷང་དུབ་ལངས་པས་རྟ་འགྲུལ་སྐྱོད་མི་བྱེད་ཅིང་། ཡར་ལངས་ཡོད་སྐབས་སྐལ་གཞུང་ཙུང་འབུར་བ་དང་། རྨིག་པའི་ཁ་དབྲག་གི་བར་ཕྱེ་བ་དང་གསུས་འོག་བཀུམ་ཡོད། བཙན་ཤེད་ཀྱིས་འགྲོ་རུ་བཅུག་ན་སྐལ་གཞུང་འབུར་ཞིང་སྲ་མོར་འགྱུར་ལ། རྐང་པ་རིངས་ཤིང་གོམ་ཆེན་སྤོ་མི་ཕུབ། ལྟག་པར་གཡས་གཡོན་ལ་འཁོར་དཀའ། གཅིན་མང་ནའང་བབས་པ་ཉུང་ཞིང་། ནད་ལྕིད་ན་གཅིན་གཏོང་རྒྱུ་མེད། གཅིན་གར་ཞིང་ནག་པ་དང་། གཅིན་ལ་ཁྲག་འདྲེས་པའི་སྣང་ཚུལ་ཡང་འབྱུང་སྲིད།

ནད་ལྡིད་ན་མིག་ལྟེབས་དང་མ་མགལ། ཁོག་སྨད། གསང་སྒྲོ་བཅས་སྐྲངས་པ་དང་། ནད་ཀྱི་མཇུག་མཐའི་དུས་རིམ་དུ་རྟ་ནད་པར་གཅིན་དུག་གི་ནད་ཐོག་ནས་དབུགས་འཕྱིན་རྫུབ་དཀའ་བ་དང་གཉིད་འབབ་པ། བརྒྱལ་བ་བཅས་ཀྱི་སྣང་ཚུལ་འབྱུང་། གཅིན་ལ་བརྟགས་ན་སྤྲི་དཀར་གྱི་རྫས་གདགས་གཤིས་ཅན་ཡིན། ཆེ་ཤེལ་གྱིས་བརྟགས་ན། སྦུག་རྣམ（管型）དང་ཕྲ་ཕུང་དཀར་པོ། ཕྲ་ཕུང་དམར་པོ། མཁལ་མའི་ཕྱི་སྐྱིའི་ཕྲ་ཕུང་བཅས་མཐོང་ཐུབ། ཁྲག་ལ་བརྟགས་ན་ཁྲག་སླ་ཞིང་ཁྲག་སྐྱའི་སྤྲི་དཀར་གྱི་ཚད་རྡེ་ཙུང་དང་། ཁྲག་གི་སྤྲི་དཀར་མ་ཡིན་པའི་ཏན（氮）གྱི་འདུས་ཚད་མངོན་གསལ་གྱིས་རྡེ་མང་དུ་སོང་ཡོད་པ་ཤེས་ཐུབ། འབྲེལ་ཡོད་རྒྱུ་ཆ་ལས་བསྟན་པ་ལྟར་ན། རྟ་ལ་མཁལ་ཚད་ཀྱི་ནད་ཐོག་ཚེ། ཁྲག་གི་སྤྲི་དཀར་འདུས་ཚད་རྡེ་ཙུང་དུ་འགྲོ་སྲིད་པ་དང་། ཁྲག་གི་སྤྲི་དཀར་མ་ཡིན་པའི་ཏན1.785mmol/Lཡན་ལ（རྒྱུན་ལྡན་གྱི་གྲངས་ཐང་ནི1.428～1.785 mmol/Lཡིན）ཐོན་སྲིད།

2. དལ་བའི་རང་བཞིན་གྱི་མཁལ་ཚད། ནད་དེ་ཐོག་པའི་རྟའི་ཤ་ཤེད་རིམ་བཞིན་ལྷུང་ཞིང་ཁྲག་ཤེད་རྡེ་མཐོར་འགྲོ་བ། རྩའི་འཕར་གྲངས་རྡེ་མང་དང་། འཕར་རྩ་སྲ་མཁྲེགས་སུ་འགྱུར་བ། འཕར་རྩ་ཆེ་བའི་སྙིང་སྒྲ་གཉིས་པ་རྡེ་མཐོར་འགྱུར་བའི་ནད་རྟགས་མངོན་སྲིད། ནད་ཀྱི་མཇུག་མཐའི་དུས་རིམ་དུ་མིག་སྐྱིབས་དང་མ་མགལ། བྲང་གཞུང་། ཁོག་སྨད། རྐང་ལག་བཞིའི་སྟེ་མོ་སྐྲངས་ཤིང་། ནད་ལྡིད་ན་བྱང་ཁོག་ལ་ཆུ་བསོག་ངེས། གཅིན་གྱི་མང་ཉུང་ལ་ངེས་པ་མེད་པ་

དང་། གཅིན་ལ་སྤྲི་དཀར་ཞུང་ཙམ་འདྲེས། གཅིན་གྱི་ནང་དུ་མཁལ་མའི་ཕྱི་སྐྱིའི་ཕྲ་ཕུང་དང་རིགས་མི་འདྲ་བའི་སྨུག་རྣམ་ཡོད། ཁྲག་ལ་སྤྲི་དཀར་མ་ཡིན་པའི་ཏན་གྱི་འདུས་ཚད་ཇེ་མང་དུ་སོང་ནས་དལ་བའི་རང་བཞིན་གྱི་ཏན་རྒྱུའི་ཁྲག་ནད་རང་བཞིན་གྱི་གཅིན་དུག་གི་ནད་བསྐྱེད་སྲིད། རྟ་ནད་པར་ཐང་ཆད་ཅིང་ཤ་ཤེད་ལྷུང་བ། ཁྲག་གིས་མི་འདང་བ། རྩ་འཁྲུམ་པ། ཁྲག་འདོན་པ་བཅས་ཀྱི་ནད་རྟགས་མངོན་ནས་ཤི་བའི་ཉེན་ཁའང་འབྱུང་སྲིད། དཔེར་མཚོན་གྱི་ནད་རྟགས་ལ་སྣང་བ་དང་ཁྲག་ཤེད་ཇེ་མཐོར་འགྲོ་བ། གཅིན་རྒྱུན་ལྡན་མ་ཡིན་པ་བཅས་ཡོད།

གཤམ་གསལ་གྱི་གནད་འདི་དག་ལ་བརྟགས་ནས་ནད་ངོས་བཟུང་ཆོག

（1）མང་ཆེ་བ་འགོ་ནད་ཚབས་ཆེན་དང་དུག་ཐོག་པ། རིམས་ནད་བཅས་ཀྱི་རྗེས་སུ་འབྱུང་སྲིད།

（2）ནད་ཀྱི་ཐོག་མའི་དུས་རིམ་དུ་གཅིན་མང་བ་དང་། དེ་ནས་རིམ་བཞིན་གཅིན་ཇེ་ཞུང་དང་། གཅིན་གཏོང་རྒྱུ་མེད་པའི་ནད་རྟགས་མངོན།

（3）མཁལ་མའི་ཚོར་བ་སྐྱེན་པ།

（4）ཁྲག་ཤེད་ཇེ་མཐོ་དང་འཕར་རྩ་ཆེ་བའི་སྙིང་སྒྲ་གཉིས་པ་ཇེ་མཐོར་འགྱུར་སྲིད།

（5）མཁལ་མ་སྣང་བ།

（6）གཅིན་གྱི་འགྱུར་ལྡོག（སྤྲི་དཀར་དྲི་རྩ། གཅིན་ལ་ཁྲག་འདྲེས་པ། གཅིན་ལ་མཁལ་མའི་ཕྱི་སྐྱིའི་ཕྲ་ཕུང་འདྲེས་པ། རིགས་མི་འདྲ་བའི་སྨུག་རྣམ་

ཡོད་པ）

（7）ཧན་རྒྱུའི་ཁྲག་ནད་རང་བཞིན་གྱི་གཅིན་དུག་གི་ནད།

【སྨན་བཅོས།】 ནད་འདིའི་སྨན་བཅོས་ཀྱི་ཙ་དོན་ནི་ནད་རྒྱུ་བཅོམ་ནས་བདག་སྐྱོང་ལེགས་པོ་བྱེད་པ་དང་གཉན་ཚད་བསལ་བ་དེ་ཡིན།

སྤྱིར་བཏང་དུ་ཊེང་མེ་སུའུ་ལ་བསྟེན་པ་དང་། དེ་ནས་ལིན་མེ་སུའུ་དང་ནའོ་ཧྥུ་ཧྲ་ཞིན།（诺氟沙星）ཧོན་པིན་ཧྲ་ཞིན（环丙沙星）བཅས་ལ་བསྟེན་དགོས་ཤིང་། དེ་དག་མཉམ་དུ་བསྟེན་ན་ཕན་ནུས་ཆེ།

【སྔོན་འགོག】

（1）བདག་སྐྱོང་ལེགས་པོ་བྱས་ནས་ཧ་ལ་ཆམ་རིམས་ཐོག་ཏུ་མ་བཙུག་པར་ནད་གཞིའི་སྐྱེ་དངོས་ཕྲ་རབ་ཀྱིས་རེད་པར་གཟབ་དགོས།

（2）གཟན་གསོ་ལ་གཟབ་ནས་རྩྭ་ཆས་ཀྱི་རྒྱུ་སྤུས་ལ་ཁག་ཐེག་བྱས་ཏེ་རྩྭ་ཆས་རུལ་བ་སོགས་སྟེར་མི་རུང་།

（3）སྨུར་བའི་རང་བཞིན་ཅན་གྱི་མཁལ་ཚད་ཀྱི་ནད་ཐོག་པའི་ཧ་ལ་དུས་ཐོག་ཏུ་སྨན་བཅོས་བྱས་ཏེ། ནད་རྒྱུ་ཙ་བ་ནས་བསལ་ནས་ནད་བསྐྱར་དུ་འབྱུང་བཀག། དལ་བའི་རང་བཞིན་གྱི་མཁལ་ཚད་དུ་འགྱུར་བར་གཟབ་དགོས།

དགུ་པ། མཆིན་དྲིའི་ གླང་འཕབ།

མཆིན་དྲིའི་གླང་འཕབ（diaphragmatic flutter）ནི་མཆིན་དྲིའི་དབང་རྩར་གནོད་སྐྱོན་ཐེབས་ནས་མཆིན་དྲི་འཁྲུམས་པའི་ནད་རིགས་ཤིག་ཡིན། དེར་རྟའི་གསུམ་ཚོག་དང་ལུས་པོ་གོ་རིམ་ཡོད་པར་འདར་ཞིང་། གསུམ་པའི་རྩིབ་མ་འཕར་འཇགས་ལྡན་པར་ལྡིང་བ། སྣ་ཁུང་ལས་སྐྲིག་སྒྲ་གྲག་པ་སོགས་ཀྱི་ནད་རྟགས་མངོན།

【ནད་རྒྱུ།】 མཆིན་དྲི་ལ་གནོད་སྐྱོན་ཐེབས་པའི་རྐྱེན་གྱིས་མཆིན་དྲིའི་གླང་འཕབ་ཀྱི་ནད་བསླངས་པ་ཡིན། ནད་ཐོག་སྨན་བཅོས་ཀྱི་ངོས་ནས་དེ་ལ་རྒྱུ་རྐྱེན་ཤིན་ཏུ་མང་། འཇུ་བྱེད་དབང་པོའི་ནད་དེ། དཔེར་ན་ཕོ་བ་སྦོས་པ། ཕོ་བའི་གཉན་ཚད། འཇུ་སྐྱོབས་ཞན་པ། མིད་པ་ཆེར་བསྐྱེད་པ་སོགས་ཀྱི་ནད་རྟགས་མངོན། མྱུར་བའི་རང་བཞིན་གྱི་དབུགས་འབྱིན་རྟུབ་ཀྱི་དབང་པོའི་ནད་དེ། དཔེར་ན་ཚི་སྣའི་རྒྱུ་ཅན་གྱི་གློ་བའི་གཉན་ཚད། བྲང་སྐྱིའི་གཉན་ཚད་སོགས་ཀྱི་ནད་རྟགས་འབྱུང་ངེས། ཀླད་པ་དང་སྙལ་ཚིགས་ཀྱི་ནད་དང་། ལྷག་པར་མཆིན་དྲིའི་དབང་རྩ་དང་འབྲེལ་བའི་སྙལ་ཚིགས་ཀྱི་ནད། ནད་དུག་རང་བཞིན་གྱི་ནད། ཕོ་བ་དང་རྒྱ་མར་ནུལ་བའི་དངོས་པོ་དུག་ཅན་གྱིས་ཤུན་ཐེབས་པ། གཞན་དུ་ཁྲའི（蓖麻）དུག་རྒྱུའི་དུག་ཐོག་ནའང་གླང་འཕབ་ཀྱི་ནད་བསྐྱེད་སྲིད། དེ་མིན་སྐྱིལ་འདྲེན་དང་གློག་འབྱེད་རྫས་འཕྲུགས་པ། ལས་ཀར་བཀོལ་ཡུན་རིང་བ

སོགས་ཚབ་བརྟེའི་རང་བཞིན་གྱི་ནད་དང་སྐྲན་ནད། འཕར་རྩ་ཆེ་བའི་སྐྲན་ནད་སོགས་ཀྱིས་ཀྱང་མཆིན་དྲིའི་སྐྲང་འཐབ་ཀྱི་ནད་བསྐྱེད་ངེས། གཞན་མཆིན་དྲིའི་དབང་རྩ་དང་སྙིང་གནས་སའི་འབྲེལ་བ་ལྡན་སྐྱེས་སུ་རྒྱུན་ལྡན་མིན་པ་དེའང་། མཆིན་དྲིའི་སྐྲང་འཐབ་ཀྱི་ནད་འདི་བྱུང་རྐྱེན་ཡིན་པ་ཤེས་པར་འཚལ།

【ནད་རྟགས་དང་ངོས་འཛིན།】 ནད་འདི་བྱུང་ཚེ་གསུམ་པ་གོ་རིམ་ཡོད་པའི་སྒོ་ནས་འདར་ཞིང་འཁྱགས་གཉིས་ཀྱི་རྩིབ་ཉུས་འདར་བ་མངོན་གསལ་ཡིན། མཆིན་དྲིའི་སྐྲང་འཐབ་ཚབས་ཆེ་ན། ཐག་ཐུང་རིང་པོ་ནས་ཀྱང་གསུམ་པ་འདར་བཞིན་ཡོད་པ་མཐོང་ཐུབ། རྟའི་དབུགས་འཚང་བའི་རྐྱེན་གྱིས་སྣ་ཁུང་གི་ཉེ་འགྲམ་དུ་སྐྲིག་སྐྲ་གྲུགས་པ་ཡིན། མཆིན་དྲིའི་སྐྲང་འཐབ་ཀྱི་ནད་ཐོག་པའི་རྟ་ལ་ངར་ལངས་སྐྲ་ཞིང་གཟན་རྩྭ་མི་ཟ་བ་དང་། ཆུ་མི་འཐུང་བའི་ནད་རྟགས་ཡོད། ཕོ་རྒྱུའི་ནད་ཀྱིས་བསྐྱེད་པའི་མཆིན་དྲིའི་སྐྲང་འཐབ་ཡིན་ན། མིག་འབྲས་འགྱུར་སྐྱེ་ལའང་སེར་ཐིགས་འབབ་སྲིད།

རྟ་ནད་པའི་གསུམ་པ་དང་ལུས་པོ་འདར་བ། དབུགས་འཚང་བ་དང་སྐྲིག་སྐྲ་གྲུགས་པ་བཅས་གཞིར་བཟུང་ནས་ནད་ངོས་འཛིན་བྱས་ཆོག

【སྨན་བཅོས།】 རྟ་ནད་པ་གང་དེ་ལྷིང་འཇགས་ཡིན་ཞིང་བོད་ཡངས་པའི་རྟ་རའི་ནང་བཅུག་ནས་རང་མོས་ཀྱིས་འགྲུལ་སྐྱོད་བྱེད་དུ་བཅུག་ན། ནད་ལྷོད་མོ་མིན་པའི་རྟ་དག་གི་ནད་དྲག་ཐུབ། མཆིན་དྲིའི་སྐྲང་འཐབ་བཅོས་ཐབས་ཀྱི་ཐད་ནས། གཙོ་བོ་ནད་གཞི་ངོས་བཟུང་ནས་ནད་བབ་དང་

བསྡུན་ནས་སྨན་བཅོས་བྱ་དགོས། སྤྱིར་བཏང་དུ་རྟའི་མཆིན་དྲི་སྣང་འཐབ་ནི་སྐྱུར་བུལ་གྱི་དོ་སྐྱོམས་འཁྲུགས་པར་བརྟེན་ཀལ་དམའ་བའམ། ཙྪ་དམའ་བར་རྐྱེན་བྱས་ཏེ་བྱུང་བ་ཡིན། ཁྲག་ཀལ་དམའ་བའི་རྟ་ནད་པར20%གྱི་རྒྱུན་མངར་སྐྱུར་ཀལ200～400mlསྤྲོད་རྩར་རྒྱག་དགོས་ཤིང་། ཁྲག་ཙྪ་དམའ་བའི་རྟ་ནད་པ་ལ10%ཡི་ཁིལ་འགྱུར་ཙྪའི（氯化钾）བཞུ་ཁུ30～50mlདང5%ཡི་མངར་ཚྭའི་ཆུ（糖盐水）1000～2000mlབསྲེས་ནས་ཏིག་ཁབ་རྒྱག་དགོས།

བཅུ་པ། ཁྲག་ཉམས་ནད།

ཁྲག་ཉམས་ནད（septicemia）ནི་ནད་སྲིན་ཏེ། ལྷག་པར་དུ་རྣག་སྲིན་གྱིས་ཁྲག་ལ་གནོད་སྐྱོན་ཐེབས་ཏེ། རྒྱུན་དུ་གནས་ཤིང་མྱུར་དུ་འཕེལ་ནས་དུག་སྲིན་མང་པོ་དང་། ཕུང་གྲུབ་འབྱེད་ཐབས་ཀྱི་རྫས་བྱུང་བར་བརྟེན་ལུས་ཡོངས་རེད་པར་གྱུར་པའི་ནད་ཅིག་ཡིན།

【ནད་རྒྱུ།】 སྤྱིར་བཏང་དུ་ཆ་ཤས་རེད་པ་དུས་ཐོག་ཏུ་ནད་བཅོས་མ་བྱས་པའམ་ནད་བཅོས་བྱས་པ་གནད་ལ་མ་འཁེལ་བ་སྟེ། དཔེར་ན། དུས་ཐོག་ཏུ་རྣག་ཁུ་གཙང་སེལ་མ་བྱས་ན། ནད་སྲིན་འཕེལ་བ་མགྱོགས་ཤིང་དུག་ཤུགས་ཆེན་པོར་འགྱུར། ཐང་ཆད་པ་དང་ལུས་ཟུངས་ཉམས་པ། འཚོ་བཅུད་ཀྱིས་མ་འདང་

བ། རིམས་འགོག་ནུས་པ་ཉམས་པ་སོགས་ལ་རྐྱེན་བྱས་ཏེ་ལུས་ཡོངས་ལ་འགོ་སྲིད། གཞན་རིམས་འགོག་ནུས་པ་ཞན་པའི་ཧ་ནད་པ་ལ་མཚོན་ན། ནང་རྐྱེན་རང་བཞིན་གྱི་འགོ་ནད་དང་། ལྷག་པར་དུ་རྒྱ་སྐྱེད་འགོ་ནད། རྒྱ་མའི་ཕྲ་སྲིན་དང་ནང་གྲུབ་དུག་རྒྱ་ཁྲག་ལ་འཛྲིས་ནས་འཁོར་རྒྱུགས་བྱས་ནའང་ནད་འདི་བསླང་སྲིད། གལ་སྲིད་ཁྲག་ཉམས་ནད་ཕྲ་སྲིན་དུག་རྒྱ་མང་པོ་འཕེལ་བའི་བསྡི་གནས་སུ་གྱུར་རྗེས། རིམས་འགོག་ནུས་པ་ཅུང་ཆེན་པོ་ལྡན་ནའང་ཁྲག་ཉམས་ཀྱི་ནད་བསྐྱེད་སླ། རྒྱུན་མཐོང་གི་ནད་སྲིན་ལ་ཁྲག་ཞུན་རླུམ་སྲིན་བསྐར་མ་དང་། རྒྱུན་འབུམ་རླུམ་སྲིན་སེར་པོ། ཡོང་གའི་དབྱུག་སྲིན་སོགས་ཡོད།

【ནད་རྟགས་དང་ངོས་འཛིན།】 གདོད་བྱུང་རང་བཞིན་དང་རྗེས་བྱུང་རང་བཞིན་གྱི་ཁྲག་ཉམས་ཀྱི་ནད་ཀྱིས་བསྐྱེད་པའི་ཕུང་གྲུབ་ཤི་བོ་དང་རྣག་ཁུ། དུག་སྲིན་ཁྲག་ལ་འཛྲིས་ནས་འཁོར་རྒྱུགས་བྱས་ན། ཧའི་ལུས་ཡོངས་ལ་ནད་དུག་ཐོག་པའི་ནད་རྟགས་མངོན། ལུས་དྲོད་མངོན་གསལ་གྱིས་འཕར་ནས40℃ལ་སླེབས་སྲིད་པ་དང་། སྤྱིར་བཏང་དུ་གྲང་འདར་རྒྱག་པ་དང་རྐང་ལག་འཁྱག་པ། འཕར་ཚ་དེ་ཕྲར་འགྱུར་བར་མ་ཟད། ནད་དེ་ཐོག་པའི་ཧ་ལ་རྒྱུན་དུ་སྙོམ་པའི་ཚོར་བ་འབྱུང་ཞིང་གཅིན་ཞུང་བ་དང་། དུག་ཐོག་ནས་བཤལ་བའི་ནད་རྟགས་མངོན། རྒྱུན་དུ་ཉལ་ནས་འདུག་པ་དང་། ཡར་ལངས་དཀའ་བ། གོམ་པ་ཁྱར་ཁྱོར་སྤོ་བ། སྐབས་ལ་ལར་བྲུག་གཟེར་ལངས་ནས་ཤ་གནད་འདར་བ་དང་རྟུལ་ཚུ་བཞུར་བ་མཐོང་ཐུབ། ནད་ཡུན་ཇེ་རིང་དུ་སོང་བ་དང་བསྟུན་ནས་བརྒྱལ་

པ་དང་དབང་རྩའི་མ་ལག་གི་ནད་རྟགས་མངོན་སྲིད། རྟའི་ཡི་ག་འཆུས་པ་དང་མིག་འབྲས་སེར་པོར་འགྱུར་བ། དབུགས་འཕྱིན་རྔུབ་དཀའ་བ། འཕར་རྩ་ཧེ་ཕྲར་འགྱུར་བ། གཉིད་འབབ་པ་དང་སེམས་འཚུབ་པ། གཅིན་ཧེ་ཞུང་དུ་སོང་མུར། ཕྱི་དཀར་འདུས་ཡོད་མེད་ཅི་རིགས་འབྱུང་སྲིད་པ་དང་། པགས་པའི་འཁྱར་སྐྱི་ལས་སྐབས་ལ་ལར་ཁྲག་འཛག་སྲིད། ཁྲག་ལ་བརྟགས་ན་ཁྲག་རྒྱུན་རིག་པའི་དམིགས་ཚད་རྒྱུན་ལྡན་མ་ཡིན་པ་མངོན་སུམ་ཡིན་ཞིང་། འཆི་ཁར་ལུས་དྲོད་གློ་བུར་དུ་མར་ཆག་ཅིང་། དེ་ནས་དབང་པོ་དག་ཉམས་ཞན་དུ་གྱུར་ནས་ཤི་འགྲོའོ། །

སྔོན་མའི་འགོ་ཁྱབ་ཀྱི་རྨང་གཞིའི་སྟེང་གྲང་འདར་རྒྱག་པ་དང་སུག་བཞི་འཁྱག་པ། ཡི་ག་འཆུས་པ། གཉིད་འབབ་པའམ་སེམས་འཚུབ་པ་སོགས་ཀྱི་ནད་རྟགས་མངོན་ན་ཁྲག་ཉམས་ནད་ལ་ངོས་བཟུང་ཆོག །ནད་ངོས་འཛིན་པར་ཁྲག་སྲིན་གསོ་བའི་ཐབས་ལ་བརྟེན་ཆོག་ནའང་། སྲིན་འགོག་སྨན་རྫས་ལ་བསྟེན་ཟིན་པའི་རྟ་ནད་པ་ཡིན་ན། ཁྲག་སྲིན་གསོས་པའི་མཇུག་འབྲས་ལ་ཤུན་ཐེབས་ངེས། ཕྲ་སྲིན་གསོས་པ་གདགས་གཤིས་ཅན་ཡིན་ན། སྨན་ཚོར་ལ་ཚོད་ལྟ་བྱས་ནས་སྲིན་འགོག་སྨན་རྫས་བདམས་ཆོག་ཅིང་། དུས་མཚུངས་སུ་ཁྲག་གི་གློག་འཕྲེད་རྫས་དང་ཁྲག་གཤིས་ལའང་དཔྱེ་ཞིབ་བྱ་དགོས། ཁྲག་གཅིན་གྱི་བརྟག་དཔྱད་དང་དབང་པོ་གཙོ་བོ་དག་གི་ནུས་པར་བརྟག་དཔྱད་བྱས་ན་ཁྲག་ཉམས་ནད་ཀྱི་སྨན་བཅོས་ལ་ཕན།

【སྨན་བཅོས།】 ནད་བྱུང་ས་ཕྱེ་བྲག་པར་གཙང་སེལ་བྱས་ནས་ལུས་

ཡོངས་ལ་སྲིན་འགོག་སྨན་རྫས་བརྒྱབ་སྟེ། ནད་ཀྱི་ཁྱབ་མཆེད་ལ་ཚོད་འཛིན་པ་དང་རིམས་འགོག་ནུས་པ་དེ་མཐོར་བཏང་ནས་དབང་པོའི་ནུས་པ་སྐྱར་གསོ་བྱ་དགོས།

1. ནད་བྱུང་ས་བྱེ་བྲག་པར་སྨན་བཅོས་བྱེད་པར། ཐོག་མར་གདོད་བྱུང་རང་བཞིན་དང་རྗེས་བྱུང་རང་བཞིན་གྱི་ཁྲག་ཉམས་ནད་བྱུང་ས་གཞིར་བརྟེན་ནས་འགོ་ཁྱབ་ཀྱི་འབྱུང་ཁུངས་བསལ་ཐུབ་དགོས། ཕུང་གྲུབ་ཤི་བོ་དང་རྨ་ཁ། རྣག་སྐྲངས་བཅས་མི་གཙང་བའི་རྫས་རྒྱུ་ལེན་པ་དང་རྣག་ཁྲག་ཕྱི་ལ་བཏོན་རྗེས། ངར་སྐྱེད་ཀྱི་ཤུགས་ཅུང་ཆུང་བའི་དུག་སེལ་སྨན་རྫས་ཀྱིས་ནད་བྱུང་ས་བཀྲུ་དགོས་ཤིང་། དེ་ནས་རྣག་འགྱུར་ཅན་གྱི་རྨ་ཁ་གཙང་སེལ་བྱས་རྗེས། རྨ་ཁའི་ཉེ་འཁོར་ཆིང་མེ་སྲུའུ་འདྲེས་པའི་ཕྭ་སྐྱུར་ཕུ་རུ་ཁ་དབྱིན（盐酸普鲁卡因）ཞུ་ཁུས་བསྲུམ་དགོས།

2. ལུས་ཡོངས་ཀྱི་སྨན་བཅོས། ནད་དེ་ཐོག་པའི་རྟའི་བྱེ་བྲག་གི་གནས་ཚུལ་ལྟར། ཆིང་མེ་སྲུའུ（100万～200万IU）དང་ལེན་མེ་སྲུའུ（2～4g）དང་། ཡང་ན་ཧོན་སྲུའུ（环素）（ཉིན་རེར་སྤྱི་ཀྲ་རེའི་ལྗིད་ཚད5mg）སོགས་ཐེངས1～2བགོས་ནས་རྒྱག་དགོས། གཞན་ད་དུང་ཧོང་ཨན་ནུས་སྐྱེད་སྨན་རྫས（磺胺增效剂）ཏེ། དཔེར་ན་ཀ་གསུམ་དབྱང་པེན་ཨན་ཨེན་ཊིས་ཎིན（三甲氧苄胺嘧啶（TMP））བཀོལ་ཡང་ཆོག །རིམས་འགོག་ནུས་ཤུགས་དེ་ཆེ་དང་ཁྲག་འཁོར་རྒྱུག་གི་ཚད་དང་དུག་རྒྱ་ཕྱིར་འདོན་རྒྱུན་འཁྱོངས་

བྱ་སྣད། ཁྲག་རྒྱུག་པ་དང་གཤེར་གཟུགས་ཁ་གསབ། ལུས་ཊོད་ཊེ་དམའ་རུ་གཏོང་བ། ཟུག་གཟེར་འཛོམས་པ་སོགས་ཀྱི་ཐབས་སྲིད་ཚོག །ཁལ་སྲིད་སྐྱུར་དུག་ཐོག་པ་ཡིན་ན། སྣན་སྐྱུར་ཆེང་ན་（碳酸氢钠）ཡི་བཙོས་ཐབས་ལ་བརྟེན་ནས་འཚོ་བཅུད་ཁ་གསབ་དང་ཆུ་མང་པོ་འཐུང་དུ་འཇུག་དགོས། ཁལ་སྲིད་མཆིན་པའི་བྱེད་ནུས་འཁྲུགས་པ་ཡིན་ན། ཝུ་ལོ་ཐོ་ཕིན（乌洛托品）བརྟེན་ཚོག་པ་དང་། དུག་གཤིས་ཀྱི་རྐྱེན་གྱིས་ཐོ་བ་བཤལ་ན། སྟོད་ཙར་ཁིལ་འགྱུར་ཀལ（氯化钙）རྒྱག་དགོས།

རབ་བཅད་བཞི་པ། རྒྱུན་མཐོང་ཕྱི་ནད།

དང་པོ། མིག་སྐྱིའི་གཉན་ཚད།

མིག་སྐྱིའི་གཉན་ཚད（conjunctivitis）ནི་མིག་འབྲས་ཀྱི་སྐྱི་མོར་ཕྱི་རོལ་གྱི་གནོད་སྐྱོན་ཐེབས་ཤིང་རེད་ནས་བསྐྱེད་པའི་གཉན་ཚད་ཀྱི་ནད་ཅིག་སྟེ། དེ་ནི་རྒྱུན་མཐོང་གི་མིག་ནད་ཅིག་ཡིན།

【ནད་རྒྱུ།】 ཕྱི་རྣམས་ཏེ་དངོས་པོ་གཞན་པ་མིག་ནང་དུ་འཛུལ་བའམ། མིག་སྐྱིའི་སྟེང་འབྱར་བ། རྡུལ་འགྱུར་སྨན་རྫས་དང་ཞིང་སྨན་མིག་ནང་དུ་སོང་བ། རིམས་ནད་དང་ཕུང་རྗེན་ནད་སྲིན།（衣原体）ནད་སྲིན་འདྲ་ཕུང་།（支原体）རླམ་པ། ཟླི་ལན་པའི་གདགས་གཤིས་ནད་སྲིན（革兰氏阳性菌）བཅས་ཀྱིས་རེད་ནས་བསླངས་ཤིང་། རྒྱུན་དུ་ཉེ་གམ་གྱི་ཕུང་གྲུབ་ལ་ནད་བྱུང་ནས་བསྐྱེད་པ་ཡིན།

【ནད་རྟགས་དང་ངོས་འཛིན།】 འོད་མི་བཟོད་པ་དང་མིག་ཆུ་བཞུར་བ། མིག་སྐྱིར་ཁྲག་རྒྱས་པ། སྐྲངས་པ། མིག་ལྤགས་འཁྱུམས་པ། ཁྲག་རིལ་དཀར་པོའམ་ཟགས་དངོས་འཛག་པའི་ནད་རྟགས་མངོན།

1. **ཁ་ཐའི་རང་བཞིན་**（卡他性）**གྱི་མིག་སྐྱིའི་གཉན་ཚད།** རྒྱུན་མཐོང་གི་མིག་སྐྱིའི་གཉན་ཚད་ཅིག་སྟེ། མིག་སྐྱི་དམར་པོར་འགྱུར་བ་དང་སྐྲངས་པ། ཁྲག་རྒྱས་པ། པེ་སྣབས་བཞུར་བ། པེ་སྣབས་ལ་རྣག་འདྲེས་པ་སོགས་ཀྱི་ནད་རྟགས་མངོན།

（1）མྱུར་བའི་རང་བཞིན་ཅན། ནད་ཡང་མོ་ཡིན་ན་མིག་སྐྱིའམ་ལྤིར་གནས་སྐྲངས་ནས་དམར་པོར་འགྱུར་བ་དང་ཟུགས་དཀོན་ཙུང་ཞུང་ཞིང་། ཐོག་མའི་དུས་སུ་ཆུ་དང་མཆུངས་ཤིང་། ཡུན་རིང་ན་འབྱུར་བག་ཅན་དུ་འགྱུར། ནད་ལྗིད་མོ་ཡིན་ན་མིག་ལྤིབས་སྐྲངས་ཤིང་ཟུག་གཟེར་ལངས་པ། འོད་ལ་སྐྲག་པ་དང་ཁྲག་རྒྱས་པ་མངོན་གསལ་ཡིན་ཞིང་དམར་ཐིག་ཆགས་པའང་ཡོད། གཉན་ཚད་ལྷབས་དབྱིབས་སམ་ཟླུམ་དབྱིབས་སུ་མངོན་ལ། སྐབས་ལ་ལར་མིག་འབྲས་སྐྱི་མོ་མག་མོག་ཏུ་འགྱུར་སྲིད།

（2）དལ་བའི་རང་བཞིན་ཅན། དེ་ནི་མྱུར་བའི་རང་བཞིན་ནས་འགྱུར་བ་ཡིན་ཞིང་། ནད་རྟགས་མངོན་གསལ་མིན་ཞིང་། འོད་ལ་སྐྲག་པའང་ཚབས་ཆེན་མིན། ཁྲག་ཙུང་ཙམ་རྒྱས་ཡོད་པ་དང་མིག་སྐྱི་དམར་སྐྱའམ་སེར་པོར་མངོན། ནད་ཡུན་ཙུང་རིང་བའི་རྟའི་མིག་སྐྱི་དར་སྣམ་གྱི་དབྱིབས་སུ་སྣང་ཞིང་ཟུགས་ཐོན་ཙུང་ཞུང་།

2. **རྣག་བསགས་པའི་མིག་སྐྱིའི་གཉན་ཚད།** རེད་ནས་རྣག་སྲིན་དུ་གྱུར་པའམ་འགོ་ནད་ཀྱིས་བསླངས་ཤིང་། ཁ་ཐའི་རང་བཞིན་གྱི་མིག་སྐྱིའི་གཉན་ཚད་

གྱིས་ཀྱང་བསྐྱེད་སྲིད།

【སྨན་བཅོས།】 སྦྱར་བའི་ཁ་ཐའི་རང་བཞིན་གྱི་མིག་སྐྱིའི་གཉན་ཚད་ལ། ཁྲག་རྒྱས་པ་མངོན་གསལ་ཡིན་ཞིང་། ཐོག་མའི་དུས་སུ་བསིལ་དུགས་ལ་བརྟེན་དགོས། 3%གྱི་ཚ་ལའི་སྐྱུར་གྱི་བཞུ་ཁུས（硼酸溶液）མིག་བཀྲུ་དགོས་ཤིང་། ཟགས་ཐོན་རྣག་ཏུ་འགྱུར་སྐབས་དྲོད་དུགས་ལ་བརྟེན་དགོས། དེ་ནས0.5～1%གི་ཟེ་སྐྱུར་དངུལ་བཞུ་ཁུ（硝酸银溶液）མིག་ནང་དུ་བཏིག་དགོས།

1. **དལ་བའི་རང་བཞིན་གྱི་མིག་སྐྱིའི་གཉན་ཚད།** གཙོ་བོ་དྲོད་དུགས་ལ་བརྟེན་དགོས་ཤིང་། ནད་བྱུང་ས་ཅི་ཐག་པར་ཉུང་གར་བའི་ཟུ་ཟའི་སྐྱུར་ཏི་ཚའམ（硫酸锌）ཟེ་སྐྱུར་དངུལ་གྱི་བཞུ་ཁུ་དང་། ཡང་ན་ཟུ་ཟིའི་སྐྱུར་ཟངས（硫酸铜）མིག་ལྩིབས་ལ་བསྐུ་བ་དང་། དེ་ནས་ཚ་ལའི་སྐྱུར་ཆུས་བཀྲུས་རྗེས་དྲོད་དུགས་བྱ་དགོས།

2. **མཁྲིགས་འགྱུར་རྣག་ཅན་གྱི་མིག་སྐྱིའི་གཉན་ཚད།** ཐོག་མར1%གི་ཉིན་སྨུག་བཅོར་ལྡེ（碘仿软膏）རས་ཐོག་ལ་བསྐུས་ཤིང་། དེ་ནས་ཕུ་རུ་ཁ་དབྱིན་ཚིང་མེ་སུའུ（普鲁卡因青霉素）ཡིས་མིག་ཞབས་བསུམས་རྗེས། གནས་ཚུལ་དངོས་ལྟར་ཡོངས་ཁྱབ་སྲིན་འགོག་སྨན་རྫས་ལ་བརྟེན་དགོས།

【སྔོན་འགོག】

1. རྟ་ར་དང་འགུལ་སྐྱོད་ར་བའི་འཁོར་བསྐོར་གཙང་མ་རྒྱུན་འཁྱོངས་བྱ་དགོས་པ་དང་། རྟ་རར་རླུང་རྒྱུ་ཐུབ་པ་དང་ཉི་འོད་འཕྲོ་ཐུབ་དགོས་ལ། བྱེ་རྡུལ་

སོགས་འཛུལ་བར་གཟབ་དགོས།

2. མིག་ནད་སྨན་བཅོས་བྱེད་སྐབས་སྨན་རྫས་ཀྱི་གར་སྣ་དང་ངོ་བོ་འགྱུར་ཡོད་མེད་ལ་གཟབ་དགོས།

གཉིས་པ། སོ་བརྡར་ནས་ཟད་པ།

སོ་བརྡར་ནས་ཟད་པ་ཞེས་པ་ནི་རྒྱུ་རྐྱེན་དུ་མའི་དབང་གིས་འགྲམ་སོའི་ལྷད་ངོས་མི་སྙོམས་པར་ལྷད་ངོས་ཀྱི་འགྲམ་དང་སོ་ཕྲེང་ལ་གནོད་སྐྱོན་ཐེབས་པར་གོ།

གསེག་ཁ་ནི་ལོགས་གཅིག་གི་འགྲམ་སོ་ལ་ཟུག་གཟེར་ལངས་པས་དུས་ཡུན་རིང་པོར་བདེ་ཕྱོགས་ཀྱི་འགྲམ་སོས་ཟ་ཆས་སོགས་བལྡད་པར་བརྟེན། སོ་ལ་བརྡར་ཟད་ཐེབས་ནས་ལོགས་གཅིག་གི་དཀྱིལ་སོའམ་འགྲམ་སོ་དེ་ལོགས་གཞན་པའི་སོ་དང་བསྡུར་ན། རིང་ཐུང་གཅིག་མཚུངས་མིན་པར་ཆགས་ཤིང་། དེ་ནི་འགྲམ་སོའམ་མགལ་རུས་ཀྱི་ལོགས་གཅིག་ལ་དལ་བའི་རང་བཞིན་གྱི་ནད་བྱུང་སྐབས་འབྱུང་སྲིད་པའི་ནད་རྟགས་ཤིག་ཡིན།

1. **སོ་རྗེ་འགྱུར།** འགྲམ་སོའི་ལྷད་ངོས་ལ་གོ་རིམ་མེད་པར་བརྡར་ཟད་ཐེབས་པས། ཡ་མགལ་གྱི་འགྲམ་སོའི་འགྲམ་ཟུར་རམ། མ་མགལ་འགྲམ་སོའི་ལྟེ་ཟུར་གྱི་མཐའ་མདོང་གསལ་དང་རྣོན་པོར་གྱུར་སྟབས། ལྷད་ངོས་དེ་གསེག་ངོས་སུ་གྱུར་པ་ལ་སོ་རྗེ་འགྱུར་ཟེར།

【ནད་རྒྱུ།】 གཤགས་འབྱེད་རིག་པའི་ངོས་ནས་རྟའི་འགྲམ་སོ་ལ་ཚད་སྐྱོན་ལྡན་པས། ཡ་མགལ་དང་མ་མགལ་གྱི་ལྷད་ངོས་ཐུར་དུ་ཏ་ལམ་ཏུ60ལ་གསེག་ཡོད། གཞན་ཡ་མགལ་གྱི་འགྲམ་སོའི་ལྷད་ངོས（མགྲིན་པའི་གནས་ཀྱིས་ཐག་བཅད་པ་ཡིན）དེ་མ་མགལ་གྱི་འགྲམ་སོ་ལས་ཁོད་ཡངས་པས། ཡ་མགལ་གྱི་འགྲམ་སོ་ལྟེའི་ལོགས་འགྲམ་གྱི1/2དང་། མ་མགལ་འགྲམ་སོའི་མགལ་རྒྱུས་ལོགས་འགྲམ་གྱི1/2མཚམས་སུ་འཕྲད་བཞིན་ཡོད་པ་དང་། དེ་ལྟར་དུས་ཡུན་རིང་པོར་བརྡར་ཟད་ཐེབས་པས་འགྲམ་སོ་རྣོན་པོར་འགྱུར་བ་ཡིན།

【ནད་རྟགས་དང་ངོས་འཛིན།】 འགྲམ་སོ་རྣོན་པོར་གྱུར་པར་བརྟེན་མགལ་མཚམས་ཀྱི་འབྱར་སྐྱི་འམ་ལྕེ་ལ་གནོད་སྐྱོན་ཐེབས་པས་རྩྭ་ཆས་སོགས་བལྡད་དཀའ་ཞིང་། རྟས་རྩྭ་ཆས་སོགས་བལྡད་པ་དལ་བ་དང་། རྩྭ་ཟ་སྐབས་གློ་བུར་དུ་བལྡད་མཚམས་འཇོག་པ་ཡིན། བལྡད་པའི་རྩྭ་ཕྱིར་སྐྱུགས་པ་དང་། འགྲམ་ཁུག་ཏུ་རྩྭ་མང་པོ་གསོག་ངེས། གཞན་འཚོ་བཅུད་ཀྱིས་མི་འདང་བ་དང་ཤ་ཤེད་ལྷུང་བ་སོགས་པའི་ནད་རྟགས་མངོན་ངེས།

【སྨན་བཅོས།】 སོ་བརྡར་གྱིས་འགྲམ་སོ་རྣོན་པོའི་མཐའ་འགྲམ་དུ་འཇམ་བརྡར་བྱས་ནས་ལག་པས་རེག་ན་མི་འཛེར་བར་བྱས་པས་ཆོག

2. སོ་དངོ་ཅན། སོའི་རྣོ་འགྱུར་ཇེ་དྲག་ཏུ་སོང་ནས་འགྲམ་སོའི་ལྷད་ངོས་ཀྱི་གསེག་ཚད་ཇེ་ཆེར་གྱུར་པ་དེ་ལ་སོ་དངོ་ཅན་ཟེར།

【ནད་རྒྱུ།】 ཕྱོགས་གཅིག་གི་སོ་དངོ་ཅན་དུ་གྱུར་པ་ཡིན་ན། སོ་སྲིན་

དང་སོ་ཤུར་ཏུས་སྐྱིའི་གཉན་ཚད། ལོགས་གཅིག་གི་མ་མགལ་ཆག་པ། མགལ་ཏུས་ཀྱི་གྲུམ་ནད་སོགས་ཀྱིས་བསླངས་པ་ཡིན། གོང་བརྗོད་ཀྱི་ནད་དེ་ཕོག་ནས་གཟན་རྩ་སོགས་བལྡད་མ་ཐུབ་ན། རྣམ་དུས་ཡུན་རིང་པོར་བདེ་ཕྱོགས་ཀྱིས་འགྲམ་སོས་བལྡད་ནས་ལྡད་ངོས་ལ་བརྡར་ཟད་ཆེན་པོ་ཐེབས་ནས་ནད་འདི་བསྐྱེད་པ་ཡིན། འགྲམ་གཉིས་ཀྱི་སོ་དངོ་ཅན་གྱི་ནད་རྒྱུ་དང་སོ་རྣོན་པོའི་ནད་རྒྱུ་གཉིས་གཅིག་མཚུངས་ཡིན།

【ནད་རྟགས་དང་ངོས་འཛིན།】 སོ་རྙོ་འཁྱུར་གྱི་ནད་རྟགས་དང་ཧ་ལམ་མཚུངས་ནའང་། སོ་རྙོ་འཁྱུར་གྱི་ནད་ལས་ནད་རྟགས་མངོན་གསལ་ཡིན་ཞིང་། སྐབས་ལ་ལར་འཐས་ཀན་ལ་གནོད་སྐྱོན་ཐེབས་པའང་ཡོད།

【སྨན་བཅོས།】 གཞོག་ཐྱེད་དམ་སོ་གྲིས་སོ་རྣོན་པོའི་མཐའ་ངོགས་བླངས་རྗེས། སོ་བརྡར་གྱིས་འཇམ་བརྡར་བརྒྱབ་པས་ཆོག །ཁ་ཞན་ཁ་སྨུག་གམ་ལྷེ་ལ་གནོད་སྐྱོན་ཐེབས་སྐབས་ཁ་སྨུག་གཙང་མར་བཀྲུས་རྗེས་ཏིན་སྨུམ（碘甘油）བསྐུ་དགོས།

3. **སོ་རིང་དྲགས་པ།** ཡ་མགལ་དང་མ་མགལ་གྱི་འགྲམ་སོ་གང་ཏུང་ཞིག་རིང་དྲགས་ནས་ལྡད་ངོས་ནས་བུད་པ་ལ་སོ་རིང་པོ་ཟེར།

【ནད་རྒྱུ།】 དེ་ནི་ཁ་གདངད་ཀྱི་སོ་ལྷུང་བའམ། རྒྱུ་རྐྱེན་གཞན་གྱི་དབང་གིས་ཁ་གདངད་ཀྱི་སོ་ལ་ཆག་སྐྱོན་ཐེབས་པ་ལས་བྱུང་བ་ཡིན། གཞན་སོ་སྐྱེས་པ་མི་ལེགས་པ་དང་སོ་རྒྱུ་ཞན་པས་ཀྱང་སོ་ནད་འདི་བསྐྱེད་སྲིད།

【ནད་རྟགས་དང་ངོས་འཛིན། 】 ནད་ཐོག་སྨན་བཅོས་ཀྱི་ཐད་ནས་སོ་རིང་པོ་ནི་རྟའི་ཡ་མགལ་གྱི་འགྲམ་སོ་དང་པོ་དང་། མ་མགལ་གྱི་འགྲམ་སོ་དྲུག་པར་བྱུང་བ་མང་ཞིང་། འགྲམ་སོ་གཞན་པར་བྱུང་བའང་ཡོད། མ་མགལ་གྱི་འགྲམ་སོ་རིང་པོར་གྱུར་ན། འཐབ་སྐན་ལ་གནོད་སྐྱོན་ཐེབས་ཤིང་། སྐབས་ལ་ལར་འཐབ་སྐན་བརྫོལ་ནས་སྣ་ཁུག་ལ་གནོད་སྐྱོན་ཐེབས་པའང་ཡོད། དེས་རྟས་རྩྭ་ཆས་སོགས་ཟ་བ་དང་བལྡད་པར་ཤན་ཐེབས་ངེས། རྟའི་ཁ་ལ་བརྟག་དཔྱད་བྱས་ན། ལྡད་ངོས་ལས་རིང་དུ་བརྒྱལ་བའི་སོ་རིང་པོ་མཐོང་ཐུབ།

【སྨན་བཅོས། 】 སོ་གྲིས་རིང་དྲགས་པའི་སོ་བཅད་རྗེས་སོ་བརྡར་གྱིས་བརྡར་ནས་འཇམ་པོ་བཟོ་དགོས། དེ་ནས0.1% གི་སྨན་མདོག་སྐྱུར་ཚྭའི་བཞུ་ཁུས་ཁ་སྦུག་གཙང་མར་བཀྲུ་དགོས་པ་དང་། གལ་སྲིད་ཁ་སྦུག་ལ་གནོད་སྐྱོན་ཐེབས་ཡོད་ན། ཁ་སྦུག་བཀྲུས་རྗེས་རྨ་ཁར་ཏིན་སྣུམ་བསྐུ་དགོས།

4. **སོ་སྐམས་དབྱིབས་ཅན་དང་སོ་རླབས་དབྱིབས་ཅན།** སོ་སྐམས་དབྱིབས་ཅན་ནི་འགྲམ་སོའི་རིང་ཐུང་དོ་མི་སྙོམས་པ་དང་། ལྡད་ངོས་མི་སྙོམས་པར་བརྟེན་སྐམས་དབྱིབས་ཀྱི་རྣམ་པར་གྱུར་པ་ལ་གོ །སོ་རླབས་དབྱིབས་ཅན་ནི་ཡོགས་ནས་བལྟས་ན། འགྲམ་སོ་རླབས་དབྱིབས་སུ་སྣང་བ་མངོན་གསལ་ཡིན་པས་སོ་རླབས་དབྱིབས་ཅན་ཞེས་བྱའོ། །སོ་རླབས་དབྱིབས་ཅན་གྱི་བྱུང་ཚད་མང་ཞིང་སོ་སྐམས་དབྱིབས་ཅན་གྱི་བྱུང་ཚད་ཉུང་།

【ནད་རྒྱུ། 】 ནད་འདི་ནི་སོ་རྒྱུའི་སྲ་ཚད་མི་མཚུངས་པས་ལྡད་ངོས་ལ་

བཏང་ཟད་ཐེབས་ནས་བྱུང་བ་ཡིན། གཞན་སོ་ལྷུང་བ་དང་སོ་སྲིན་སོགས་ཀྱིས་ཁ་གདང་གི་སོ་རིང་པོར་གྱུར་པ་ཡང་འབྲེལ་བ་ལྡན།

【ནད་རྟགས་དང་ངོས་འཛིན།】 སྐྱེས་དབྱིབས་ཀྱི་སོ་བྱུང་ཚེ་རྩ་ཆས་སོགས་ལྡན་སྐབས་མགལ་རུས་འགྲུལ་སྐྱོད་ལ་ཤུན་ཐེབས་ཤིང་། དེ་ཁ་གདང་གི་ཕྱུང་གྲུབ་མཉེན་པོར་གནོད་པས་རྩ་ཆས་སོགས་ལྡན་དཀའ། རྣམས་དབྱིབས་ཅན་གྱི་སོ་ནི་ཡ་མགལ་གྱི་འགྲམ་སོ་བཞིའི་མཚམས་སུ་ཐེ་མཐོར་སོང་ཞིང་། དེའི་སྔོན་ནས་གཞུག་ཏུ་གོ་རིམ་བཞིན་ཐེ་དམའ་རུ་གྱུར་ནས་འབྱུར་བའི་ཚུལ་གྱི་རྣམས་དབྱིབས་སུ་མངོན་པ་ཡིན། དེ་ལས་ལྡོག་ན། མ་མགལ་གྱི་འགྲམ་སོ་བཞི་པའི་མཚམས་ཐེ་དམའ་རུ་འགྱུར་ཞིང་། དེའི་སྔོན་ནས་གཞུག་ཏུ་གོ་རིམ་ལྡན་པར་ཐེ་མཐོར་སོང་ནས་གཡོང་རྣམ་གྱི་རྣམས་དབྱིབས་སུ་མངོན་པ་ཡིན།

【སྨན་བཅོས།】 རིང་དྲགས་པའི་སོ་དེ་གཏུབ་པའམ་བལ་རྗེས་འཛམ་བཏང་རྒྱུ་དགོས།

5. **སོ་འཛམ་པོ།** སོ་འཛམ་པོ་ནི་ལོ་ན་མཐོ་བའི་རྒྱ་དྲེལ་ལ་བྱུང་སླ་ཞིང་། ཁྱད་ཆོས་གཙོ་བོ་ནི་འགྲམ་སོའི་ལྡང་ངོས་འཛམ་པོར་གྱུར་པ་དེ་ཡིན།

【ནད་རྒྱུ།】 ལོ་ན་མཐོ་བའི་རྟའི་སོ་རང་བཞིན་དུ་བཏང་ཟད་ཐེབས་ནས་འཛམ་པོར་གྱུར་པ་ལས་གཞན། སོ་ཤུགས་གཉོམ་ཞིང་ཞན་པ། སྐྲིག་གཞི་དང་རུས་པའི་སྙིང་ཚབ་གསར་བརྗེ་མི་ལེགས་ནའང་སོ་ནད་འདི་འབྱུང་སྲིད།

【ནད་རྟགས་དང་ངོས་འཛིན།】 རྒྱས་ཐེན་པའི་སོ་འཛམ་པོ་ནི་སྤྱིར་

བཏང་དུ་ནད་ཐོག་སྨན་བཅོས་ཀྱི་ཐད་ནས་ནད་རྟགས་མངོན་མི་སྲིད་ཅིང་། རྩ་ཆས་སྲ་མོའི་རིགས་ཟ་སྐབས་ལྷིད་མི་ཐུབ་པའི་གནས་ཚུལ་འབྱུང་བ་ཡིན། ནད་འདི་བྱུང་བའི་རྗེས་རྩ་ཆས་སོགས་བལྡད་པ་ཞིབ་མོ་མིན་པ་དང་། རྟ་སྟངས་ནང་དུ་ལྷིད་མ་ཐུབ་པའི་སྲ་ཞིང་སྦྲོམ་པའི་ཚི་སྣ་དང་འབྲུ་རིགས་འདྲེས་ཡོད་པ་མཐོང་ཐུབ།

【སྨན་བཅོས།】 ནད་འདི་ལ་མིག་སྔར་ད་དུང་གོ་ཆོད་པའི་བཅོས་ཐབས་ཤིག་མེད་ལ། རྩ་ཆས་དོ་དམ་ལ་མཐོང་ཆེན་བྱས་ནས་རྩ་སྤོན་དང་ཐུབ་མ་སོགས་སྟེར་བ་དང་། རྩ་ཆས་སྦྲོམ་པོའི་རིགས་རྡུག་ཆག་ཏུ་གཏོང་བའམ་བཙོ་བ། ཆུར་སྦངས་ནས་བྱིན་ན། རྟ་ལས་ཀར་བཀོལ་ཡུན་དང་ཚེ་བསྲིང་བར་ཕན།

གསུམ་པ། རྨ་ཁ།

ཐད་རྐྱེན་གྱི་དབང་གིས་སྐྱི་ལྤགས་དང་འབྱར་སྐྱིའི་འཁྲུས་ཚང་རང་བཞིན་ལ་གནོར་སྐྱོན་ཐེབས་པ་དང་། གཏིང་ཞུང་ཟབ་པའི་ཕུང་གྲུབ་ལ་གནོད་སྐྱོན་ཐེབས་པ་ལ་རྨ་ཁ་ཟེར།

【ནད་རྒྱུ།】 དེ་ནི་རིགས་མི་འདྲ་བའི་ཐད་རྐྱེན་ཅན་གྱི་ཕྱི་ཤུགས་ཀྱིས་བསླངས་པ་ཡིན།

【ནད་རྟགས་དང་ངོས་འཛིན།】

1. ཐུན་མོང་གི་ནད་རྟགས། ཁྲག་འཛག་པ་དང་སེར་ག་གས་པ། ཟུག་

གཟེར་ལངས་པ། དབང་ཞུས་ལ་གནོད་སྐྱོན་ཐེབས་པ་བཅས་ཡོད།

2. **དམིགས་བསལ་གྱི་ནད་རྟགས།** དུག་རྨས（དུག་སྦྲུལ་དང་སྦྲང་མ་སོགས་ཀྱིས་སོ་བཏབ་པ）ཀྱི་རྨ་ཁ་ཆུང་ཞིང་། དེ་ལ་མྱུར་དུ་སྐྲངས་པ། ཟུག་གཟེར་ལངས་པ་སོགས་ཀྱི་ནད་རྟགས་ཡོད་པ་དང་། རིམ་བཞིན་ལུས་ཡོངས་ལ་ནད་རྟགས་མངོན། མགོའི་རྨ་ཁ་ལ་ཐྲད་པ་འདར་བའམ་ཐྲད་པའི་ཁྲག་རྡོལ་བ། བརྒྱལ་བ། ཞ་བོར་འགྱུར་བའི་ནད་རྟགས་མངོན། གཞན་དབང་རྩ་སྨྱིད་པ་དང་ཁ་མིག་གསེག་པ། ཆུ་འཕྱུང་མི་ཐུབ་པའི་ནད་རྟགས་ཀྱང་མངོན། གསུམ་པར་རྨ་ཁ་བྱུང་ན། རྒྱུ་མ་ལུག་པ་དང་ནང་ཁྲོལ་རལ་བ། ནང་ཁོག་ཏུ་ཁྲག་རྡོལ་བ། ནང་སྙིའི་གཉན་ཚད་བཅས་འབྱུང་ངེས། སུག་བཞི་ལ་རྨ་ཁ་བྱུང་ན་ཀྱོལ་བའི་ནད་རྟགས་མངོན།

【**སྨན་བཅོས།**】 ཆུ་དང་གློག་འཁྱིད་རྫས་དོ་སྣོམས་པར་བྱས་ནས་བརྒྱལ་བར་སྔོན་འགོག་བྱེད་པ་དང་། རྨ་ཁ་ཆུང་བའི་རིགས་ནི་ཆ་ཤས་བཅོས་ཐབས་ལ་བརྟེན་དགོས་པ་དང་། རྨ་ཁ་ཆེན་པོའི་རིགས་ནི་ཆ་ཤས་དང་ལུས་ཡོངས་ཀྱི་བཅོས་ཐབས་གཉིས་ཀར་བརྟེན་དགོས། རྨ་ཁ་རིད་པར་སྔོན་འགོག་དང་ཤའུ་སྐྱེས་པར་རོགས་འདེགས་བྱས་ཏེ། རྨ་ཁ་གསར་པ་རིད་པ་དང་རྙིང་འགྱུར་རྨ་ཁ་རིད་པར་སྔོན་འགོག་བྱ་དགོས་པར་མ་ཟད། འཚོ་བཅུད་ཀྱིས་འདང་བར་བྱས་ནས་རིམས་འགོག་ནུས་པ་ཧ་ཅང་མཐོར་གཏོང་དགོས།

1. **རྨ་ཁའི་ཕྱི་ནད་སྨན་བཅོས།** ཕྱི་ནད་སྨན་བཅོས་ནི་རྨ་ཁའི་སྨན་བཅོས་ཀྱི་བཅོས་ཐབས་གཙོ་བོ་ཞིག་ཡིན།

(1) གཙོ་བོ་ཕྱི་ནད་ཀྱི་བཅོས་ཡུན་ལྟར། རྨ་ཁའི་ཐོག་མའི་དུས་རིམ་གྱི་ཕྱི་ནད་སྨན་བཅོས (རྨ་ཁ་བྱུང་རྗེས་ཉིན2~3ལས་བརྒལ་མི་ཆོག) དང་། རྨ་ཁའི་མཇུག་མཐའི་ཕྱི་ནད་སྨན་བཅོས (རྨས་སྐྱོན་བྱུང་ནས་ཉིན3འགོར་བའི་རྨ་ཁ) གཉིས་སུ་དབྱེ་ཞིང་། ཐོག་མའི་དུས་རིམ་དང་མཇུག་མཐའི་ཕྱི་ནད་སྨན་བཅོས་ཀྱི་དམིགས་ཡུལ་འགྲུབ་སྐད་གཤམ་གསལ་གྱི་བཅོས་ཐབས་ལ་བརྟེན་ཆོག

(2) གཤག་བཅོས་ལག་ལེན་གྱི་ངོ་བོ་དང་ཁྱབ་ཁོངས་ལྟར་དབྱེ་ན།

རྨ་ཁ་གཙང་གཤལ་གྱི་བཅོས་ཐབས་ཏེ། དེར་རྨ་ཁའི་ཉེ་འཁྲམ་གྱི་སྤུ་གཞར་བ་དང་གཙང་མར་བཀྲུ་བ། རྨ་ཁའི་ནང་གི་སློགས་རོའམ་ཤུང་གྲུབ་ཀྱི་སློགས་རོ་ལེན་པ། རུལ་འགོག་སྨན་རྫས་ཀྱིས་སྨན་བཅོས་བྱེད་པ། རྨ་ཁ་བཀྲུ་བ། རྨ་ཁ་དཀྲི་བ་སོགས་འདུ་ཞིང་། བཅོས་ཐབས་དེ་རྨ་ཁ་གསར་པ་དང་རྨ་ཁ་རྙིང་བ་གཉིས་ཀའི་སྨན་བཅོས་ལ་ཕན།

རྨ་ཁ་ཆེར་བསྐྱེད་པའི་བཅོས་ཐབས། དེའི་དམིགས་ཡུལ་ནི་རྨ་ཁ་བསྐྱེད་དེ་རྒྱུ་སེར་དང་རྣག་སོགས་ཕྱི་ལ་འདོན་པ་དང་། རུལ་འགོག་རང་བཞིན་གྱི་སྨན་རྫས་ལྷུག་བདེ་བའི་ཆེད་དུ་ཡིན་ཞིང་། དེར་ཁུང་བུ་བརྟོལ་བ་དང་རྨ་ཁ་སྐྱེད་རོགས་བྱེད་པའི་བཅོས་ཐབས་འདུ།

རྨ་ཁའི་ཆ་ཤས་གཅོད་པའི་བཅོས་ཐབས། རིད་པ་ཚབས་ཆེ་ཞིང་ཁྲག་གི་མགོ་འདོན་བྲལ་བའི་ཤུང་གྲུབ་ཤ་བོ་དང་། གནོད་སྐྱོན་ཐེབས་པ་ཚབས་ཆེ་བའི་ཤུང་གྲུབ་བཅད་ནས་གནོད་སྐྱོན་མ་ཐེབས་པའི་ཤུང་གྲུབ་ཀྱི་ཁྱབ་ཁོངས་སུ་རྨ་

ཁའི་མཐའ་ངོས་མཉམ་པའི་རྨ་ཁ་གསར་པ་ཞིག་གཏོད་པའི་བཅོས་ཐབས་ཤིག་ཡིན་ཞིང་། རྨ་ཁའི་ཆ་ཤས་བཅད་རྗེས། གནས་ཚུལ་དངོས་ལ་གཞིགས་ནས་འཚེམ་སྦྱོར་སླན་བཅོས་སམ་ཁ་འབྱེད་བཅོས་ཐབས་ལ་བསྟེན་དགོས།

རྨ་ཁ་ཡོངས་རྫོགས་གཙོད་པའི་བཅོས་ཐབས། དེ་ནི་རྨ་ཁར་གཉན་ཁ་རྒྱས་པའི་ཆ་དང་། གནོད་སྐྱོན་ཐེབས་པའི་ཕུང་གྲུབ་ཡོངས་བཅད་ནས་བདེ་ཐང་གི་ཕུང་གྲུབ་ནང་དུ་སྲིན་མེད་གཤག་བཅོས་བྱེད་པའི་བཅོས་ཐབས་ཤིག་ཡིན་ཞིང་། གཤག་བཅོས་ཀྱི་རྗེས་སུ་འཚེམ་སྦྱོར་སླན་བཅོས་ལ་བསྟེན་དགོས།

རྨ་ཁ་ཐེངས་གཉིས་པར་བཙེམ་པ། འདི་ནི་རྨ་ཁ་མགྱོགས་པོར་སོས་པ་དང་། རྨ་ཁ་སོས་རྗེས་རྨ་ཤུལ་ཇི་ཆུང་དུ་འགྲོ་བའི་ཆེད་དུ། ཤའུ་རྨས་བཙེམ་དགོས་ཤིང་། རྨ་ཁ་འཚེམ་སྦྱོར་བྱས་རྗེས་ཐོག་མར་རྨ་ཁའི་མཐའ་མཚམས་མཐུད་ཅིང་། དེ་ནས་ཉིན་འགའ་འགོར་རྗེས་འཚེམ་སྐུད་ཇེ་དམ་དུ་བཏང་ནས་ཡོངས་སུ་མཐུད་དགོས།

2. **རྨ་ཁའི་ཞི་བྱེད་ཀྱི་བཅོས་ཐབས་དང་འགྱུལ་སྐྱོད་ཀྱི་བཅོས་ཐབས།** རྨས་སྐྱོན་ཐོག་རྗེས་ཀྱི་ཐོག་མའི་ཉིན6～8ནང་རྨ་ཁར་གཉན་ཁ་རྒྱས་སླ་ཞིང་། རིགས་མི་འདྲ་བའི་ངར་སྐྱེད་ཀྱི་འགོག་ནུས་ཤིན་ཏུ་ཞན། དེ་བས་རྨས་སྐྱོན་ཐོག་པའི་སྔོག་ཆགས་ཞི་ལྷོད་དང་འདུག་ཏུ་འཇུག་རྒྱུ་ཤིན་ཏུ་གལ་ཆེ། གནས་ཚུལ་དངོས་ལྟར་རྨ་ཁའི་ཆ་ཤས་དཀྲི་བ་དང་། དགོས་གལ་ཆེ་ན་སྐྱོར་ཤིང་ངམ་རྫེ་ཞོས་དཀྲི་དགོས་པ་དང་། རྨ་ཁའི་ཉེ་འཁོར་ཕྱ་ར་ཁ་དབྱིན་གྱིས་ཁ་བསྲུམ་དགོས། རྨ་ཁའི་ཕྱི་རིམ་དུ་ཆ་ཡོངས་སུ་ཚང་བའི་ཤའུ་ཡི་ཕུང་གྲུབ་ཆགས་ན། རྨས་སྐྱོན་

ཐོག་པའི་སློག་ཆགས་དེ་ཁྲིད་དེ་འགུལ་སྐྱོད་བྱེད་དུ་བཅུག་ན་རྨ་ཁ་སོས་པར་ཕན།

3. རྨ་ཁའི་ཁ་འབྱེད་བཅོས་ཐབས་དང་ཁ་བསུམ་བཅོས་ཐབས། རྨ་ཁ་ལ་རྨ་རས་ཀྱིས་མི་དཀྲིས་པ་ལ་ཁ་འབྱེད་བཅོས་ཐབས（开放疗法）ཟེར། རྨ་རས་ཀྱིས་དཀྲིས་པ་ལ་ཁ་བསུམ་བཅོས་ཐབས（ཁ་འབྱེད་མ་ཡིན་པའི་བཅས་ཐབས）ཟེར། སྔོན་མ་རྨ་ཁ་ལས་རྣག་མང་པོ་རྒྱུན་ཆད་མེད་པར་བཞུར་ནས་གཉན་ཁ་རྒྱས་པའམ་ཏུལ་ནས་རེད་པ། མེས་བསྲེགས་པ་དང་དཔྱི་རྨ། རྣོན་འབྲུམ་སོགས་ལ་སྤྱོད་པར་འཚམ། རྗེས་མ་ནི་རྐང་ལག་གི་སྣེའམ་མྱུར་བའི་རང་བཞིན་གྱི་གཉན་ཚད། རྨ་ཁ་སྐྲངས་པ། སྐམ་གཤིས་ཅན་གྱི་ཁྲག་ཉམས་ནད་ཀྱི་རྨ་ཁ་བཅས་ལ་སྤྱོད་པར་འཚམ། སྨན་བཅོས་ཀྱི་གོ་རིམ་དུ་དུས་ལྟར་རྨ་རས་བརྗེ་དགོས།

4. རྨ་ཁའི་རྣག་ཕྱི་ལ་འདྲེན་པ་དང་རྣག་ཕྱི་ལ་མི་འདྲེན་པའི་བཅོས་ཐབས། རྨ་ཁའི་ནང་ཁྲག་དང་ཚད་གཤིས་ཀྱི་དངོས་པོ་ལུས་ཡོད་ན། རྣག་ཁྲག་ཕྱི་ལ་འདྲེན་པའི་བཅོས་ཐབས་ཏེ། རྣག་འདྲེན་གྱི་བཅོས་ཐབས（流疗法）ལ་བརྟེན་དགོས། རྨ་ཁའི་ནང་གི་ཆུ་སེར་རམ། རྣག་ཁུ་ཅུང་སྣ་ཞིང་ཞུང་བའི་རྨ་ཁ་སྨན་བཅོས་ལ་ཐབས་དེ་འཚམ། རྨ་ཁའི་ནང་གི་ཚད་གཤིས་ཀྱི་དངོས་པོ་ཆེ་ཞིང་འབྱར་བག་ཅན་ཡིན་ན་འཁྱིག་སྦྱུག་གིས་ཕྱི་ལ་འདྲེན་དགོས། ཡིན་ནའང་དོ་སྣང་བྱ་དགོས་པ་ཞིག་ལ། ཁྲག་རྣག་ཕྱིར་འདྲེན་པའི་ལག་ལེན་འཁོས་འཚམ་དང་ཡང་དག་ཡིན་དགོས་པར་མ་ཟད། དུས་ཐོག་ཏུ་བརྗེ་ནས་བཀྲུ་དགོས།

5. རྨ་ཁའི་རྫས་འགྱུར་གྱི་རྩོལ་འགོག་བཅོས་ཐབས། རྨ་ཁར་སྨན་

བཅོས་བྱེད་སྐབས་ཕྱི་ནད་སྨན་བཅོས་ཀྱི་ཐད་རྐྱེན་ནུལ་འགོག（机械防腐）དང་། གཞན་པའི་དངོས་ལུགས་ནུལ་འགོག་གི་བཅོས་ཐབས་སྤྱོད་པ་ལས་གཞན། སྨན་བཅོས་ལ་ཕན་འབྲས་ཐོན་ཆེད། རྫས་འགྱུར་གྱི་ནུལ་འགོག་བཅོས་ཐབས་ཀྱང་སྤྱད་ཆོག །རྒྱུན་སྤྱོད་ཀྱི་རྨ་ཁའི་རྫས་འགྱུར་གྱི་ནུལ་འགོག་སྨན་རྫས་གཙོ་བོ་ལ་འདི་དག་ཡོད་དེ། འཁྲུད་བྱེད་ཀྱི་སྨན་ལ0.9%ཡི་སྨན་བཅོས་ཚྭ་ཆུ་དང8%ཡི་དབྱུང་བརྒྱལ་འགྱུར་ཆིང（过氧化氢）གི་བཞུ་ཁུ་སོགས་ཡོད་ལ། གཏོར་སྨན་ལ5%ཡི་ལྷ་ཚྭའི་ཆང（碘酊）སོགས་དང་། ལྡུག་སྨན་ལ10%ཡི་ཏེན་སྤྲུན་སྣི་སྦྱོར་སྨན（碘仿醚合剂）དང་ཧྲེ་པའི་བྱུག་སྨན（魏氏流膏）སོགས་ཡོད།

6. **རྨ་ཁའི་དངོས་ལུགས་སྨན་བཅོས།** དངོས་ལུགས་སྨན་བཅོས་ཀྱི་ལག་ལེན་འོས་འཚམ་ཡིན་ན། རྨ་ཁའི་གཉན་ཚད་སེལ་བ་དང་། ཤུང་གྲུབ་སྐྱར་སྐྱེས་བར་ནུས་པ་ཐོན་ནས་རྨ་ཁ་སྐྱར་སོས་པར་ཕན། རྒྱུན་སྤྱོད་ཀྱི་འོད་ཀྱི་བཅོས་ཐབས་ལ་དམར་ཕྱིའི་འོད་ཐིག་དང་སྨུག་ཕྱིའི་འོད་ཐིག །སྐྱུལ་འོད་བཅས་ཀྱི་བཅོས་ཐབས་འདུ། རྒྱུན་སྤྱོད་ཀྱི་གློག་གི་བཅོས་ཐབས་ལ་ཐད་རྒྱུག་གི་གློག་གྱིས་རྡུལ་བརྗོལ་འཛུག་གི་བཅོས་ཐབས（直流电离子透入疗法）དང་། རླབས་ཐུང་གློག་བཅོས།（短波电疗法）རིམ་འདས་རླབས་ཐུང་གློག་བཅོས།（超短波电疗法）རླབས་ཆུང་གློག་བཅོས（微波电疗法）སོགས་ཡོད།

7. **ལུས་ཡོངས་ཀྱི་བཅོས་ཐབས།** རྨ་ཁ་ཆེན་པོ་དང་ལྷག་པར་དུ་རིད་

པའི་རྐྱ་ཁ་ཡིན་ན། རྣམ་སྨིན་ཐོག་པའི་སྟོག་ཚགས་ཀྱི་ལུས་དྲོད་འཕར་བ་དང་རྣམ་རིག་དུབ་པ། ཡི་ག་འཆུས་པ་སོགས་ཀྱི་ནད་རྟགས་ལུས་ཡོངས་སུ་མངོན་ཞིང་། སྐབས་དེར་དུས་ཐོག་ཏུ་ལུས་ཡོངས་ཀྱི་བཅོས་ཐབས་ལ་བརྟེན་དགོས། གཞན་རྐྱ་ཁ་མི་རེད་པའི་སྐད་དུ་དུས་ཐོག་ཏུ་སྲིན་འགོག་སྨན་རྫས་ལ་བསྟེན་དགོས།

བཞི་པ། རྣག་སྐྲན།

ཕུང་གྲུབ་གང་རུང་ངམ་དབང་པོའི་ནང་དུ་རྣག་སྐྲན་སྐྱེ་ཐུམ་གྲུབ་ཅིང་། དེའི་ནང་རྣག་ཆུ་བསགས་ཡོད་པ་ལ་རྣག་སྐྲན（abscess）ཟེར། ནད་སྲིན་གྱིས་རེད་རྗེས། གལ་སྲིད་ཚད་ཡོད་ཅན་གྱི་གཉན་ཚད་རྒྱས་པའི་གོ་རིམ་ཁྲིད་གཤག་འབྱེད་བྱས་ན། ཁོག་ཏུ（བྲང་གཞུང་། མཆིན་པ། རུས་ཚིགས། སྣ་སྦུག）རྣག་ཆུ་བསགས་ཡོད་པ་ལ་རྣག་བསགས་པ་ཞེས་བྱ།

【ནད་རྒྱུ།】 རྒྱུན་ལྡན་གྱི་རྣག་འགྱུར་ནི་ནད་སྲིན་གྱིས་བསྐྱེད་པ་ཡིན་ཞིང་། སྐྱི་ལྤགས་དང་འབྱར་སྐྱིའི་རྐྱ་ཁ་ཆུང་བར་ཁབ་བརྒྱབ་རྗེས། དུག་སེལ་ལེགས་པོ་མ་བྱས་པས་ཀྱང་རྣག་འགྱུར་གྱི་ནད་བསྐྱེད་སྲིད། ཆེས་གཙོ་བོ་ནི་རྒྱུན་འབྲུམ་ཟླུམ་སྲིན་ཡིན་པ་དང་། དེ་ནས་རྣག་འགྱུར་རང་བཞིན་གྱི་དུག་སྲིན་ཟླུམ་ཕྲེང་ཅན། ལོང་གའི་དབྱུགས་སྲིན། རྣག་ལྔང་དབྱུག་སྲིན་སོགས་ཡོད། འགོ་ཁྱབ་རང་བཞིན་གྱི་ནད་སྲིན་གྱིས་བསྐྱེད་པའི་སྦོ་སྲུར་ཅན་གྱི་རྣག་སྐྲན་ལ་ཧྲའི་རྩེན

རིམས་དུག་སྲིན་ནླུམ་ཕྲེང་ཅན་དང་ཕྲུམ་ནླུམ་སྲིན། གཙོང་སྲིན་སོགས་ཡོད། སྨན་པགས་འོག་ཏུ་ལུས་ནའང་རྣག་སྐྲན་གྱི་ནད་འབྱུང་སྲིད་དེ། དེ་ལ་ཁིལ་འགྱུར་ཀལ་དང་ཚུ་སྦྱོར་ཁིལ་ཚོན། སིམ་མཐོ་ཚྭ་ཆུ（高渗盐水）སོགས་ལུས་པ་ལྟ་བུའོ། །ནད་གཞན་པའི་མཇུག་མཐའི་དུས་རིམ་དུའང་རྣག་སྐྲན་གྱི་ནད་བསྐྱེད་སྲིད་དེ། དཔེར་ན་ཐོར་པ་དང་གཉན་འབུར་སོགས་ལྟ་བུའོ། །

【ནད་རྟགས་དང་ངོས་འཛིན།】

1. གཉིད་ཐུང་ཅན་གྱི་རྣག་སྐྲན། གཙོ་བོ་པགས་འོག་དང་རྒྱུས་སྐྱིའི་འོག །ཤ་གནད་ཀྱི་ཕྱི་ངོས་བཅས་སུ་འབྱུང་། རྒྱུན་མཐོང་གི་གཉིད་ཐུང་ཚ་གཤིས་ཅན་གྱི་རྣག་སྐྲན་གྱི་དྲོད་ནི་ལུས་པོའི་དྲོད་ལས་ཆེ་ཞིང་། ནུག་གཟེར་ལངས་པ་མངོན་གསལ་ཡིན། རེག་ནས་བརྟགས་ན་འགྲུལ་བཞིན་པ་ཚོར་ཐུབ། ཉེ་འགྲམ་གྱི་ཕྱུང་གྲུབ་དང་དབྱེ་མཚམས་གསལ་པོ་ཡིན། རིམ་བཞིན་རྣག་མགོ་ཐོན་པ་དང་རྣག་ཐུམ་གྱི་གནོན་ཤུགས་ཇེ་ཆེར་གྱུར་པ་དང་ལྷན་དུ་དཀྱིལ་དབུས་སྲབ་མོར་གྱུར་ནས་སྐྱི་ཤུགས་དང་རྣག་སྐྲན་གྱི་ཕྱི་ངོས་གས་ཏེ། རྣག་ཕྱི་ལ་བཞུར་ཡོང་ཞིང་། རྣག་སྐྲན་སྐྱི་མོར་ཤའུ་ཡི་ཕྱུང་གྲུབ་ཆགས་ནས་གས་ཁ་དེ་དག་གི་ཁ་བསུམས་མྱུར་རྗེན་པ་གྲུབ་པ་ཡིན།

2. གཉིད་ཟབ་ཅན་གྱི་རྣག་སྐྲན། ཤ་གནད་ཀྱི་གཉིད་རིམ་དང་ཤ་དབྲག །རུས་སྐྱིའི་འོག་དང་། ནང་ཁྲོལ་སོགས་སུ་ནད་བྱུང་སའི་གཉིད་ཟུང་ཟབ་པས། ཕྱི་ངོས་སུ་ནད་རྟགས་གསལ་པོར་མི་མངོན་ཞིང་། ཞིབ་ཏུ་བརྟགས་ན། སྐྱི་ཤུགས་ལ་

ནག་སྨན་ཆུང་དུ་ཡོད་པ་དང་། རིག་ནས་མར་མནན་ན། རྗེས་ཤུལ་གསལ་ཞིང་ཟུག་གཟེར་ལངས། དཔེར་ན་རྐང་ལག་ལ་བྱུང་ན་ནག་སྨན་བྱུང་སའི་རྐང་ལག་དེ་སྔོམ་པོར་གྱུར་ནས་འགུལ་སྐྱོད་ལ་སྟབས་མི་བདེ་བ་དང་། ནག་ཐུམ་བརྟོལ་ནས་ནག་ཆུ་ཕྱི་ལ་བཞུར་ཆེ། འདག་ཁ་ཅན་གྱི་ནག་སྨན་དང་བུང་ཚང་གཉན་ཚད་བཅས་རིགས་གཉིས་སུ་འགྱུར་ངེས།

【སྨན་བཅོས།】 ནག་སྨན་གྱི་ནད་བྱུང་མ་ཐག་ཏུ་གཉན་སེལ་དང་གཉན་ཚད་ཀྱི་ཟགས་དངོས་འཇིབ་ལེན་བྱེད་དུ་འཇུག་དགོས། གལ་སྲིད་གཉན་ཚད་མ་ཡལ་ན། སུ་མཐུད་དུ་སྨིན་དུ་འཇུག་དགོས་ཤིང་། ལེགས་པོར་སྨིན་རྗེས་དུས་ཐོག་ཏུ་གཤག་བཅོས་བྱས་ནས་དབང་རྩའི་རྐང་མར་དང་འཕར་རྩ། དབང་པོ་གལ་ཆེན་དག་ལ་གནོད་ཤུགས་ཐེབས་པར་གཟབ་དགོས།

1. **གཉན་ཚད་སེལ་བ།** ནག་སྨན་བྱུང་སའི་ཉེ་འཁོར་གྱི་སྤུ་བྲེགས་ནས་དུག་སེལ་བྱས་ཏེ། ཕྱི་དོན་ལ་ཚུའུ་སྐྱུར་ཞ་ཐོར་མང་སྦྱོར（复方醋酸铅散）དང་། ལྷོང་རོས་སེལ་སྨན་སོགས་བསྐུ་དགོས་པར་མ་ཟད། ལུས་ཡོངས་ཀྱི་ནད་སྲིན་འགོག་པའི་སྨན་རྫས་ལའང་བསྟེན་དགོས།

2. **ནག་སྨན་སྨིན་དུ་འཇུག་པ།** ཁ་བསུམ་པའི་བཅོས་ཐབས་ལས་དངོས་ལུགས་བཅོས་ཐབས་ཏེ། དཔེར་ན་དྲོད་དུགས་དང་དམར་ཕྱིའི་འོད་ཐིག་འཕྲེད་འཕྲོ་སོགས་ལ་བསྟེན་པ་དང་། གཞན་ཕྱི་དོན་ལ5%～10%གི་ཇོ་ཆིལ་བཙིར་ལྡེ་བསྐུས་ཀྱང་ཕན། ལུས་དྲོད་ལ་འགྱུར་བ་བྱུང་ན། སྲིན་འགོག་གི་སྨན་དང་ཧོང་

ཨན（磺胺）རིགས་ཀྱི་སྨན་རྫས་དང་། མང་ཞུང་ཚད་དང་རན་པའི་གཉེར་འཇགས་སྨན་རྫས་ལ་བསྟེན་དགོས།

3. **གཤག་བཅོས།**

（1）རྣག་ཁུ་ཕྱི་ལ་འདོན་པའི་ཐབས། ཏུས་ཚོགས་མཚམས་ཀྱི་རྣག་སྐྲན་ཆུང་ངུ་དང་། གཉིང་ཟབ་ཅན་གྱི་རྣག་སྐྲན་ནི་གཤག་མི་བདེ་བས། ཁབ་རྒྱག་བྱེད་ཀྱིས་རྣག་ཁུ་ཕྱི་ལ་བཏོན་རྗེས་ཆིང་མེ་སུའུ་དང་སྨན་བཅོས་ཧྭ་ཆུས་བཀྲུས་ཤིང་། དེ་ནས་བསྐྱར་དུ་རྣག་ཁུ་ཕྱི་ལ་བཏོན་ནས་བཀྲུ་དགོས། དེ་ལྟར་ཡང་དང་བསྐྱར་དུ་སྨན་བཅོས་བྱས་རྗེས་རྩ་རས་ཀྱིས་དགྲི་དགོས།

（2）རྣག་སྐྲན་གཙོད་ལེན། གཉིང་ཐུང་བ་དང་རྣག་སྐྱི་ཁ་གང་ཅན་ཡིན་ན། གཤག་བཅོས་ལ་བསྟེན་ནས་རྣག་སྐྲན་གྱི་མཁྲིགས་རྫས་དང་བཅས་པ་ལེན་དགོས། གཤག་བཅོས་ཀྱི་སྐབས་རྣག་སྐྲན་གྱི་མཁྲིགས་རྫས་ལ་གནོད་སྐྱོན་ཐེབས་ན། རྣག་ཁུ་ཕྱིར་བཞུར་ནས་རིད་པར་གཟབ་དགོས།

（3）རྣག་སྐྲན་གཤག་འབྱེད། རྣག་སྐྲན་གྱི་གཡོ་འགྲུལ་མངོན་གསལ་ཡིན་པའི་མཚམས་ནས་གཤག་དགོས་ཤིང་། གཤག་མཚམས་ཆེ་དགོས་པ་དང་གཤག་མཚམས་ཀྱི་གནས་དམའ་ན་རྣག་ཁུ་ཕྱི་ལ་འདོན་བདེ། གཤག་སྐབས་ཁྲག་རྩ་ཆེན་པོ་དང་དབང་རྩ། ཤའུ་ཡི་ཐུང་གྲུབ་བཅས་ལ་གནོད་སྐྱོན་ཐེབས་པར་གཟབ་དགོས། གཉིང་རིམ་ན་ཡོད་པའི་རྣག་ཁུ་བཙན་གྱིས་བཀྲུ་མི་དགོས་པར། གཉིང་ཟབ་པའི་རྣག་ཕུམ་ལ་སྨན་རྫས་སྦྲུགས་ནས་ཕྱི་ལ་བཏོན་པས་ཆོག

ལྔ་པ། སྣ་འབྲེལ་རུས་ཁུང་ལ་རྣག་བསགས་པ།

སྣ་འབྲེལ་རུས་ཁུང་ལ་རྣག་བསགས་པ (empyema of paranasal sinus) ཞེས་པ་ནི་སྣ་འབྲེལ་རུས་ཁུང་གི་འབྱར་སྐྱི་ལ་རྣག་འགྱུར་ཅན་གྱི་གཉན་ཚད་རྒྱས་ནས་སྣ་འབྲེལ་རུས་ཁུང་ལ་རྣག་ཆུ་བསགས་པར་གོ །སྣ་འབྲེལ་རུས་ཁུང་ཞེས་པ་ནི་སྣ་ཁུང་ཉེ་འགྲམ་གྱི་རུས་པར་ཧྲུང་རྒྱུ་བའི་རོག་སྟོང་སྟེ། རུས་པ་ལ་ལའི་ནང་དུ་ཐད་ཀར་རམ་བར་བརྒྱུད་ཀྱི་ཚུལ་དུ་སྣ་འབྲེལ་རུས་ཁུང་དང་མཚུངས་པའི་རོག་སྟོང་གྲུབ་པ་ཡིན་ལ། དེར་དཔྲལ་ཁུང་དང་ཡ་མགལ་སྣ་བུག །མིག་དབྲག་སྣ་བུག་སོགས་འདུ། རྟ་ལ་རྒྱུན་དུ་བྱུང་བ་ནི་ཡ་མགལ་སྣ་བུག་ལ་རྣག་གསོག་པའི་ནད་ཡིན།

【 ནད་རྒྱུ། 】

1. རྟའི་ཡ་མགལ་སྣ་བུག་ལ་རྣག་བསགས་པ་དང་གཉན་ཚད་རྒྱས་པས་ནད་འདི་བསྐྱེད་ཅིང་། གཙོ་བོ་སོ་ནད་ཀྱིས་བསླངས་ཤིང་། དཔྲལ་རུས་དང་ཡ་མགལ་རུས་པ་ཆག་པ་ལས་ཀྱང་འབྱུང་སྲིད།

2. འགོ་ནད་དང་འབྲི་འབུ་སོགས་ཀྱིས་བསླངས་པའི་སྣ་འབྲེལ་རུས་ཁུང་ལ་རྣག་བསགས་པ། དེ་རྟའི་རྨེན་རིམས་དང་རྟའི་སྣ་སྟུག་སོགས་ལ་འབྱུང་ཞིང་། སྐྲངས་པ་དང་དངོས་པོ་གཞན་པ་ནང་དུ་འཛུལ་ནའང་ཡ་སྲིན་དང་རྣག་གསོག་གི་ནད་འབྱུང་།

【ནད་རྟགས་དང་ངོས་འཛིན།】 ནད་བྱུང་མ་ཐག་ཏུ་སྣ་ཁུང་གཅིག་ལས་སྐྱ་གཤེར་ཅན་གྱི་སྣ་ཆུ་བཞུར་ཡོང་བ་དང་། ཕྱིར་བཏང་དུ་དེ་ལ་མཉམ་མི་འཇོག་ཅིང་། རིམ་གྱིས་འབྱུར་བག་ཅན་གྱི་རྣག་ཏུ་གྱུར་ནས་ཕྱི་ལ་བཞུར་ཚད་ཀྱང་ཇེ་མང་དུ་འགྲོ་བ་དང་། བསྐམས་པའི་ཚེ་སྣ་ཁུང་གི་ཉེ་འགྲམ་དུ་འབྱུར་བ་ཡིན། གནས་ཚུལ་མང་ཆེ་བའི་འོག་ནད་དེ་བྱུང་བའི་རྟའི་སྣ་ཁུང་གཅིག་ལས་སྣ་ཆུ་བཞུར་བ་དང་། མགོ་སྒྱུར་ན་བཞུར་ཚད་ཇེ་མང་དུ་འགྲོ་ཞིང་། སྣ་ཁུང་གཞན་པ་ལས་སྣ་ཆུ་ཞུང་ཙམ་ལས་མི་བཞུར། རྟས་མགོ་སྒྱུར་བ་དང་མགོ་གཡུགས་པ་སོགས་ཀྱི་རྣམ་འགྱུར་སྟོན་ཞིང་། མགོ་གཡུག་སྐབས་སྣ་ཁུང་ལས་རྣག་ཁུ་མང་པོ་ཕྱི་ལ་བཞུར་ཡོང་། གལ་སྲིད་སྣ་ཆུ་རྣག་འགྱུར་ཅན་ལ་ཁྲག་འདྲེས་ཡོད་ན། སྣའི་ནང་གི་རུས་པ་ཆག་ནས་གནོད་སྐྱོན་ཐེབས་པའི་རྟགས་ཡིན་ཞིང་། སྣ་ཆུའི་ནང་སོག་མའམ་རྫས་ཆས་འདྲེས་ཡོད་ན། སོ་ལ་གནོད་སྐྱོན་ཐེབས་པའི་རྟགས་ཡིན་པ་དང་། སྣ་འབྲེལ་རུས་ཁུང་དང་གཅིག་མཚུངས་ཡིན། སྣ་ཆུའི་ནང་ཁྲག་རུལ་འདྲེས་ན། སྣ་ཁུང་ནང་དུ་ཤ་རུལ་འདྲུལ་ནད་དང་སྐྲན་འབྲས་བྱུང་བ་ཡིན།

རྟའི་ཡ་མགལ་སྣ་བུག་ལས་ལོགས་གཅིག་ཏུ་རྨེན་མདུད་རྣག་སྐྲན་འབྱུང་སྲིད་པ་དང་། དེ་འགྲུལ་ཐུབ་པ་དང་ཟུག་གཟེར་ཅི་ཡང་མེད། ཚབས་ཆེ་དུས་སྣ་མཆིའི་སྤུ་གྲུར་ཤན་ཐེབས་ནས་མིག་ཆུ་བཞུར་ངེས། རུས་པ་སྐྱི་མོར་གྱུར་ན། ལོགས་གཅིག་སྐྲངས་ནས་ངོ་ལ་འབུར་ཉམས་དོད་པ་དང་ཉན་ན་ཧོག་སྒྲ་ཐོས་ཐུབ།

【སྨན་བཅོས།】 གནས་གཏན་འཁེལ་བྱས་ནས་ཟླུམ་སོག་གིས་

གཤགས་རྗེས། གློག་སྒྲུལ་འཛིན་འདྲེན་འཕྲུལ་ཆས་སམ། འཁྲིག་སྦྲུག་མཐུད་སྦྲེལ་ཅན་གྱི་ཁབ་རྒྱག་བྱེད་ཀྱིས་རྣག་ཆུ་ཕྱི་ལ་དྲངས་ཤིང་། དེ་ནས0.1%གི་སྨན་མཐོ་སྐྱུར་ཏྲའམ་ཅེ་ཨེར་མེ་གསར་མའི（新洁尔灭）བཞུ་ཁུས་གཙང་བཤལ་བྱས་རྗེས། སྨན་བཅོས་ནྭ་ཆུ་དྲོད་མ་འདམ་གྱིས་བཀྲུས་ནས་སྲིན་སེལ་གྱི་སེང་རས་སྣ་ཁུང་དུ་བཞག་སྟེ་བཞིབས་ནས་བསྐམ་དུ་འཇུག་དགོས་ཤིང་། དེ་ནས་སྲིན་འགོག་སྨན་རྫས་བསྐུས་པའི་སེང་རས་འཛོག་དགོས། རྣག་འགྱུར་རྗེ་ཞུང་དང་མཚམས་འཛོག་རག་བར་བཅོས་ཐབས་དེར་བསྟེན་དགོས།

དྲུག་པ། ཐེར་ཁུགས་གསང་སྒྲོ་ལུག་པ།

ཐེར་ཁུགས་གསང་སྒྲོ་ལུག་པ（Inguinal hernia and scrotal her-nia）ནི་ཐེར་ཁུགས་ཀྱི་ཨ་ལོང་ཆེ་དྲགས་པའམ། གསུས་ངོས་ལ་གནོད་སྐྱོན་ཐེབས་སྐབས་གཡོལ་བཟོད་ཀྱི་ནུས་པ་ཇེ་ཞན་དུ་གྱུར་ཅིང་། གསུས་པའི་ནང་ངོས་ཀྱི་གནོན་ཤུགས་ཇེ་མཐོར་སོང་ནས་གསང་སྒྲོ་ལུག་པ་ཡིན། སྒོ་ངའི་ནང་ཤུན་ལེགས་པར་རྒྱས་ཤིང་གནོན་ཤུགས་ངེས་ཅན་ཐེག་པ། རྟེའུ་བཙའ་སྐབས་སམ་བཙས་རྗེས། ཀླིག་འཁྲུས་གསང་སྒྲོའི་ནང་ལྷུགས་ནས་ཐེར་ཁུགས་ཀྱི་སྒོ་བརྒྱབ་པ་ཡིན། གསུས་ངོས་ཆ་ཚང་སྐབས། གསུས་པའི་ནང་ངོས་ཀྱི་གནོན་ཤུགས་ཇེ་མཐོར་སོང་ན་འང་། གསུས་ངོས་ལ་སྔར་བཞིན་གཡོལ་བཟོད་ཀྱི་ནུས་པ་ངེས་ཅན་ལྡན་

པས་སྲུང་སྐྱོབ་ཀྱི་ནུས་པ་ལྡན། ཡིན་ནའང་ཐེར་ཁྲུགས་སྨིན་པ་མི་ལེགས་པའམ། གསུམ་ངོས་ལ་གནོད་སྐྱོན་ཐེབས་ན་གསང་སྒྲོ་ལུག་པའི་ནད་འབྱུང་།

【ནད་རྒྱུ།】 ཐེར་ཁྲུགས་གསང་སྒྲོ་ལུག་པ་ནི་ཧེ་ཝུ་བཙའ་སྐབས（ལྷན་རྒྱས་རང་བཞིན་གྱི་ཐེར་ཁྲུགས་གསང་སྒྲོ་ལུག་པ）སམ། ཧེ་ཝུ་བཙས་ནས་ཟླ་འགའ་འགོར་རྗེས་འབྱུང་བ་ཡིན། ལོགས་གཉིས་མཉམ་དུ་ལུག་པ་མིན་ན། གཡོན་ལོགས་ལུག་པ་མང་། རྗེས་བྱུང་ཅན་གྱི་ཐེར་ཁྲུགས་གསང་སྒྲོ་ལུག་པ་ནི་གཙོ་བོ་གསུམ་པའི་གནོན་ཤུགས་ཆེ་བས་བསླངས་པ་ཡིན་ཞིང་། དཔེར་ན་རྟ་གསེབ་ཀྱིས་སྦྱོར་སྡེབ་བྱེད་སྐབས། ལག་པ་གཉིས་མདུན་དུ་བསྲིངས་ནས་ལུས་ཀྱི་ལྗིད་ཚད་རྗེས་ལ་ནུར་བས། གསུམ་པའི་གནོན་ཤུགས་དེ་ཆེར་སོང་བའི་རྐྱེན་གྱིས་ཐེར་ཁྲུགས་གསང་སྒྲོ་ལུག་ཏུ་འཇུག་པའི་དུས་ཀྱང་ཡོད། གཞན་རྟ་ལ་ཞིག་ལྷུགས་འཛོག་སྐབས་གོ་འཛོལ་ཐེབས་སུར། འཕག་འཚག་ཆེན་པོ་བརྒྱབ་ནས་གསུམ་པའི་ནང་ངོས་ལ་གནོན་ཤུགས་ཐེབས་ནའང་གསང་སྒྲོ་ལུག་པའི་སྣང་ཚུལ་འབྱུང་།

【ནད་རྟགས་དང་ངོས་འཛིན།】 རྟའི་ཐེར་ཁྲུགས་གསང་སྒྲོ་ལུག་པའི་ནད་ནི་དངོས་པོས་ཁེགས་པ་དང་། གསུམ་པར་ཟུག་གཟེར་ལངས་པའི་སྐབས་དང་། ལྟུགས་ནས་གསང་སྒྲོའི་ནང་ལ་ཐོན་ཞིང་། ཐེར་ཁྲུགས་གསང་སྒྲོ་ཕྱུར་ལྟུགས་རྗེས་ད་གཟོད་དེ་ལ་མཉམ་འཛོག་བྱེད་སྲིད། གསང་སྒྲོའི་ནང་དུ་ཙ་སྐྱི་དང་ཤང་བུ། རྒྱུ་ནག །བུ་སྣོད། ལོང་ག་སོགས་ཡོད།

ཐེར་ཁྲུགས་གསང་སྒྲོ་ལུག་སྐབས་གསང་སྒྲོའི་ནང་གི་དངོས་པོ་ལོགས་

གཅིག་གམ་ལོགས་གཉིས་ཀྱི་ཐེར་ཞུགས་ཀྱི་གས་ཁ་ནས་ཐད་ཀར་ཐེར་ཞུགས་ཕྱི་ངོས་ཀྱི་སྐྱི་འོག་ལ་ཐོན་པ་དང་། མདོ་རུས་མདུན་རྒྱུས་ཀྱི་དཀར་ཐིགས་ཀྱི་ལོགས་གཉིས་ཀྱི་མཚམས་སྐྲངས་ནས་འབུར་ཞམས་དོད་སྲིད། སྐྲངས་པའི་ཆེ་ཆུང་དེ་གསུམ་པའི་ནང་ངོས་ཀྱི་གནོད་ཤུགས་དང་གསང་སྒྲོའི་ནང་གི་དངོས་པོའི་ངོ་བོ་དང་མང་ཉུང་གིས་ཐག་གཅོད་པ་དང་། དེ་ལ་རེག་ན་མཉེན་ལྷུག་ལྡན་ཞིང་ཚ་རྒྱུས་མེད་པ་དང་། ཟུག་གཟེར་ཡང་མི་ལངས། རྒྱུན་ལྡན་ཡིན་ན་ཕྱིར་གསུམ་པར་བཞག་ཆོག །གལ་སྲིད་ཕྱིར་ཐུགས་པའི་དུས་ཚོད་རིང་དྲགས་ན་ཁ་བསུམ་ངེས། རེག་ན་ཚ་དྲོད་ཆེ་ཞིང་གསང་སྒྲོ་གྲིམ་པའི་ཚུལ་དུ་ཡོད། ནད་དེ་བྱུང་བའི་རྡ་ལ་གསུམ་པར་ཟུག་གཟེར་ལངས་པའམ། རྡ་སྦངས་གཏོང་མི་ཐུབ་པར་གསུམ་པ་སྐྲངས་པ། རྒྱ་མར་ཁྲག་ཐུགས་པ་སོགས་ལུས་ཡོངས་ལ་ནད་རྟགས་མངོན་སྲིད།

ཐེར་ཞུགས་གསང་སྒྲོ་ལུག་པའི་ནད་བྱུང་ན་ལོགས་གཅིག་གི་གསང་སྒྲོ་ཇེ་ཆེར་འགྱུར་ཞིང་། མཚམས་དེའི་སྐྱི་ལྤགས་ལ་འོད་མདངས་ལྡན། རེག་ནས་བརྟགས་ན། མཉེན་ཞིང་ལྟེམ་ཤུགས་ལྡན་ལ། མང་ཆེ་བར་ཟུག་གཟེར་མེད་པ་དང་། སྲ་མཁྲེགས་སུ་གྱུར་ནས་ཚོར་བ་སྐྱེན་པའི་སྣང་ཚུལ་ཡང་འབྱུང་སྲིད། ཉན་ནས་བརྟགས་ན། རྒྱུ་མ་འགྲུལ་བཞིན་པའི་སྒྲ་ཐོས་ཐུབ། ལྷན་རྒྱུས་ཅན་དང་བསྐྱུར་འཕར་ཅན་གྱི་གསང་སྒྲོ་ལུག་པའི་ནད་བྱུང་དུས་རྒྱུ་མར་བརྟག་དཔྱད་བྱས་ན། ཐེར་ཞུགས་ནང་གི་ཨ་ལོང་ཇེ་ཆེར་གྱུར་ཡོད་པ་རྟོགས་ཐུབ། གསང་སྒྲོའི་ནང་ཐུགས་པའི་རྒྱུ་མ་དེ་མ་འགྲུལ་བར་ཡར་ལངས་ཡོད་ནའང་ཕྱིར་གསུམ་ཐོག་ཏུ

འཇུག་ཐུབ། ཁ་ཟུམ་ཅན་གྱི་ཐེར་ཁྱུགས་ལྷུག་པའི་ནད་བྱུང་ན། ལུས་ཡོངས་ཀྱི་ནད་རྟགས་མངོན་གསལ་ཡིན། གལ་སྲིད་དུས་ཐོག་ཏུ་སྨན་བཅོས་མ་བྱས་ན། རྟ་འཆི་བའི་ཉེན་ཁ་འབྱུང་སྲིད། ནད་དེ་བྱུང་ན་རྟའི་གསུས་པར་ཟུག་གཟེར་ལངས་ཤིང་ལོགས་གཅིག（ལོགས་གཉིས་ཀ）གི་གསང་སྒྲོ་གྲིམ་པའི་ཚུལ་དུ་གནས་ཤིང་། སྐྲངས་པ་དང་སྐྱི་ལྤགས་འཁྲུག་པ། འགུལ་སྐྱོད་ཀྱི་སྐབས་སུ་ཧང་པ་འབྱེད་པ་དང་གོམ་འགྲོས་ལ་བྲེལ་འཚུབ་ལྡན་པ། རྩའི་འཕར་ཚད་དང་དབུགས་འབྱིན་རྔུབ་ཀྱི་ལན་གྲངས་ཇེ་མང་དུ་འགྲོ་བའི་ནད་རྟགས་མངོན་སྲིད། གཉན་ཚད་རྒྱས་པ་དང་བསྟུན་ནས་ལུས་ཡོངས་ཀྱི་ནད་ཇེ་ལྷི་དང་ལུས་དྲོད་འཕར་བ་ཡིན། ཁ་ཟུམ་པའི་རྒྱུ་མའི་དབང་ནུས་ཉམས་ན། ཡོལ་ཟུམ་ལྷུག་པའི་ཕྱོགས་བསྡུས་ནད་རྟགས་མངོན། མྱུར་སྐྱོབ་བྱས་ནས་དབང་ནུས་ཤོར་བའི་རྒྱུ་མ་བཅད་ན་འཆི་བའི་ཉེན་ཁ་ལས་ཐར་ཐུབ་བོ། །

【སྨན་བཅོས།】 ཁ་ཟུམ་ཅན་གྱི་གསང་སྒྲོ་ལྷུག་པའི་ནད་ལ་ཟུག་གཟེར་ལངས་པ་སོགས་ལུས་ཡོངས་ལ་ནད་རྟགས་མངོན་པས། མྱུར་དུ་གཤག་བཅོས་བྱས་ནས་སྨན་བཅོས་བྱས་ན་ད་གཟོད་རྟའི་ཚེ་སྲོག་སྐྱོབ་ཐུབ། བསྐྱུར་འཕར་ཅན་གྱི་ཐེར་ཁྱུགས་གསང་སྒྲོ་ལྷུག་པའི་ནད་དང་། ལྷག་པར་ལྷན་སྐྱེས་ཅན་གྱི་ནད་ནི་ལོ་ཇེ་མཐོར་སོང་བ་དང་བསྟུན་ནས་རིམ་བཞིན་ཐེར་ཁྱུགས་ཨ་ལོང་ཆེ་ཆུང་དུ་སོང་ནས་དྲགས་བསྐྱེད་འབྱུང་སྲིད། ཡིན་ནའང་ནད་འདི་བྱུང་མ་ཐག་ནས་གཤག་བཅོས་བྱས་ན་ལེགས།

བདུན་པ། གཞང་རྡོལ།

གཞང་རྡོལ (injuries of the rectum) ལ་རིགས་གཉིས་ཡོད་དེ། དང་པོ་ནི་གཞང་དཀར་ནག་གི་འཁྱུར་སྒྲི་དང་། ཤ་གནད་ཀྱི་ཕྱི་རིམ་ལ་གནོད་སྐྱོན་ཐེབས་ནའང་། གཤེར་སྐྱིའི་ནང་སྐྱི་ལ་གནོད་སྐྱོན་མ་ཐེབས་པ་སྟེ། དེ་ལ་གཞང་དཀར་ནག་མ་རྡོལ་བ་ཟེར། ཅིག་ཤོས་ནི་གཞང་དཀར་ནག་གི་ནང་རིམ་ཡོངས་ལ་གནོད་སྐྱོན་ཐེབས་པ་ཡིན་ཞིང་། དེ་ལ་གཞང་དཀར་ནག་ཧྲིལ་པོ་རྡོལ་བའམ་གཞང་དཀར་ནག་ལ་བུ་ག་བརྡོལ་བ་ཟེར།

【ནད་རྒྱུ།】 ནད་འདི་ནི་གཞང་དཀར་ནག་ལ་བརྟག་དཔྱད་བྱེད་སྐབས་རྟ་སློ་བུར་དུ་འགྱུལ་བ་དང་། ཕྱུགས་ནད་སྨན་པའི་སྨན་བཅོས་ལག་ལེན་རྩུབ་མོ་ཡིན་པ། རྟ་སྟངས་འགག་གས་པའི་རྟ་ལ་མཉེན་འཕྱུར་བྱས་པ་འོས་འཚམ་མིན་པ་སོགས་ཀྱིས་བསྐྱེད་པ་ཡིན་ཞིང་། རྡོལ་མཚམས་མང་ཆེ་བ་ནི་གཞང་དཀར་ནག་གི་གནས་དོག་པའི་མཚམས་ན་ཡོད། རྒོད་མས་རྟེའུ་བཙས་མ་ཐུབ་པར་རྟེའུ་ཡི་སུག་པ་ནས་བཙན་གྱིས་འཐེན་ནའང་ནད་འདི་བསྐྱེད་སྲིད།

【ནད་རྟགས་དང་ངོས་འཛིན།】 ནད་འདི་བྱུང་མ་ཐག་ཏུ་རྟ་སྟངས་ལ་ཁྲག་འདྲེས་ཡོད། འཁྱུར་སྐྱི་གཅིག་པུར་གནོད་སྐྱོན་ཐེབས་པ་ཡིན་ན་ཁྲག་ཅུང་ཙུང་ཞིང་། གལ་སྲིད་འཁྱུར་སྐྱི་དང་ཤ་གནད་ཀྱི་ཕྱི་རིམ་གཉིས་ཀར་གནོད་སྐྱོན་ཐེབས་པ་དང་། ལྷག་པར་གནོད་སྐྱོན་ཐེབས་ཡུལ་ཆེ་ན་ཁྲག་འདྲེས་པ་ཅུང་མང་།

ཁྲག་འདྲེས་པའི་རྟ་སྦྲང་མང་པོ་ཕྱི་ལ་བཏང་བ་ཡིན་ན། རྟ་ལ་སྟོད་མི་བཟོད་པའི་ནད་རྟགས་འབྱུང་སྲིད། གཞང་རྒྱབ་ཀྱི་གཤེར་སྐྱི་ནང་སྐྱིའི་ནང་གི་གསུམ་སྐྱིའི་ཕྱི་ཡི་གཞང་དཀར་ནག་ལ་རྨས་སྐྱོན་ཐེབས་པར་བརྟག་དཔྱད་བྱེད་སྐབས། རྨས་སྐྱོན་ཐེབས་ཡུལ་སྐྲངས་ཡོད་པ་དང་ཕྱི་ངོས་རྩུབ་མོ་ཡིན་པ་ཤེས་ཐུབ། ཡིན་ནའང་སྤྱིར་བཏང་དུ་ནད་བྱུང་མ་ཐག་ཏུ་ལུས་ཡོངས་ཀྱི་ནད་རྟགས་གསལ་པོ་མིན། གཤེར་སྐྱི་ནང་སྐྱིས་ཁེབས་མེད་པས་འབྲེལ་ཆགས་ཕུང་གྲུབ་སོབ་པོ་དང་ཤ་གནད། ཉེ་འགྲམ་གྱི་དབང་པོ་བཅས་ལ་བརྟེན་ནས་སྦྲེལ་བ་ཡིན། དེ་བས་འབྱར་སྐྱི་དང་ཤ་གནད་ཀྱི་ཕྱི་རིམ་དུས་མཉམ་དུ་བརྫོལ་བ་ཡིན་ན། རྟ་སྦྲང་གྱིས་གཞང་དཀར་ནག་ཉེ་འགྲམ་གྱི་ཕུང་གྲུབ་རེད་ནས་གཞང་དཀར་ནག་ལ་གཉན་ཚད་རྒྱས་པའམ་སྐྲངས་སྲིད། གཞང་དཀར་ནག་གི་མདུན་ངོས་ལ་རྨས་སྐྱོན་ཐེབས་ནས་གཞང་དཀར་ནག་ལ་བརྟག་དཔྱད་བྱེད་སྐབས། གནོད་སྐྱོན་ཐེབས་ཡུལ་རྩུབ་མོ་ཡིན་པ་དང་སྐྲངས་པ། རྨ་ཁ་བཟོས་ཡོད་པ་དང་། རྨའི་ནང་དུ་རྟ་སྦྲང་དང་ཁྲག་བསགས་ཡོད་པ་ཤེས་ཐུབ། རྟ་སྦྲང་མང་པོ་བསགས་པས་རྟས་སྟོད་མི་བཟོད་པའི་རྣམ་འགྱུར་སྟོན་ངེས། གལ་སྲིད་རྟ་སྦྲང་གྱིས་གཤེར་སྐྱི་ནང་སྐྱི་བརྫོལ་ནས་གཞང་དཀར་ནག་ཡོངས་བརྫོལ་ན། རྒྱུ་མའི་ནང་གི་དངོས་པོ་གསུམ་པའི་ནང་དུ་སོང་ནས་རྟ་ལ་དེ་ཐག་གནས་གཅིག་ཏུ་འདུག་མི་བཟོད་པ་དང་ཟུག་གཟེར་ལངས་པ། ལུས་ཡོངས་ནས་རྔུལ་ཆུ་བཞུར་བ། དབུགས་འཚང་བ། ཤ་གནད་འདར་བ། གསུམ་ངོས་ཀྱི་ཚོར་བ་སྐྱེན་པ་སོགས་ཀྱི་ནད་རྟགས་མངོན། ཡང་དུ་བསྐྱུར་དུ་རྟ་སྦྲང་

གཏོང་བའི་བཟོ་ལྟ་སྟོན་ཞིང་། གཞང་དཀར་ནག་ལ་བརྟགས་ན། རྡོལ་མཚམས་ལ་རེག་ཐུབ་པ་དང་། སྐབས་དེར་ནད་དེ་བྱུང་བའི་རྒྱ་ལ་ཡོངས་ཁྱབ་རང་བཞིན་གྱི་གསུམ་པའི་ནང་སྐྱིའི་གཉན་ཚད་དང་། ཁྲག་ཉམས་ཀྱི་ནད་བྱུང་ནས་བརྒྱལ་བའི་ཉེན་ཁ་འབྱུང་། གཞང་དཀར་ནག་གི་སྟེ་མོ་བརྡོལ་བ་ཡིན་ན། རྒྱུ་ནག་ལ་ཟུག་གཟེར་ལངས་ཤིང་། རྡོལ་མཚམས་བརྒྱུད་དེ་གཞང་དཀར་ནག་གི་ནང་འཛུལ་ནས་བཤང་སྐོའི་ནང་དུ་ཐོན་སྲིད། གལ་སྲིད་རྗེའུ་བཙས་པར་བརྗེན་གཞང་དཀར་ནག་རྡོལ་བ་ཡིན་ན། བཤང་གཅི་མངལ་ལམ་བརྒྱུད་དེ་ཕྱི་ལ་འདོན་སྲིད།

【སྨན་བཅོས།】 སྨན་བཅོས་ཀྱི་གོ་རིམ་ཁྲིད་ནད་ཀྱི་གནས་ཚུལ་ལྟར་གཞམ་གསལ་གྱི་བཅོས་ཐབས་གང་རུང་ལག་ལེན་བྱས་ཆོག

1. ཕྱིར་བཏང་གི་སྨན་བཅོས། ཐོག་མར་ནད་དེ་བྱུང་བའི་རྒྱ་ལ་འགྲོགས་བསླང་མི་རུང་ཞིང་། དུས་ཐོག་ཏུ་གཞང་རྡོལ་གྱི་རྨ་ཁར་སྲུང་སྐྱོབ་བྱས་ཏེ། གཞང་དཀར་ནག་ནང་གི་དངོས་པོ་དག་གསུམ་པའི་ནང་འཛུལ་བར་གཟབ་པ་དང་། སྦྱོད་རྩར5%ཡི་ཁིལ་ཆོན་བཞུ་ཁུ200～300mlརྒྱག་དགོས། གཞན་རྒྱུ་མའི་འབྱར་སྐྱི་ཕོ་ནར་གནོད་སྐྱོན་ཐེབས་པ་དང་། ཁྲག་མང་པོ་མ་འཛག་ན་སྨན་བཅོས་མ་བྱས་ཀྱང་ཆོག །གལ་སྲིད་རྒྱུ་མའི་འབྱར་སྐྱི་དང་ཤ་གནད་ཕྱི་ཤུན་གྱི་རྨ་ཁ་ཅུང་ཆེ་ཞིང་། ཁྲག་ཅུང་མང་པོ་འཛག་པ་ཡིན་ན། ཁྲག་རེངས་པོར་འགྱུར་བར་ཕན་པའི་སྨན་ལ་བརྟེན་ནས་ཁྲག་གཅོད་དགོས་པར་མ་ཟད། ཤུགས་ཡང་མོས་རྒྱུ་མའི་ནང་སྐུམ་བྱེད་ཀྱི་སྨན་རྫས（收敛剂）རྒྱག་དགོས། ཟུག་གཟེར་དྲག་པོ་

ལངས་ན། གཟེར་འཇགས་ཀྱི་སྨན་དེ། ཁིལ་ག་ཆེན（氯丙嗪）དང་པའོ་ཉིན་ཉེང（保定宁）ལ་སོགས་པར་བརྟེན་དགོས།

2. **གཤག་བཅོས་མ་ཡིན་པའི་བཅོས་ཐབས།** གཤེར་སྐྱེ་ནང་སྐྱི་ལ་གནོད་སྐྱོན་མ་ཐེབས་པ་དང་། མདུན་ངོས་ཀྱི་གཤེར་སྐྱེ་ནང་སྐྱི་རུང་ཆུང་བ་ལ་གནོད་སྐྱོན་ཐེབས་ན་བཅོས་ཐབས་འདིར་བརྟེན་དགོས། དེའི་དམིགས་ཡུལ་ནི་རྨ་ཁར་སྲུང་སྐྱོབ་བྱས་ནས་བུ་ག་རྫོལ་བར་འཛེམ་པ་དེ་ཡིན། རྨ་ཁ་ཆུང་ཞིང་ཡོངས་རྫོགས་བརྫོལ་མེད་ན། སྨན་བཅོས་མ་བྱས་ཀྱང་རིམ་བཞིན་སོས་ངེས། རྨ་ཁའི་གཏིང་ཟབ་ཅིང་ཡོངས་རྫོགས་བརྫོལ་མེད་པའམ། རྒྱ་མའི་མདུན་ཕྱོགས་ཀྱི་ཕྱི་རིམ་དང་རྒྱབ་ངོས་ཀྱི་རྨ་ཁ་ཆུང་བ（1～2cm）ཡོངས་བརྫོལ་ཡོད་ན་ཁྲག་གཅད་དགོས་ཏེ། དཔེར་ན་དཀར་སྐྱི་སྨན་རྫས（白及糊）བསྐུ（བཀོལ་ཚུལ། དཀར་ཕྱེ་མང་ཉུང་ཚད་དང་རན་པ་ཞིག80℃ཡི་ཆུ་དྲོན་མོའི་ནང་སྟེབ་སྦྱོར་བྱས་ནས་སྐྱི་མ་ཆགས་ཏེ་དྲོད་ཚད40℃ལ་ཆག་རྗེས་སྲིང་བལ་གྱིས་རྨས་སྐྱོན་ཐེབས་སའི་རྒྱ་མའི་སྟེང་ལ་བསྐུ་དགོས། བསྐུ་ཡུན་ཉིན3～4ཡིན）དགོས། དགོས་གལ་ཆེ་ན་ལུས་ཡོངས་ཀྱི་ཁྲག་གཅོད་པའི་བཅོས་ཐབས་ལ་བརྟེན་ཆོག་ཅིང་། དེའི་བཅོས་ཐབས་ནི་དུས་ཐོག་ཏུ་གཞང་དཀར་ནག་ནང་བསགས་པའི་རྟ་སྦྲངས་ཕྱི་ལ་འདོན་རྒྱུ་དེ་ཡིན་པ་དང་། ཕྱི་ལ་འདོན་ཐེངས་རེར་རོའུ་སྐྱུར（鞣酸明矾）དང0.5%ཡི་སྣན་མཐོ་སྐྱུར་ཏྲ་སོགས་སྐྱུམ་བྱེད་ཀྱི་བཞུ་ཁུས་བཀྲུ་དགོས། དེའི་རྗེས་གཞང་དཀར་ནག་གི་རྨ་ཁའི་ནང་སྲིན་འགོག་གི་ནུས་པ་ཡོད་

པའི་སྟུམ་བཏྟོན་སྲིང་བལ་བཟྫངས་ནས་རྩ་ཁར་སྲུང་སྐྱོབ་བྱེད་པ་དང་། གཅིན་དང་ཧ་སྦྲངས་བསགས་ནས་གཤེར་སྐྱེའི་ནང་སྐྱི་བཪྫོལ་བར་གཟབ་དགོས་ཤིང་། གཞན་རྩྭ་ཆས་སྤྱི་མོའི་རིགས་དང་ཚྭའི་རིགས་ཀྱི་བཤལ་སྨན་ཞུང་ངུ་ལ་བསྟེན་ནས་གཅིན་དང་ཧ་སྦྲངས་སླ་པོར་བསྒྱུར་དགོས།

3. གཤག་བཅོས།

(1) གཞང་དཀར་ནག་ནང་དུ་ལག་པ་གཅིག་གིས་རྩ་ཁ་བཙེམ་ཐབས། ཡོངས་གུག་ཁབ་ཆུང་ངམ་འབྲིང་བར་རིང་ཚད་ལ་སྨི1～1.5ཡོད་པའི་ཨང་རྟགས10ཅན་གྱི་སྐུད་པ་བརྒྱུས་ཤིང་། སྨན་པས་འཚེམ་སྐུད་རྟའི་གཞང་དཀར་ནག་ནང་བཞག་རྗེས། གུང་མཛུབ་དང་སྲིན་མཛུབ་ཀྱིས་རྩ་ཁ་དམ་པོར་འཛིན་དགོས་ཤིང་། ལག་མཐིལ་གྱིས་ཁབ་ཀྱི་མཇུག་ནས་ཡར་གཏད་དེ་རྒྱུ་མ་བརྫོལ་ནས་རྩ་ཁའི་ཞོགས་གཅིག་ནས་ཁ་གཏད་ཀྱི་རྩ་ཁ་བཪྫོལ་དགོས། ཁབ་དང་པོ་བཙེམ་རྗེས་ཁབ་སྐུད་ལག་མཐིལ་དུ་བཟུང་ནས་བཤང་ལམ་གྱི་ཕྱི་རོལ་ནས་མདུད་པ་དང་པོ་བརྒྱབ་ཅིང་། ལག་རོགས་པས་སྐུད་སྣེ་ནས་འཐེན་པ་དང་། གཤག་བཅོས་སྨན་པས་མཛུབ་མོས་སྐུད་པའི་མདུད་པ་དེ་གཞང་དཀར་ནག་ནང་གི་བཙེམ་མཚམས་ལ་དེད་རྗེས། ལག་རོགས་པས་ཕྱི་ནས་ཡང་བསྐྱར་མདུད་པ་ཞིག་བརྒྱབ་སྟེ་གཞང་དཀར་ནག་ནང་གི་བཙེམ་མཚམས་ལ་དེད་དེ་མདུད་འབུར་ཡོད་དུ་འཇུག་པའི་ལག་ལེན་ལྟར་རྩ་ཁ་ཡོངས་བཙེམ་དགོས། སྐུད་པ་རྩ་ཁར་བརྒྱུས་ཐེངས་རེ་རེར་དོ་སྣོམས་པའི་སྣོ་ནས་དམ་པོར་འཐེན་དགོས། ཆེས་མཇུག་མཐར་

མདུད་པ་བརྒྱབ་ནས་སྐུད་སྣེ་བཅད་རྗེས། བཙེམ་མཚམས་ལ་དཀར་སྐྱོ་སྨན་རྫས་བསྐུ་དགོས།

（2）ཡུ་རིང་ཡོངས་གྲུག་ཁབ་དང་གཞང་བཙེམ་འཕྲུལ་ཆས་ཀྱིས་བཙེམ་ཐབས། བཙེམ་ཐབས་འདིས་ཆེད་བཟོས་ཡུ་རིང་ཁབ་བཀོལ་བ་དང་། ཡོངས་གྲུག་ཁབ་ཀྱི་གཞུ་ཚད་ཀྱི་ཚངས་ཐིག་ལ་ཧ་ལམ་ལི་སྨི3ཡས་མས་ཡོད་ལ། ཁབ་རྩེ་དང་ལི་སྨི0.6གི་མཚམས་སུ་ཁབ་མིག་ཡོད། བཙེམ་ཐབས་དང་གཞང་དཀར་ནག་ནང་དུ་ལག་པ་གཅིག་གི་བཙེམ་ཐབས་དང་ཧ་ལམ་མཚུངས་ཤིང་། གཤག་བཅོས་སྨན་པས་གཞང་དཀར་ནག་གི་ནང་དུ་ལག་པས་རྒྱ་ཁར་དམ་པོར་བཟུང་ཞིང་། ཁབ་ནང་དུ་འཛུག་པའི་གནས་གནད་འཁེལ་བྱས་རྗེས་ལག་པ་གཞན་པས་ཁབ་ཡུ་བསྐོར་ནས་བཙེམ་དགོས།

（3）བཤང་ལམ་གྱི་འགྲམ་ཟུར་གཤག་པའི་བཙེམ་ཐབས། དེ་གཞང་དཀར་ནག་བཟོལ་བའི་རིགས་མང་པོའི་སྨན་བཅོས་ལ་འཚམ། ཡིན་ནའང་གཤག་བཅོས་ཀྱི་ལག་ལེན་ལ་དཀའ་ཁག་ཆེ་བས། རྒྱུ་ཤུན་དང་ཉེ་འཁོར་གྱི་ཕུང་གྲུབ་སོ་སོར་བཀར་ནས་ཁྲག་རྩ་དང་དབང་རྩར་གནོད་སྐྱོན་ཐེབས་པར་གཟབ་དགོས། དེ་བས་གཤག་བཅོས་སྨན་པས་གཤག་བཅོས་མ་བྱས་པའི་སྔོན་དུ་ཧའི་གཤག་འཕྲེད་སྒྲིག་གཞི་ལ་རྒྱུས་མངའ་ཡོད་དགོས། གཤག་བཅོས་ཀྱི་གོ་རིམ་ཧྲིལ་པོར་གཟབ་ནན་དང་ཞིབ་ཚགས་ཡིན་དགོས་ཏེ། དེ་མིན་གཞང་དཀར་ནག་སྦྲིད་པའི་སྣང་ཚུལ་འབྱུང་ཞིང་། གཉན་ཚད་རྒྱས་པར་ཡང་གཟབ་དགོས།

（4）གསུམ་གཤག་བཅོམ་ཐབས། ཐབས་འདི་གཞང་དཀར་ནག་དོག་པའི་གནས་སུ་བཟློལ་བའི་རྨ་ཁ་བཅོམ་པར་འཚམ་ཞིང་། གསུམ་དོས་ཀྱི་གཤག་མཚམས་དེ་གང་ནུས་ཀྱིས་རྒྱུ་མ་བཟློལ་མཚམས་དང་ཐག་ཉེ་དགོས། རྟ་ཉལ་མ་ལངས་ཀྱི་ཚུལ་དུ་འདུག་སྐབས་ནུ་མཐའམ། མངལ་ལམ་གྱི་གཡོན་ཕྱོགས་ནས་གཤག་པའམ། དཔྱི་མགོའི་མདུན་ཟུར་གྱི་གསུམ་དོས་ནས་གཤགས་ཀྱང་ཆོག །འཆེམ་སྐབས་གཤག་བཅོས་སྨན་པས་རྒྱུ་མ་ཟློལ་བའི་གནས་ཀྱི་རྒྱུ་མ་གསུམ་དོས་ཀྱི་གཤག་མཚམས་ལ་འདེད་དགོས་ཤིང་། ལག་རོགས་པས་ལག་པ་གཞང་དཀར་ནག་གི་ནང་དུ་བསྲིངས་ནས་གཤག་བཅོས་སྨན་པར་རོགས་བྱས་ཏེ། མཇུབ་སྟོན་ལྟར་རྨས་སྐྱོན་ཐེབས་ཡུལ་ལ་སྨན་བཅོས་བྱ་དགོས།

（5）མིའི་ཐབས་ཀྱི་གཞང་ལུག་བཅོས་ཐབས། གཞང་དཀར་ནག་གི་གསུམ་མདུན་གྱི་དོག་པའི་མཚམས་དེར་རྨས་སྐྱོན་ཐེབས་ཆེ་བཅོས་ཐབས་འདིར་བསྟེན་ན་འཚམ། རྟའི་ལུས་ཡོངས་ལ་སྦྲིད་སྨན་བརྒྱབ་ཅིང་། མངལ་ལམ་གྱི་དབང་རྩ་དང་གཞང་དཀར་ནག་གི་རྒྱབ་དོས་ཀྱི་དབང་རྩར་སྦྲིད་སྨན་གྱི་ནུས་པ་ཐོན་དུ་འཇུག་དགོས། སྦྲིད་སྨན་བརྒྱབ་ནས་སྐར་མ15～20ཡི་རྗེས་སུ་ཁབ་ཀྱིས་གཙགས་ནས་བརྟག་དགོས་ཏེ། ཚོར་བ་ཉམས་ཡོད་ན་གཤག་བཅོས་བྱས་ཆོག །ཟློལ་མཚམས་རྗེད་རྗེས་གཤག་བཅོས་སྨན་པས་ལག་པ་གཡོན་པར་སེང་རས་ཆུང་ངུ་ཞིག་བཟུང་ནས་རྟའི་གཞང་དཀར་ནག་ལ་བསྲིངས་ཤིང་། མཐེ་བོང་དང་གུང་མཛུབ་ཀྱིས་རྨ་ཁའི་ལོགས་གཉིས་བཟུང་ནས་དལ་མོར་ཟློལ་བའི་རྨ་ཁའི་འབྱར་

སྐྱི་བཤད་ལམ་གྱི་ཕྱི་ལ་བསྟོན་ཞིང་། ལག་རོགས་པས་ལག་ལ་སེང་རས་བཟུང་ནས་རྒྱ་ཁ་བརྟན་པོ་ཁྱབ་རྗེས། ཆིང་མེ་སུའུ་དང་སྨན་བཅོས་ཚྭ་ཆུས་རྒྱ་ཁ་བཀྲུ་དགོས་པ་དང་། གཤག་བཅོས་སྨན་པས་མགྱོགས་པོར་ཕྱི་ལ་བསྟོན་པའི་འབུར་སྐྱི་དང་ཤ་གནད་ཀྱི་ཕྱི་རིམ་བཅེམས་རྗེས་གཞང་དཀར་ནག་གི་ནང་དུ་ཕྱིར་སེམས་ཆུང་དང་འཇུག་དགོས།

བརྒྱད་པ། མདོག་རྒྱུ་ནག་པོའི་ཐ་ཕུང་སྐྲན་འབྲས།

མདོག་རྒྱུ་ནག་པོའི་ཐ་ཕུང་སྐྲན་འབྲས (melanoma) ནི་མདོག་རྒྱུ་ནག་པོའི་ཕུང་གྲུབ་ཀྱིས་གྲུབ་པའི་སྐྲན་འབྲས་ཤིག་ཡིན་ལ། རྩའི་མདོག་རྒྱུ་ནག་སྐྲན་ནི་རྣ་གྲོ་དཀར (རྣ་གྱོ་གྱོའམ་རྣ་ར་ར) ཅན་ལ་དམིགས་བསལ་དུ་ཡོད་པའི་རྒྱུན་མཐོང་གི་སྐྲན་ནད་ཅིག་ཡིན།

【ནད་རྒྱུ།】 ནད་འདི་རྣ་རྒྱུད་དང་འབྲེལ་བ་ངེས་ཅན་ལྡན་ཞིང་། ཕོ་རྟར་བྱུང་ཚད་ཅུང་མཐོ་སྟེ། ཧ་ལམ80%ལ་སླེབས་ཡོད་པ་དང་། གོད་མར་ནད་འདི་བྱུང་ཚད20%ཡིན། ནད་འདི་རྩའི་ལོ་གྲངས་དང་ཡང་འབྲེལ་བ་ལྡན་ཏེ། ལོ་ཇི་ལྟར་མཐོན་བྱུང་ཚད་དེ་ལྟར་མཐོ། རྣ་ར་ར (རྣ་གྱོ་གྱོ) ཅན་ལ་བྱུང་བའི་ཚད་སྐྱ་མདོག་གཞན་པའི་རྣ་ལས་མཐོ།

【ནད་རྟགས་དང་ངོས་འཛིན།】 མིག་སྔར་ཡོངས་ཁྱབ་ཏུ་མདོག་རྒྱུ་

ནག་པོའི་ཕུང་གྲུབ་སྨན་འབྲས་ནི་སྨན་ངན་ཞིག་ཏུ་ངོས་འཛིན། རྒྱུན་དུ་བྱུང་ས་ནི་རྟའི་ཇ་རྩ་དང་བཤང་ལམ་གྱི་འགྲམ། པོ་མཚན་གྱི་ཤུབས། མཆུ་བཅས་ཡིན་ཞིང་། མཚང་ཁོག་དང་འགྲམ་རྨེན། ཕྲག་མདུན་གྱི་ཤ་གནད། རྨེན་མདུད། རྩིབ་རུས་བཅས་ལའང་འབྱུང་།

ནད་དེ་བྱུང་བའི་རྟའི་མདོག་རྒྱུ་ནག་པོའི་སྨན་དབྱིབས་དང་ཆེ་ཆུང་གཅིག་མཚུངས་ཡིན། ཆེ་བ་ལ་ངང་སྒོང་དང་ཆུང་བ་ལ་འབྲས་རྡོག་གི་ཆེ་ཆུང་ཙམ་ཡོད། དབྱིབས་ལའང་གྲུ་བཞི་དང་ཟླུམ་པོ། སྒོང་དབྱིབས། དབྱིབས་ངེས་མེད་སོགས་ཡོད། ནད་བྱུང་སའི་གནས་མི་འདྲ་བས་མདངས་ཀྱང་མི་འདྲ་སྟེ། མཆིན་པར་བྱུང་བའི་མདོག་ནག་པོ་དང་། རྨེན་མདུད་དང་རྩ་ལམ་དུ་བྱུང་བའི་མདོག་མང་ཆེ་བ་ནག་སྐྱ་ཡིན། ནད་དཔེ་གཤགས་ནས་བལྟས་ན། སྨན་གྱི་ནང་དུ་མདོག་རྒྱུ་ཁམ་ནག་གམ་ཁམ་མདོག་ཅན་གྱི་རིལ་བུ་ཡོད་པ་དང་། ནད་བྱུང་ས་ལ་བལྟས་ན་མདོག་སྐྱ་བོའམ་ནག་སྐྱ། ཁམ་ནག །ནག་པོ། སྔོ་ནག་བཅས་ཡོད་པ་མཐོང་ཐུབ། མདོག་རྒྱུ་ནག་པོའི་སྨན་ངོས་ཕལ་མོ་ཆེ་ནག་པོ་ཡིན་པ་དང་ཛུང་སྲ་མཁྲེགས་ལྡན། ལ་ལ་བརྟན་གཤིས་ཀྱི་ཚུལ་དུ་སྐྱེས་པའང་ཡོད། ཕྲ་མཐོང་ཆེ་ཤེལ་གྱིས་བརྟགས་ན། སྨན་གཞིའི་ཕུང་གྲུབ་བང་ཚང་གི་དབྱིབས་དང་ནར་དབྱིབས། ལེབ་མོ་བཅས་སུ་མངོན། སྨན་གཞིའི་མདངས་ནི་ནད་ཀྱི་འགྱུར་ལྡོག་དང་འབྲེལ་ཏེ། མདངས་ཆེ་ན་ནད་ལྕི་མོ་ཡིན་པ་མཚོན།

【སྨན་བཅོས།】 སྨན་འབྲས་གནས་སར་སྦྲིད་སྨན་བརྒྱབ་ཅིང་ཁྲག་

བཅད་ནས་སོ་སོར་བཀར་རྗེས། ཕྱུང་གྲུབ་བཅད་ནས་གཞག་བཅོས་བྱས་ཆོག་པར་མ་ཟད། འཁྱག་བཅོས་ཀྱི་ཐབས་ལའང་བརྟེན་ཆོག་སྟེ། སྨན་འབྲས་གནས་སར་སྦྲིད་སྨན་བརྒྱབ་རྗེས། ཧན་གཤེར་གཏོར་ཆས（液氮喷枪）སྨན་འབྲས་ལ་གཏད་ནས་གཏོར་ནས་འཁྱག་ཚད་−196℃ལ་སླེབས་པ་ན། སྨན་འབྲས་གནས་ས་དང་དེའི་ཉེ་འགྲམ་གྱི་ཕྱུང་གྲུབ་སྐྱངས་ནས་འབུར་ཞིང་། ཕྱུང་གྲུབ་ཀྱི་མདོག་དཀར་པོར་གྱུར་པས་ཆོག །དེ་ནས་ཉིན7～10འགོར་ཆེ་སྨན་འབྲས་གནས་སའི་ཕྱུང་གྲུབ་རང་འགྲུལ་གྱིས་ལྷུང་ངེས། སྨན་བཅོས་བྱེད་སྐབས་འཕྲོ་འགྱེད་ཀྱི་བཅོས་ཐབས་དང་རྫས་འགྱུར་གྱི་བཅོས་ཐབས་ཀྱི་རིགས་འདེགས་ལ་བརྟེན་ན་ལེགས།

དགུ་པ། རུས་ཚིགས་འཆུས་པ།

རུས་ཚིགས་འཆུས་པ（sprain of the joint）ནི་རུས་ཚིགས་ལ་གློ་བུར་དུ་ཕྱིའི་གནོད་ཤུགས་ཐེབས་ནས་ལུས་ཁམས་ཀྱི་འགྲུལ་སྐྱོད་ཁྱབ་ཁོངས་ལས་བརྒལ་ཏེ། སྐད་ཅིག་མར་ཚད་ལས་བརྒལ་བར་བརྐྱངས་བའམ་བསྐུམ་པ། ཚིགས་འཆུས་པར་བརྟེན་རུས་ཚིགས་ལ་གནོད་སྐྱོན་ཐེབས་པ་ལ་གོ །ནད་འདི་ལོང་ཚིགས་དང་པུས་ཚིགས་སོགས་ལ་རྒྱུན་དུ་འབྱུང་།

【ནད་རྒྱུ།】 ལས་ཀར་བཀོལ་ཡུན་རིང་བ་དང་མགྱོགས་པོར་དགྱོགས་

པ། སློ་བུར་དུ་བསྣད་པ། བསྙོར་བ་བརྒྱབ་ནས་འགྲེལ་བ། བུ་གར་ཕྲས་བརྒྱབ་ནས་རྐང་བ་མགྱོགས་པོར་ཕྱིར་འཐེན་པ་སོགས་ལ་རྐྱེན་བྱས་ཏེ་རྟའི་རུས་ཚིགས་འཆུས་པ་ཡིན་ཞིང་། ནད་རྒྱུ་གཙོ་བོ་ནི་ཕྱི་ཤུགས་ཐེབས་ནས་རུས་ཚིགས་ལུས་ཁམས་ཀྱི་འགུལ་སྐྱོད་ཁྱབ་ཁོངས་ལས་བརྒལ་ཏེ། འགུལ་སྐྱོད་དང་བརྒྱང་བསྐུམ་བྱས་པས་ཡིན།

【ནད་རྟགས་དང་ངོས་འཛིན།】 དེ་ལ་ཟུག་གཟེར་ལངས་པ་དང་གྱོལ་བ། སྐྲངས་པ། ཚ་དྲོད་རྒྱས་པ། རུས་སྦྱོ་སྐྱེས་པ་སོགས་ཀྱི་ནད་རྟགས་མངོན། རུས་ཚིགས་འཆུས་མ་ཐག་རུས་ཚིགས་ལ་རེག་པའམ་འགུལ་སྐྱོད་བྱས་ན་ཟུག་གཟེར་ལངས་པ་མངོན་གསལ་ཡིན་ཞིང་། རུས་ཚིགས་ཀྱི་ཉེ་འགྲམ་སྐྲངས་པ་དང་ཚ་དྲོད་རྒྱས་པར་མ་ཟད། སྐྱོམ་འགུལ་བྱེད་པའི་སྣང་ཚུལ་ཡང་འབྱུང་སྲིད། དུས་ཡུན་རིང་ཙམ་འགོར་བའི་ཚེ་མྱུར་བའི་རང་བཞིན་ཅན་གྱི་གནན་ཚད་རིམ་བཞིན་དལ་བའི་རང་བཞིན་གྱི་གནན་ཚད་དུ་འགྱུར་ཞིང་། ཟུག་གཟེར་ལངས་པ་དང་སྐྲངས་པ་སོགས་ཀྱི་ནད་རྟགས་ཀྱང་བྱུང་པར་མ་ཟད། གྱོལ་བའི་ཚུལ་ཡང་ཇེ་ཡང་དུ་འགྱུར་སྲིད། ཡིན་ནའང་རུས་ཚིགས་འཆུས་སར་འབྲེལ་སྐྱོང་ཕུང་གྲུབ་གསར་སྐྱེས་དང་རུས་སྦྱོ་སྐྱེས་ནས་ཚིགས་ཤུབས་སྟི་མོ་ནས་སྲ་མོར་འགྱུར་བ་ཡིན། རུས་ཚིགས་མི་འདྲ་བའི་དབང་གིས་གྱོལ་བའི་རྣམ་པའང་མི་འདྲ་སྟེ། མཁྲིག་མ་དང་ལོང་ཚིགས་སམ། ཡང་ན་མཁྲིག་མ་དང་ལོང་ཚིགས་ཡན་གྱི་རུས་ཚིགས་འཆུས་ན། རྐང་ལག་ཚང་མ་གྱོལ་ཞིང་། རྐང་ཚིགས་སོགས་འཆུས་པ་ཡིན་ན། ཚིགས་

འཆུས་པའི་ཡན་ལག་གང་དེ་འགྱུལ་སྐྱོད་ཀྱི་སྐབས་སུ་གྲོལ་བ་ཡིན།

【སྨན་བཅོས།】 ཁྲག་གཅོད་པ་དང་གཉན་ཚད་སེལ་བ་ནི་སྨན་བཅོས་ཀྱི་རྩ་དོན་ཡིན། གཟེར་འཇོམས་གཉན་སེལ་དང་ཕུང་གྲུབ་གསར་སྐྱེས་ཊོན་འགོག་བཅས་བྱས་ཏེ་རུས་ཚིགས་ཀྱི་དབང་ནུས་སླར་གསོ་བྱ་དགོས།

1. **ཁྲག་གཅོད་པ།** རུས་ཚིགས་འཆུས་ནས་ཉིན1～2ནང་ཏ་ལ་འགྱུལ་སྐྱོད་བྱེད་དུ་འཇུག་མི་རུང་བ་དང་། ཆུ་འཁྱག་པས་བསྒྱུ་བའམ་འཁྱག་དུགས་ལ་བརྟེན་རྗེས་རྨ་དཀྲི་རྒྱག་དགོས།

2. **འཛིབ་ལེན་བྱེད་དུ་འཇུག་དགོས།** མྱུར་བའི་རང་བཞིན་གྱི་གཉན་ཚད་བསལ་རྗེས། དུས་ཐོག་ཏུ་དྲོད་དུགས་སོགས་དྲོན་པོའི་བཅོས་ཐབས་ལ་བརྟེན་ནས་འཛིབ་ལེན་བྱེད་དུ་འཇུག་དགོས།

3. **གཟེར་འཇོམས།** ཨན་ཆི་པི་ལིན་མང་སྦྱོར（复方氨基比林合剂）དང་ཨན་ནན་ཅིན།（安乃近）གཟེར་འཇོམས་མང་སྦྱོར།（安痛定）སོགས་རྒྱག་དགོས། འཆུས་པའི་རུས་ཚིགས་ནང་དུ2%ཀྱི་ཕུ་རུ་ཁ་དཔྱིན་བཞུ་ཁུ་བརྒྱབ་ཀྱང་ཆོག

4. **རྨིག་ལྷགས་ཀྱི་བཅོས་ཐབས།** འདུག་སྟངས་དང་རྨིག་དབྱིབས་རྒྱུན་ལྡན་མིན་ན། སྨན་གྱི་བཅོས་ཐབས་ལ་བརྟེན་པའི་ཞོར་དུ་འོས་འཚམ་གྱིས་རྨིག་པ་འདྲ་བའམ་རྨིག་ལྕགས་རྒྱག་པའི་ཐབས་ལའང་བརྟེན་ཆོག

བཅུ་པ། རུས་ཚིགས་བུད་པ།

ཕྱི་ཤུགས་ཀྱིས་རུས་ཚིགས་གཞོགས་གཉིས་ཀྱི་རྒྱུན་ལྡན་གྱི་གནས་སྟངས་བ་ལ་རུས་ཚིགས་བུད་པ（dislocation of the joint）ཟེར།

【ནད་རྒྱུ།】 ཕྱི་ཤུགས་ཀྱིས་ཤན་ཐེབས་པར་བརྟེན། ལྷན་སྐྱེས་རང་བཞིན་གྱི་རུས་ཚིགས་ཀྱི་ཆུ་བ་དང་ཚིགས་ཤུབས་ལྷོད་ནས་རུས་ཚིགས་ཀྱི་གཞོགས་གཉིས་ལ་གནོད་སྐྱོན་ཐེབས་པ་དང་། རུས་པ་མཉེན་འགྱུར་གྱི་ནད་དང་རུས་པ་ཆག་པས་བསྐྱེད་པ་ཡིན།

【ནད་རྟགས་དང་ངོས་འཛིན།】 འདི་ལ་རུས་ཚིགས་ཀྱི་དབྱིབས་འགྱུར་བ་དང་བརྟན་པོ་མིན་པ། ཡན་ལག་བསྐུམ་པའམ་ཧེ་རིང་དུ་འགྱུར་བ། དབང་ནུས་ལ་གནོད་སྐྱོན་ཐེབས་པ་སོགས་ཀྱི་ནད་རྟགས་མངོན།

1. དཔྲི་ཚིགས་བུད་པ། དཔྲི་ཚིགས་ཀྱི་གོང་བུད་པ་ཙུང་མང་། ལངས་ནས་འདུག་སྐབས་ནད་ཕོག་པའི་ཡན་ལག་བསྐུམ་པ་དང་། གྲུ་ཚིགས་ཀྱི་གཞོགས་གཅིག་ལི་སྒྲི་འགགས་མཐོ་ཞིང་། རུས་ཚིགས་བུད་པའི་ཡན་ལག་ནང་དུ་བསྐུམ་པ་དང་རྒྱབ་ལོགས་ཕྱི་ཕྱོགས་ལ་འཁོར་ཡོད་པ་དང་། རྨིག་རྗེ་ཕྱི་ལ་ཕྱོགས་ཡོད། འགྲུལ་སྐྱོད་བྱེད་དུ་བཅུག་ན། རུས་ཚིགས་བུད་པའི་ཡན་ལག་ཕྱི་ལ་བརྐྱང་དཀའ་ཞིང་ནང་ལ་བསྐུམ་སླ། གོམ་པ་སྤོ་སྐབས་རུས་ཚིགས་བུད་པའི་ཡན་ལག་ས་ལ་འབྲུད་པའི་དུས་མཚུངས་སུ་ཕྱི་ལ་འཁོར་བ་དང་། རུས་ཚིགས་བུད་པའི་ཡན་ལག

ས་ལ་སྦྱོ་སྐབས་རྐང་རུས་དང་བརླ་རྐང་གིས་དབྱི་མགོའི་ཤ་གནད་འབྱུར་བ་དང་། ཚིགས་བུད་པའི་བརླ་རྐང་དེ་གཞུང་ཚུང་གི་བདེ་ཕྱོགས་དང་ལི་སྐྱི3གཡས་གཡོན་གྱིས་ཉེ་བ་ཡིན།

2. **ཕྱུས་མོའི་འཕང་ལོ་བུད་པ།** ཕྱུས་མོའི་འཕང་ལོའི་གོང་དང་ཕྱི་རིམ་བུད་པ་རུང་མང་ཞིང་། ནང་ཕྱོགས་བུད་པ་རུང་ཉུང་།

(1) ཕྱུས་མོའི་འཕང་ལོའི་གོང་ཕྱོགས་བུད་པ། གོམ་པ་སྤོ་སྐབས་ཤུགས་ཆེ་བས་བརླ་རྐང་གིས་ཕྱུས་མོའི་འཕང་ལ་རུས་པའི་ཚིགས་ཀྱི་གོང་དུ་དེད་པས་གྲོལ་ཞིང་། དེ་ནས་ཡང་བསྐྱར་ལམ་དུ་ཆས་ན། ཕྱུས་མོའི་འཕང་ལོ་ཕྱིར་གནས་མལ་དུ་དེད་དེ་མི་གྲོལ་བས་དེ་ལྟར་རེས་འཁོར་གྱི་སྣང་ཚུལ་འབྱུང་བ་ཡིན། ཕྱུས་མོའི་འཕང་ལོའི་གོང་ཕྱོགས་བུད་པ་ཡིན་ན། རྟའི་རུས་ཚིགས་བུད་པའི་ཡན་ལག་དེ་ཕྱིར་བརྐྱངས་པ་དང་། ཕྱུས་མོ་འཕང་ལོའམ་འཕང་ལོའི་འོག་གི་རུས་ཚིགས་བརྐྱངས་ནས་བསྐུམ་མི་ཐུབ་པ་དང་རྨིག་རྩེ་ས་ལ་སྦྱོས་ཡོད། སྐབས་ལ་ལར་འགྱུལ་སྐྱོད་བྱེད་སྐབས་རྐང་ལག་གསུམ་ས་ལ་སྦྱོས་ནས་གྲོལ་བ་ཡིན། ཕྱུས་མོའི་འཕང་ལོ་ལ་རེག་ན། རྐང་རུས་ནང་ལོགས་ཀྱི་རུས་པའི་ཚིགས་ཀྱི་རྩེ་མོར་ཡོད་པས། རྒྱ་བ་གྲིམ་པོར་འགྱུར་ཞིང་ནང་ལོགས་གྲིམ་པོར་གྱུར་པ་ལྷག་ཏུ་མངོན་གསལ་ཡིན།

(2) ཕྱུས་མོའི་འཕང་ལོའི་ཕྱི་ཕྱོགས་བུད་པ། ལངས་ནས་ཡོད་སྐབས་ཕྱུས་མོ་དང་ལོང་ཚིགས་བསྐུམ་པ་དང་། རུས་ཚིགས་བུད་པའི་ཡན་ལག་མདུན་ཕྱོགས་སུ་བརྐྱངས་ཤིང་རྨིག་རྩེ་ས་ལ་སྦྱོས་ཡོད། གོམ་པ་སྤོ་སྐབས་རུས་ཚིགས་བུད་

པའི་ཡན་ལག་གི་ཐེག་ཤུགས་ལྷོད་ན། དཔྱི་ཚིགས་ལས་གཞན་པའི་རུས་ཚིགས་ཚང་མ་བསྐུམས་ནས་གྱོལ་བ་ཡིན། རིག་ནས་བརྟགས་ན། ཕུས་མོའི་འཕང་ལོ་ཕྱི་ཕྱོགས་ལ་གནས་སྟར་ཡོད་པ་དང་། ཕུས་མོའི་ཆུ་བའི་ཕྱི་ངོས་ལ་གས་ཁ་བྱུང་ཡོད།

3. **མཁྲིག་མའི་ཚིགས་བྱུད་པ།** གལ་སྲིད་ཚིགས་ཡོངས་རྫོགས་བྱུད་པ་ཡིན་ན། ཚིགས་བྱུད་པའི་ཡན་ལག་གིས་ལྷོད་མི་ཐེག་པས་རྐང་ལག་གསུམ་པོ་གྱོལ་མ་ལྷིང་གིས་འགྲོ་ཞིང་། ཚིགས་ཡོངས་རྫོགས་བྱུད་པ་མིན་ན། གྱོལ་བ་མངོན་གསལ་མིན་ལ། ཆུ་བ་དང་ཚིགས་ཤུབས་ལ་རྨས་སྐྱོན་ཐེབས་པའང་ཡོད།

【སྨན་བཅོས།】

1. **དཔྱི་ཚིགས་བྱུད་པ།** ཐོག་མར་ལུས་ཡོངས་ལ་སྦྲིད་སྨན་བརྒྱབ་ནས་ཚིགས་བྱུད་པའི་ཡན་ལག་དེ་བརྟན་པོ་བྱས་རྗེས་སྨན་བཅོས་བྱ་དགོས།

2. **ཕུས་མོ་འཕང་ལོའི་གོང་ཕྱོགས་བྱུད་པ།** ཡར་ལངས་པའམ་རྩིབ་ཏུ་བསྐྱལ་ནས་སྨན་བཅོས་བྱ་དགོས།

3. **ཕུས་མོ་འཕང་ལོའི་ཕྱི་ཕྱོགས་བྱུད་པ།** ཚིགས་བྱུད་པའི་ཡན་ལག་གང་དེ་ཕྱི་ལ་ཅུང་ཙམ་བརྒྱངས་རྗེས། གཤག་བཅོས་སྨན་པས་ཕུས་མོ་འཕང་ལོའི་གཞོགས་ནས་ཕུས་མོ་འཕང་ལོ་རུས་ཚིགས་ནང་ལོགས་ལ་འདེད་དགོས།

4. **མཁྲིག་མའི་ཚིགས་བྱུད་པ།** འཕྲེད་ཉལ་བྱེད་དུ་བཅུག་ནས་ཚིགས་བྱུད་པའི་ཡན་ལག་ལ་སྦྲིད་སྨན་བརྒྱབ་རྗེས་ཐག་པས་བསྡམ་དགོས་ཤིང་། ལག་རོགས་པས་ཡན་ལག་གི་གཞུང་ཕྱོགས་ལ་དྲེད་སྟུར། གཤག་བཅོས་སྨན་པས་ལག་

པས་ཚོགས་བྱུད་པའི་གནས་དེར་མནན་ནས་ཕྱིར་གནས་མལ་དུ་འདེད་དགོས་ཤིང་། དེ་ནས་རུ་གང་རྨ་དགྲིས་སམ་ཆག་ཤིང་རྨ་དགྲིས་ཀྱིས་བཏྲན་པོ་བཅོ་དགོས།

བཅུ་གཅིག་པ། རུས་ཆག

ཕྱི་རྐྱེན་གྱིས་རུས་པའི་ཆ་ཚང་རང་བཞིན་དང་རྒྱུན་མཐུད་རང་བཞིན་ལ་གནོད་སྐྱོན་ཐེབས་པ་ལ་རུས་ཆག (fracture) ཟེར། རུས་པ་ཆག་ན་ཕུང་གྲུབ་མཉེན་མོའང་གནོད་སྐྱོན་ཐེབས་སྲིད། རྐང་ལག་གི་རུས་པ་ཆག་པ་མང་ཞིང་གཞན་པའི་རུས་པ་ཆག་པ་རུང་ཙུང་།

【ནད་རྒྱུ།】 ཕྱི་རྐྱེན་གྱིས་གནོད་སྐྱོན་ཐེབས་ནས་རུས་པའི་ནུས་རྐྱེན་ཉམས་པ།

【ནད་རྟགས་དང་ངོས་འཛིན།】

1. **ཡན་ལག་ཆ་ཤས་ཀྱི་ནད་རྟགས།** དབྱིབས་འགྱུར་ནས་འགུལ་སྐྱོད་བྱེད་མི་ཐུབ་པ་དང་། གཙུབ་བརྡར་གྱི་སྒྲ་གྲགས་པ། སྐྲངས་པ་དང་ཟུག་གཟེར་ལངས་ནས་དབང་པོའི་ནུས་པ་ལ་བར་ཆད་བཟོ་སྲིད།

2. **ལུས་ཡོངས་ཀྱི་ནད་རྟགས།** རྐང་ལག་གི་རུས་པ་ཆག་ན། སྤྱིར་བཏང་དུ་ལུས་ཡོངས་ཀྱི་ནད་རྟགས་མངོན་གསལ་མིན་ཞིང་། ཁ་ཟུམ་ཅན་གྱི་རུས་པ་ཆག་ནས་ཉིན2～3འགོར་རྗེས། ཕུང་གྲུབ་ལ་གནོད་སྐྱོན་ཐེབས་པར་བརྟེན་

ཟགས་དངོས་དབྱེ་ཕྲལ་དང་། སྐྲངས་ནས་ཚ་རྒྱས་སྲིད། སྐབས་ལ་ལར་ཟུག་གཟེར་ལངས་ནས་བརྒྱལ་བའམ་རེད་པ་དང་། རྣག་ནའང་ཁང་མར་གཉན་ཚད་རྒྱས་ངེས། གཞན་ལུས་རྔོད་འཕར་བ་དང་རྣམ་རིག་དུབ་པ། ཡི་ག་འཆུས་པ་སོགས་ཀྱི་ནད་རྟགས་ཀྱང་མངོན།

【སྨན་བཅོས།】

1. **སྤྱིར་སྐྱོབ།** ཐོག་མར་རྨ་དཀྲིས་སམ་རས་གཙང་མས་བསྡམ་དགོས་ཤིང་། སྐོམ་སྐབས་རུས་པ་ཆག་སའི་གོང་འོག་གི་རུས་ཚིགས་དང་མཉམ་དུ་བསྡམ་དགོས། བསྡམས་རྗེས་ཆག་ཤིང་བཞག་ནས་ཕྱུགས་ནད་སྨན་ནང་དུ་བསྐྱལ་ནས་སྨན་བཅོས་བྱ་དགོས།

2. **སོར་སྦྱོར།** ཁ་ཟུམ་ཅན་གྱི་རུས་ཆག་དང་། ལྷག་པར་རུས་པ་རིང་པོ་དང་ཤ་གནད་ཁྱུང་བའི་མཚམས་ཀྱི་རུས་པ་ཆག་ན། ལག་ཐབས་ཀྱི་སོར་སྦྱོར་ལ་བརྟེན་དགོས་ཤིང་། ཤ་གནད་མང་ཞིང་ལག་ཐབས་ཀྱི་སོར་སྦྱོར་ལ་དཀའ་ཁག་ལྡན་པ་དང་། ཆག་ གྲུག་དང་ཁ་འབྱེད་ཅན་གྱི་རུས་ཆག་ཡིན་ན། སོར་སྦྱོར་གཤག་བཅོས་ལ་བསྟེན་དགོས། སོར་སྦྱོར་ལེགས་འགྲུབ་བྱུང་བའི་ཚད་གཞི་ནི། རྐང་ལག་གི་འཁོར་མདའི་ཁ་ཕྱོགས་སྔོན་མ་དང་གཅིག་མཚུངས་ཡིན་པ་དང་། རྐང་ལག་གི་རིང་ཐུང་རུས་པ་མ་ཆག་པའི་རྐང་ལག་དང་གཅིག་མཚུངས་ཡིན་པ། སྔོན་མའི་རྒྱུན་ལྡན་གྱི་འགུར་ཉམས་དང་རྒྱུན་ལྡན་གྱི་གོང་དབྱིབས་དང་གཅིག་མཚུངས་ཡིན་པ་བཅས་སོ། །

3. བཅོས་ཐབས། ཕྱིའི་སྨན་བཅོས་ནི་སྐྱི་ལྷགས་ཀྱི་ཕྱི་རིམ་ནས་བཅོས་པ་བཅོ་དགོས་ཏེ། དཔེར་ན་ཆག་ཤིང་རྨ་དགྲིས་དང་ཅུ་གང་རྨ་དགྲིས། ཅུ་གང་ཆག་ཤིང་རྨ་དགྲིས་སོགས་སྦྱོད་པ། ནང་གི་སྨན་བཅོས་ནི་གཤག་བཅོས་ཀྱི་ཐབས་ལ་བརྟེན་ནས་སྐྱི་ལྷགས་གཤགས་རྗེས་རུས་པ་ཆག་པའི་གནས་ཚུལ་ཅི་བྲག་པར་བརྟེན་ནས་ལག་ཆ་མི་འདྲ་བ་སྤྱད་ནས་བཅོས་པ་བཅོ་དགོས།

བཅུ་གཉིས་པ། ལག་སྐྱུམ་རྒྱུས་གཉན་དང་དཔྱང་ཚུའི་གཉན་ཚད།

ལག་སྐྱུམ་རྒྱུས་གཉན་དང (digital flexor muscle tendonitis) དཔྱང་ཚུའི་གཉན་ཚད (inflammation of the interosseus muscle) ནི་ལག་ངོས་ཀྱི་སྐྱུམ་རྒྱུས་དང་ལག་ནང་གི་སྐྱུམ་རྒྱུས། དཔྱང་བའི་ཚུ་བ་བཅས་ཀྱི་གཉན་ཚད་དེ། རྐང་ལག་ལ་རྒྱུན་དུ་བྱུང་བའི་ནད་ཅིག་ཡིན། རྟའི་ལག་པར་ཆེ་བའི་གཉན་ཚད་བྱུང་བ་ཅུང་མང་།

【ནད་རྒྱུ།】 ལས་ཀར་བཀོལ་ཡུན་རིང་བ་དང་འགྲུལ་སྐྱོད་བྱེད་སྐབས་རྨས་སྐྱོན་ཐོག་ན་ནད་འདི་འབྱུང་།

【ནད་རྟགས་དང་ངོས་འཛིན།】 རྟ་ལངས་སུ་བཙུག་ནས་བརྟག་དཔྱད་བྱེད་དུས། གཉན་ཚད་བྱུང་བའི་རྐང་ལག་མདུན་དུ་བརྐྱངས་ནས་ངལ་གསོ་བའི་ཚུལ་མངོན་ཞིང་། མཁྲིག་མ་ཅུང་བསྐུམ་ཞིང་སུག་པ་དྲང་མོ་ཡིན། རེག་རྗེས

ལ་སྦྱོས་པའམ་རྩིག་རྟེང་མདུན་ཕྱོགས་ལ་སྦྱོས་ཡོད། ལག་ངོས་ཀྱི་སྐྱུམ་རྒྱུས་སྐྲངས་པ་ཚབས་ཆེན་ཡིན་ན། ལག་མཐིལ་འབུར་ཞིང་ཙུང་སྐྱི་མོའམ་སྲ་མོར་འགྱུར་ངེས། ནད་ཡུན་ཧ་རིང་དུ་སོང་ན། རྒྱུས་པ་འཁྱུམས་ནས་འབུར་སྲིད། འགུལ་སྐྱོད་བྱེད་སྐབས་ཙུང་གྱོལ་བ་དང་། རྐང་ལག་ཡར་བཀྱགས་པ་མཐོན་པོ་མིན་པ་དང་གོམ་ཞིང་ཆུང་། མགྱོགས་པོར་སོང་ན་གྱོལ་པ་ཚབས་ཆེ། གཉན་ཚད་བྱུང་བའི་རྐང་ལག་གང་དེ་ཐང་ལ་སྦྱོ་སྐབས། མགོ་བོའམ་དཔྱི་མགོ་ཡར་མཐོན་པོར་འགྱོག་པ་དང་གྱོལ་བ་ཡིན། ཆི་སྣ་ལ་གནོད་སྐྱོན་ཐེབས་པ་ཚབས་ཆེ་ན། སྲིད་ནས་སྐྲངས་པ་དང་། ནད་ཡུན་རིང་ན་སྲ་མོར་འགྱུར་ཞིང་། སྐབས་ལ་ལར་ལག་ནང་གི་སྐྱུམ་རྒྱུས་དང་འབྲེར་ནས་ལྷང་ལིའི་མཁྲེགས་རྡོག་ཆགས་ངེས། གནོད་སྐྱོན་ཐེབས་སའི་རྒྱུས་པ་རྒྱུན་དུ་སྐྲངས་སྲིད། ལག་པར་ལྡིད་འཁེལ་ཡོད་མེད་གང་ཙུང་གི་གནས་ཚུལ་འོག་རྒྱུས་པ་དང་ཆུ་བར་ཞིབ་ཏུ་རིག་ནས་བརྟག་དཔྱད་བྱ་དགོས་ཏེ། ལྡིད་འཁེལ་ཡོད་དུས་སྐྲངས་འབུར་ལག་པ་གཞན་དང་བསྡུར་ན་མངོན་གསལ་ཡིན། རྨ་ཁ་གསར་པ་སྐྱི་མོ་ཡིན་ཞིང་རྙིང་བར་སྲ་མཁྲེགས་ལྡན། རིག་ནས་བརྟག་དཔྱད་བྱེད་སྐབས་རྒྱུས་པ་སྐྲངས་པ་དང་སྲ་མོར་གྱུར་ཡོད་པ་དང་། ཚ་རྒྱས་པ། ཟུག་གཟེར་ལངས་པ་སོགས་ཀྱི་ནད་རྟགས་མངོན། མར་མནན་ན་རྗེས་ཤུལ་གསལ། སྐྱུར་བའི་རང་བཞིན་གྱི་གཉན་ཚད་ཡིན་ན། གཉན་ཚད་བྱུང་སར་ཚ་དྲོད་རྒྱས་ཤིང་སྐྲངས་པ་མངོན་གསལ་ཡིན། དལ་བའི་རང་བཞིན་གྱི་གཉན་ཚད་ཡིན་ན། རྒྱུས་པའི་ཚིལ་མཐུག་པ་དང་ཙུང་སྲ་མོ་ཡིན། ནད་ཡུན་རིང་ན་རྒྱུས་པ་འཁྱུམ་ངེས།

དཔྱང་ཆུའི་གཉན་ཚད། ནད་དེ་བྱུང་བའི་རྡ་ཡར་ལངས་ཡོད་སྐབས་མཁྲིག་མ་དང་ཕྱུས་མོ་འཕང་ལོའི་རྒྱུས་པ་ཅུང་བཀུག་ནས་མདུན་ཕྱོགས་ལ་བརྐྱངས་ཡོད་པ་དང་། སྲུག་པ་དྲང་མོ་ཡིན། འགྲུལ་སྐྱོད་ཀྱི་སྐབས་སུ་གྲོལ་ནས་འགྲོ། ནད་ཡུན་རིང་ན་སྲ་མོར་འགྱུར། རྐང་འབམ་གྱིས་བསྐྱེད་པའི་དལ་བའི་རང་བཞིན་གྱི་དཔྱང་ཆུའི་གཉན་ཚད་ཀྱི་ནད་ཡིན་ན། ཟུག་གཟེར་མེད་པར་སྐྲངས་པ་དང་། ནད་དྲག་བསྐྱེད་སོང་བ་དང་བསྟུན་ནས་ནད་བྱུང་སར་སྲ་མོར་འགྱུར་བ་དང་། ཚོ་སྣའི་ཕྱང་གྲུབ་གསར་དུ་སྐྱེས་ནས་ཆུ་བ་སྦོམ་ཞིང་མཐུག་པོར་གྱུར་ཏེ་ཕྱི་ངོས་མི་སྙོམས་པར་འགྱུར་སྲིད།

【སྨན་བཅོས།】

1. ལག་ནང་གི་སྐུམ་རྒྱུས་གཉན་ཚད། སྨིག་པའི་ཟུར་ཚད་ཇེ་ཆེར་བཏང་སྟེ་ལོགས་ནས་བལྟས་ན། ལག་པའི་འཁོར་མདའ་དང་གཅིག་མཚུངས་ཡིན་དགོས། སྨིག་རྩེ་དྲས་ནས་སྨིག་ལྟགས་རྒྱག་པ་དང་འགྲིག་གདན་གདིང་པ་དང་། སྨིག་ལྟགས་ཀྱི་མཐའ་མཚམས་དང་ཡར་ཁྱོག་པ་ཅུང་ཆེ་དགོས།

དཔྱང་ཆུའི་གཉན་ཚད། སྨིག་པའི་ཟུར་ཚད་ལག་པའི་མདའ་འཁོར་ལས་ཅུང་དམའ་དགོས། དཔྱང་ཆུའི་ཡན་ལག་ལ་གཉན་ཚད་རྒྱས་པ་ཚབས་ཆེན་མིན། གཉན་ཚད་རྒྱས་སའི་སྨིག་མཐའ་འདྲ་དགོས་ཤིང་། སྨིག་མཐའི་ཕྱི་ནང་གི་མཐོ་དམའ་གཅིག་མཚུངས་ཡིན་ན་ལེགས།

2. ལག་ངོས་སྐུམ་རྒྱུས་གཉན་ཚད། དཔྱང་ཆུའི་གཉན་ཚད་ཀྱི་བཅོས་

ཐབས་དང་ཏ་ལམ་མཚུངས།

【སྔོན་འགོག】 ལོ་གཅིག་ལ་མ་ལོན་པའི་རྟེའུ་དང་རྟ་རྒོད་པོ་ཡིན་ན། ཁལ་ལྕི་མོ་བཀལ་མི་རུང་བ་དང་མགྱོགས་པོར་རྒྱུགས་སུའང་འཇུག་མི་རུང་། ལས་ཀ་ལྕི་མོར་བཀོལ་རྗེས་ཆུ་འཁྱམ་དང་ཆུ་མཛོད། ཆུ་རྫིང་ནང་རྟའི་རྐང་པ་བཀྲུ་དགོས་པ་དང་། དུས་བཅད་ལྟར་བརྟག་དཔྱད་བྱས་ནས་དུས་ཐོག་ཏུ་སྨན་བཅོས་བྱེད་ཐུབ་དགོས།

བཅུ་གསུམ་པ། རྨིག་ཚ།

རྨིག་པའི་སྐྱི་དཀར་གྱི་ཁྲབ་མཆེད་རང་བཞིན་དང་སྲིན་མེད་རང་བཞིན་གྱི་གཉན་ཚད་ལ་རྨིག་ཚ（laminitis）ཟེར། རྟའི་ལག་པའི་རྨིག་པར་བྱུང་བ་མང་ཞིང་། རྐང་ལག་བཞི་པོའི་རྨིག་པར་བྱུང་བའང་ཡོད། སྐབས་འགར་རྐང་པའི་རྨིག་པའམ་རྐང་ལག་ཡ་གཅིག་གི་རྨིག་པར་ཡང་འབྱུང་།

【ནད་རྒྱུ།】 ནད་ཀྱི་འབྱུང་རྐྱེན་ལ་གཅིག་མཐུན་གྱི་གཏན་འཁེལ་བྱེད་ཐབས་མེད་ཅིང་། སྤྱིར་བཏང་དུ་ནད་འདི་ཚུལ་ལྡོག་སྣང་ཚུལ་ཅན་གྱི་ནད་ཀྱི་ཁོངས་སུ་གཏོགས། ཡིན་ནའང་ནད་འདིའི་འབྱུང་རྐྱེན་ལ་རྒྱུ་རྐྱེན་མང་པོ་ཡོད་དེ། བཤལ་བའམ་ཚད་ལས་བརྒལ་བར་ལས་ཀར་བཀོལ་ནས་བྱུང་བའི་ཤ་གནད་ཀྱི་ནད། ཤ་མ་མ་ལྦུང་བ་དང་རུས་པ་ཆག་པ་སོགས་ཀྱི་ནད་བྱུང་བའི་གོ་རིམ་དུ་ནད་

འདི་འབྱུང་། དཔེར་ན་རྩ་ཆས་ཐོན་པ་མང་དྲགས་ནའང་ནད་འདི་བསྐྱེད། དེ་ནི་ཚོ་སྐྱུར་དབྱུག་སྲིན་མང་དུ་འཕེལ་ནས་རྒྱ་མའི་ནང་གི་སྣེ་ལན་པའི་སྲིབ་གཤིས་ཀྱི་དབྱུག་སྲིན་མང་པོ་བསད་པར་བརྟེན། ཚོ་སྐྱུར་དང་ནང་བརྟེན་དུག་རྒྱུ་བྱུང་བ་ཡིན། དུས་ཡུན་རིང་པོར་ལས་ཀར་བཀོལ་བ་དང་འགྲུལ་སྐྱོད་མ་བྱས་པ་སོགས་ཀྱིས་ཀྱང་ནད་འདི་བསླང་སྲིད།

【ནད་རྟགས་དང་ངོས་འཛིན།】 སྐྱུར་བའི་རང་བཞིན་གྱི་ཟྩིག་ཚ་བྱུང་བའི་རྟའི་རྣམ་རིག་དུབ་པ་དང་ཡི་ག་འཆུས་པ། ལངས་ནས་འདུག་མི་འདོད་པ་དང་འགྲུལ་སྐྱོད་བྱེད་མི་འདོད་པ། གཞན་ཚད་བྱུང་བའི་ཟྩིག་པར་ལྡིད་མི་འཁེལ་བའི་ཆེད་དུ་རྒྱུན་དུ་རྐང་ལག་གི་འདུག་སྟངས་བརྗེ་ཞིང་། ཟྩིག་ཚ་བྱུང་བའི་ཟྩིག་པར་རེག་ནས་བརྟགས་ན་ཚ་གྲུས་ཡོད་པ་ཚོར་ཐུབ། རྫིག་པའམ་མནན་ནས་བརྟགས་ན་ཚོར་བ་སྐྱེན་པོ་ཡིན། འབྱུར་སྐྱི་ལ་ཁྲག་རྒྱུས་ཡོད་པ་དང་། ལུས་དྲོད་འཕར་ནས40～41℃ལ་ཐོན་སྲིད་པ་དང་། སྙིང་གི་འཕར་ཚད་སྐར་མ་རེར80～120ལ་སླེབས་ནས་དབུགས་ཀྱི་དབྱིན་རྡུབ་ཏེ་མགྱོགས་སུ་འགྱུར་ངེས།

【སྨན་བཅོས།】 སྐྱུར་བའི་རང་བཞིན་དང་སྐྱུར་གཤིས་ཕལ་བའི་ཟྩིག་ཚའི་སྨན་བཅོས་ལ་ནད་རྒྱུ་སེལ་བ་དང་ཟུག་གཟེར་འཇོམས་པ། ཁྲག་གི་འཁོར་རྒྱུགས་ལེགས་བཅོས་སོགས་ཀྱི་བཅོས་ཐབས་ལ་བརྟེན་དགོས།

1. **སྐྱུར་བའི་རང་བཞིན་གྱི་ཟྩིག་ཚ་བཅོས་ཐབས།** ཙའི་རིགས་མ་ཡིན་པའི་སྲ་སྡུད་རིགས་ཀྱི་གཟེར་འཇོམ་གྱི་སྨན་དང་གཞན་སེལ་སྨན་རྫས། ནང་

བཏེན་དུག་རྒྱུ་འགོག་པའི་བཅོས་ཐབས། ཁྲག་རྩ་རྒྱས་པའི་སྨན། ཁྲག་རྩ་འགག་སེལ་གྱི་བཅོས་ཐབས་བཅས་སྤྱོད་ཆོག་པ་དང་། རྨིག་པ་འདྲ་བ་དང་རྨིག་ལྷུགས་རྒྱག་པ་དང་། དགོས་གལ་ཆེ་དུས་གཤག་བཅོས་ཀྱི་བཅོས་ཐབས་ལ་བརྟེན་དགོས། གཞན་གསུམ་བུ་འགོག་པའི་བཅོས་ཐབས་ནི། ཟེ་ར་སེར་པོའི་སྨན་ཁབ་དང་ཏི་སད་སྨི་སོན་སྨན་ཁབ（地塞米松注射液）བསྣུབས་ནས་བརྟེན་དགོས།

2. **དལ་བའི་རང་བཞིན་གྱི་རྨིག་ཚ་བཅོས་ཐབས།** གློག་བརྡར་གྱིས་བདེ་ཐང་ཡིན་པའི་རྨིག་པར་འབྱུར་བའི་རྨིག་རྒྱབ་ལོགས་ངོས་གཞོག་དགོས་ཤིང་། གཞོག་ཤུལ་ལ་རྨ་དཀྲིས་ཀྱིས་མ་བསྡམས་པར་སྨུ་ཟེ་ལིའུ་གོན（硫柳汞）ཀྱིས་སྨན་བཅོས་བྱ་དགོས། རྨིག་པའི་ཞབས་དང་རྨིག་པའི་སྐྱི་དཀར། རྨིག་ངོས་ཀྱི་དབང་ནུས་ཉམས་པའི་མཚམས་ལ་གཙང་སེལ་བྱ་དགོས། རྨིག་ཞབས་ཀྱི་རྨས་སྐྱོན་ཐེབས་ཡུལ་སྨྲོགས་ཤུན་ཅན་དུ་འགྱུར་རག་བར་རྨ་དཀྲུས་ཀྱིས་བསྡམ་དགོས་ཤིང་། སྨྲོགས་ཤུན་ཅན་དུ་གྱུར་རྗེས་བསྡམས་མི་དགོས། གཞན་ཁབ་མེའི་བཅོས་ཐབས་ནི་གཉན་ཚད་བྱུང་བའི་རྨིག་པའི་ཁྲག་གཏར་ནའང་ནད་བྱུང་བར་ཕན།

རབ་བཅད་ལྔ་པ། རིམས་ནད།

དང་པོ། རྟའི་ཆམ་རིམས།

རྟའི་ཆམ་རིམས（equine influenza，EI）ནི་རིགས་Aཡི་ཆམ་རིམས་ནད་དུག་གིས་བསྐྱེད་པའི་རྟའི་རིགས་སུ་གནོད་པའི་སྲོག་ཆགས་ལ་འབྱུང་བའི་མྱུར་བའི་རང་བཞིན་དང་། ཚད་མཐོན་པོའི་འབྲེལ་ཐུག་རང་བཞིན་གྱི་དབུགས་ལམ་གྱི་འགོ་ནད་རིགས་ཤིག་ཡིན། དེ་ལ་ཚ་དྲོད་རྒྱས་པ་དང་ལུ་བ། འདག་ཀ་ཅན་གྱི་སྣ་ཆུ་བཞུར་བ་དང་། གློད་མར་འཁྲིལ་སླ་བ་བཅས་ཀྱི་ནད་རྟགས་མངོན།

【ནད་རྒྱུ།】 ཆམ་རིམས་ནད་དུག་གིས་རེད་པ་ནི་དངོས་འགྱུར་ནད་དུག（正黏病 ཕྲ་ཕུང་ཉིང་རྣལ་གྱི་སྐྱུར་རྫས་ཚིགས་མཚམས་དབྱེ་ཡོད་པའི་ནད་དུག）གི་ཁོངས་སུ་གཏོགས། དེའི་ཁྲོད་རིགས་Aཅན་གྱི་ཆམ་རིམས་ནད་དུག་གི་ནད་སློང་པའི་ནུས་པ་ཤིན་ཏུ་ཆེ། ཆམ་རིམས་ནད་དུག་གི་གཡོལ་བཟོད་ནུས་པ་ལྷོས་བཅས་ཀྱིས་ཞན་ཞིང་། དྲོད་ཚད་མཐོན་པོའམPHདམའ་བ། སིམ་མཚུངས་མིན་པའི་ཁོར་ཡུག་དང་སྐམ་ཤས་ཆེ་བའི་ཁོར་ཡུག་ཏུ་གཞོམ་ཐུབ།

【རིམས་ནད་རིག་པ།】 རྟའི་ཆམ་རིམས་ནི་གཙོ་བོ་H7N7དང H3N8ཕལ་བའི་རིགས་ཀྱི་ནད་དུག་གིས་བསྐྱེད་པ་ཡིན་ཞིང་། ཆམ་རིམས་ཐོག་པའི་རྟ་ནི་འགོ་ཁྱུངས་གཙོ་བོ་ཡིན། ནད་དུག་དབུགས་ལམ་གྱི་ཟགས་ཐོན་དང་མཉམ་དུ་ལུས་པོའི་ཕྱི་ལ་བཏོན་རྗེས། མཁའ་དབུགས་ནང་གི་མཆིལ་ཟེགས་བརྒྱུད་དེ་དབུགས་ལམ་ལ་འགོ་བ་ཡིན། ནད་དྲག་པའི་རྟ་གསེབ་ཀྱི་ཁམས་དཀར་ནང་ནད་དུག་དུས་ཡུན་རིང་པོར་གནས་པས་སྦྱོར་སྦེབ་བརྒྱུད་དེ་འགོ་ཐུབ། དེ་ནི་ལོ་ན་དང་ཕོ་མོ། རྟ་རྒྱུད་མི་འདྲ་བ་ཚང་མར་འགོ་བའི་ནད་ཅིག་ཡིན། གནམ་གཤིས་ལ་འགྱུར་ལྡོག་ཆེ་བའི་ནམ་ཟླ་འཁྱག་པའི་དུས་ཚིགས་སུ་བྱུང་ཚད་མང་ཞིང་། སྐྱེལ་འདྲེན་ལ་བཀོལ་བ་དང་བཙོར་གནོན་ཐེབས་པ། འཚོ་བཅུད་ཀྱིས་མི་འདང་བ་སོགས་ཀྱང་ནད་དེ་འབྱུང་བའི་རྐྱེན་དུ་ངོས་འཛིན་ཞིང་། དུས་ཀྱི་ཆ་ནས་སྟོན་མཇུག་ནས་དཔྱིད་མགོའི་བར་འབྱུང་བ་ཙུང་མང་།

【ནད་རྟགས་དང་ངོས་འཛིན།】 ཆམ་རིམས་བྱུང་བའི་རྟའི་རྣམ་རིག་དུབ་པ་དང་ཡི་ག་འཆུས་པ། འབྲིན་རྟུབ་བྲེལ་བ་དང་རྩའི་འཕར་གྲངས་ཇེ་མང་དུ་འགྲོ་བ། མིག་གི་འབྲས་སྐྱི་ལ་ཁྲག་རྒྱས་ནས་སྐྲངས་པ། མིག་ཆུ་མང་པོ་བཞུར་བ། ཆམ་རིམས་བྱུང་བའི་རྟའི་ལུས་དྲོད་རྒྱས་སྐབས་རྒྱུན་དུ་ཤ་གནད་འདར་བའི་ནད་རྟགས་མངོན་སྲིད་པ་དང་། ཕྲག་པའི་ཤ་གནད་འདར་བ་ལྷག་ཏུ་མངོན་གསལ་ཡིན། རྟའི་ཤ་གནད་ལ་ཟུག་གཟེར་ལངས་པས། འགྲུལ་སྐྱོད་བྱེད་མི་འདོད་པའི་རྣམ་འགྱུར་སྟོན་སྲིད། ཚབ་མཚོན་གྱི་ནད་དཔེ་ལ་བརྟགས་ན་ལུས་དྲོད་རྒྱས་

པ་སྟེ། ལུས་དྲོད39.5℃ལ་འཕར་ནས་ཉིན1～2སམ། ཡང་ན་ཉིན4～5ཉིན་འགོར་རྗེས་ལུས་དྲོད་མར་ཆག་ནས་རྒྱུན་ལྡན་དུ་འགྱུར་བ་དང་། ཆེས་ཐོག་མའི་ཉིན2～3ཉིན་ནང་སྐྲམ་ལུ་བྱེད་པ་དང་། དེ་ནས་རིམ་བཞིན་རློན་ལུ་བྱས་ཏེ་གཟའ་འཁོར2～3རྒྱུན་བསྐྱུང་ངེས།

【སྨན་བཅོས།】 ནད་འདི་ལ་མིག་སྔར་ད་དུང་གོ་ཆོད་པའི་སྨན་ཐོན་མེད་ལ། སྤྱིར་བཏང་དུ་ཚ་སེལ་གཟེར་འཛོམས་ཀྱི་སྨན་ལ་བརྟེན་དགོས་ཤིང་། སྲིན་འགོག་གི་སྨན་དང་རྩོང་ཨན་རིགས་ཀྱི་སྨན་ལ་བརྟེན་ན་ནད་འགོ་བར་ཆོད་འཛིན་བྱེད་ཐུབ།

དུས་རྒྱུན་གཟན་གསོའི་དོ་དམ་ལ་ཤུགས་གནོན་བྱེད་པ་དང་། རྟ་ར་གཙང་མ་ཡིན་པ་དང་རླན་མེད་པ། དྲོན་པོ་ཡིན་པ། འབྲུག་རླུང་འགོག་ཐུབ་པ་བཅས་འགྲོངས་པར་བྱས་ནས་དུས་བཅད་ལྟར་དུག་སེལ་བྱ་དགོས། ཆམ་རིམས་བྱུང་སྐབས་དུས་ཐོག་ཏུ་ཟུར་བཀར་དང་དུག་སེལ། སྨན་བཅོས་བཅས་བྱེད་པ་དང་། རྟའི་ཆམ་རིམས་ཀྱི་འགོག་སྨན་བརྒྱབ་ན་ནད་འདི་འགོག་པར་གོ་ཆོད།

གཉིས་པ། རྟའི་ཨོལ་ཆམ།

རྟའི་ཨོལ་ཆམ（glanders）ནི་མི་དང་སྒུགས་ཐུན་མོང་ལ་འགོ་བའི་ནད་ཅིག་ཡིན་ཞིང་། གཙོ་བོ་རྟའི་རིགས་སུ་གནོད་པའི་སྲོག་ཆགས་ལ་འགོ།

དེའི་ཁྱད་ཆོས་ནི་ཪྣ་སྨུག་དང་མགྲིན་པ། གློ་ཡུའི་འབྱར་སྐྱི། གློ་བ། རྨེན་མདུད། སྐྱི་ཕྲུགས་སམ་གཞན་པའི་དབང་པོར་དམིགས་བསལ་ཅན་གྱི་ཨོལ་ཆམ་ཆིགས་འབུར་རམ་ཟགས་རལ་བྱུང་བ་ཡིན། འཛམ་གླིང་སྲོག་ཆགས་འཕྲོད་བསྟེན་ཚོ་འཛུགས（OIE）ཀྱིས་རི་སྐྱེས་སྲོག་ཆགས་ཀྱི་རིམས་ནད་རིགས་Bཡི་གྲས་སུ་བཞག་ཡོད་པ་དང་། རང་རྒྱལ་གྱིས་སྲོག་ཆགས་རིམས་ནད་རིགས་གཉིས་པའི་གྲས་སུ་བཞག་ཡོད།

【ནད་རྒྱུ།】 ནད་རྒྱུ་ནི་ཨོལ་ཆམ་ སྔོ་པའི་སྲིན་འབུ（伯氏菌）ཡིན་པ་དང་། དེ་ནི་ཆེ་ཆུང་འབྲིང་ཅན་གྱི་དབྱུག་སྲིན་ཡིན། དེ་ལ་འབུ་ཕྲའི་སྦུམ་སྒོང་དང་གོང་བུ་མེད་པ་དང་། འགུལ་སྐྱོད་ཀྱང་མི་བྱེད། སྲིན་གཞིའི་ཁ་མདོག་དོ་སྔོམས་ཤིང་། རིལ་དབྱིབས་སུ་མངོན། དབྱང་ཀླུང་ལ་བསྟེན་ཞིང་ཞོག་ཞོག་འདེབས་གསོའི་རྟེན་གཞིར་ཁམ་མདོག་ལྡན་པའི་འབྱར་གཤིས་ཅན་གྱི་སྲིན་དྲིག་ཆགས་ངེས། ཁྲག་དཔྱད་རིག་པའི་ངོས་ནས་སྲིན་འབུ་དེ་ལ་འགོག་རྫས་རིགས་གཉིས་མཆིས་ཏེ། རིགས་གཅིག་ནི་དམིགས་བསལ་ཅན་གྱི་འགོག་རྫས་ཡིན་ཞིང་། རིགས་གཞན་ཤོས་ནི་ཨོལ་ཆམ་ཐུན་མོང་ལ་ཡོད་པའི་འགོག་རྫས་ཡིན། ཕྲ་སྲིན་འདིའི་གཡོལ་བཟོད་ཀྱི་ནུས་པ་མི་ཆེ་བས། སྤྱིར་བཏང་གི་དུག་སེལ་སྨན་རྫས་ཀྱིས་ཀྱང་གསོད་ཐུབ། དུས་ཚོད24ལ་ཉི་འོད་འཕྲོས་པའམ། དྲོད་ཚད80℃སྐར་མ་ལྔའི་རིང་ལ་རྒྱུན་བསྐྱངས་ནའང་གསོད་ཐུབ། གཞན5%ཡི་དཀར་བཟོ་ཕྱེ་མ（漂白粉）དང10%ཡི་རྡོ་ཐལ་སླ་པོ།（石灰乳）3%ཀྱི་ལེ་སུར་ཨེར།

（来苏儿）1%གི་ཆིང་དབྱང་ནཱ་ཛྲས（氢氧化钠）སོགས་དུག་སེལ་གཞིར་ཁུས་ཀྱང་མགྱོགས་པོར་གསོད་ཐུབ་བོ། །

【རིམས་ནད་རིག་པ།】 ཨོལ་ཚམ་ཐོག་པའི་རྟ་ནི་ནད་འདིའི་འགོ་ཁུངས་ཡིན་ཞིང་། ལྷག་དོན་སྒོ་འབྱེད་རང་བཞིན་གྱི་ཨོལ་ཚམ་ཐོག་པའི་རྟ་ལ་ཉེན་ཁ་ཤིན་ཏུ་ཆེ། འགོ་ཁྱབ་རང་བཞིན་ལ་རྟ་རྒྱུད་ཀྱི་ཁྱད་པར་ལས་ཕོ་མོ་དང་ལོ་གྲངས་ལ་ཁྱད་པར་མེད། ནད་འདི་གཙོ་བོ་ཨོལ་ཚམ་ཐོག་པའི་རྟ་དང་བདེ་ཐང་ཅན་གྱི་རྟ་གཉིས་ལ་མཉམ་དུ་ཟས་ཆས་སྤྱོར་བའམ། སྣོད་གཅིག་གི་ནང་དུ་ཆུ་བླུད་པར་བརྟེན་འཇུ་ལམ་བརྒྱུད་དེ་འགོས་པའམ། ཡང་ན་སྐྱི་ལྤགས་དང་འབྱར་སྐྱི་ལ་རྨས་སྐྱོན་ཐོག་པ་བརྒྱུད་ནས་ཀྱང་འགོ་བར་མ་ཟད། དབུགས་ལམ་ལ་བརྟེན་ནས་ཀྱང་འགོ་སྲིད། གཞན་ཤ་མ་དང་སྦྲོར་སྦེབ་བརྒྱུད་ནས་འགོས་པའང་ཡོད། རྟ་དང་དྲེལ། བོང་བུ་བཅས་ལ་འགོ་སླ་ཞིང་། དྲེལ་དང་བོང་བུ་ལ་འགོས་རྗེས་མྱུར་བའི་རང་བཞིན་གྱི་ནད་རྟགས་མངོན། ཟ་མོང་དང་ཁྱི། བྱི་ལ་སོགས་མིས་གསོའི་སྲོག་ཆགས་དང་། རི་སྐྱེས་སྲོག་ཆགས་ཏེ་སྟག་དང་སེང་གེ། སྤྱང་ཀི་སོགས་ལའང་འགོ་བའི་གནས་ཚུལ་ཡོད། ནད་དེ་ནོར་ནག་ལ་མི་འགོ་ནའང་མི་ལ་འགོས་སླ་ཞིང་། མི་ལ་འགོས་པ་དེ་གཙོ་བོ་ལས་རིགས་དང་འབྲེལ་བ་ལྡན་ཏེ། རྟ་དང་འབྲེལ་འདྲིས་བྱེད་མཁན་གྱི་རྟ་རྫི་དང་བཤན་པ། ཕྱུགས་ནད་སྨན་པ། ནད་ཀྱི་རྒྱུ་ཆར་བརྟག་དཔྱད་བྱེད་མཁན་བཅས་ལ་འགོ་སླའོ། །

ཆེས་ཐོག་མར་ནད་འདི་བྱུང་མ་ཐག་ཏུ་འགོ་ཁྱབ་ཀྱི་ཚད་མགྱོགས་ཤིང་།

མང་ཆེ་བར་སྨུར་བའི་རང་བཞིན་གྱི་ནད་རྟགས་མངོན། རྒྱུན་དུ་ནད་འདི་བྱུང་སར་འགོ་ཚད་དལ་ཞིང་། དལ་བའི་རང་བཞིན་གྱི་ནད་རྟགས་མངོན། ནད་འདིའི་འགོ་ཁྱབ་ལ་དུས་ཚིགས་རང་བཞིན་གྱི་ཁྱད་ཆོས་མེད་པར་དུས་ཚིགས་བཞི་པོར་ངེས་མེད་དུ་འབྱུང་།

【ནད་རྟགས་དང་ངོས་འཛིན།】 ནད་རྟགས་བག་ལ་ཉ་བའི་ཡུན་གྱི་རིང་ཐུང་ནི་ནད་སྲིན་གྱི་དུག་ནུས་དང་འགོས་པའི་གྲངས་འབོར། འགོ་ཁྱབ་ཀྱི་བརྒྱུད་ལམ། འགོ་བའི་ལན་གྲངས། སྐྱེ་ཕུང་གི་རིམས་འགོག་ནུས་ཤུགས་སོགས་དང་འབྲེལ་བ་ལྡན་ཞིང་། རང་བྱུང་འགོ་ཁྱབ་ཀྱི་ནད་རྟགས་བག་ལ་ཉ་བའི་དུས་ཡུན་ཏ་ལམ་གཟའ་འཁོར་བཞིའམ་ཟླ་འགའ་ཡིན་ཞིང་། སྤྱིར་བཏང་དུ་ཟླ་དྲུག་གི་ཡུན་ཡིན། སྐྱེ་ཕུང་གི་རིམས་འགོག་ནུས་ཤུགས་ཀྱི་ཆེ་ཆུང་ལྟར་དབྱེ་ན། སྨུར་བའི་རང་བཞིན་དང་དལ་བའི་རང་བཞིན་གྱི་རིགས་གཉིས་ཡོད།

1. **སྨུར་བའི་རང་བཞིན་གྱི་ཨོལ་ཆམ།** ནད་དེ་བྱུང་བའི་རྟ་ལ་ལུས་དྲོད་འཕར་ཞིང་རྣམ་རིག་དུབ་པ། ཡི་ག་འཆུས་པ། དབུགས་འཚང་བ། འབྲུར་སྐྱི་སེར་པོར་འགྱུར་བ་སོགས་ཀྱི་ནད་རྟགས་མངོན། མ་མགལ་འོག་གི་སྨིན་མདུད་སྐྲངས（རྒྱུན་དུ་ལོགས་གཅིག་སྐྲངས་པ་ཡིན）ནས་ཕྱི་ངོས་ལ་འབུར་ཉམས་དོད་ཅིང་ཟུག་གཟེར་ལངས་ངེས། ནད་ལྡིད་མོ་ཅན་གྱི་རྟའི་སྙིང་ཁམས་གཉོམ་ཞིང་། གསུས་འོག་དང་རྐང་ལག་བཞིའི་ཞབས། མངལ་ལམ་གྱི་ཕྱི་ངོས་བཅས་སྐྲངས་ངེས། ནད་འདི་བྱུང་བའི་རྟ་ལ་ལར་རླིག་འབྲས་གཉན་ཚད་དང་། བྲང་སྐྱིའི་གློ་གཉན་སོགས་

ཀྱང་འབྱུང་སྲིད། རྟའི་ཁྲག་གི་འགྱུར་ལྡོག་མངོན་གསལ་ཡིན་ཞིང་། ཕྲ་ཕུང་དམར་པོའམ་སྤྲི་དཀར་དམར་པོ་ཇེ་ཉུང་དུ་གྱུར་ནས་ཁྲག་རིལ་དིམ་ཚད་ཇེ་མགྱོགས་སུ་སོང་བར་བརྟེན། ཁྲག་རིལ་དཀར་པོ་ཇེ་མང་དུ་འགྲོ་བ་དང་། མེན་བུའི་ཕྲ་ཕུང་ཇེ་ཉུང་དུ་འགྲོ་ངེས།

སྦྱར་བའི་རང་བཞིན་གྱི་ཨོལ་ཚམ་ནད་རྟགས་གཞིར་བཟུང་ན། གློ་བའི་ཨོལ་ཚམ་དང་སྣ་སྦུག་གི་ཨོལ་ཚམ། སྐྱི་ལྤགས་ཀྱི་ཨོལ་ཚམ་བཅས་སུ་དབྱེ། རྗེས་མ་གཉིས་ཀྱིས་རྒྱུན་དུ་ཕྱི་ལ་ཕྲ་སྲིན་འདོན་པ་ཡིན་པས། དེ་ལ་སྨོ་འབྱེད་རང་བཞིན་གྱི་ཨོལ་ཚམ་ཡང་ཟེར། ཨོལ་ཚམ་འདི་གསུམ་ཕན་ཚུན་ལ་བསྒྱུར་ཆོག་པ་སྟེ། སྤྱིར་བཏང་དུ་གློ་བའི་ཨོལ་ཚམ་ནས་མགོ་བརྩམས་ཤིང་། དེ་ནས་སྣ་སྦུག་གི་ཨོལ་ཚམ་མམ་སྐྱི་ལྤགས་ཀྱི་ཨོལ་ཚམ་འབྱུང་བ་ཡིན།

（1）གློ་བའི་ཨོལ་ཚམ། གོང་བརྗོད་ཀྱི་ནད་རྟགས་དག་ལས་གཞན། གཙོ་བོ་གློ་ནད་བྱུང་བ་དེའི་ཁྱད་ཆོས་གཙོ་བོར་ངོས་འཛིན། ནད་རྟགས་ལ་སྐམ་ལུ་བྱེད་པ་དང་། སྐབས་ལ་ལར་ཁྲག་འདྲེས་པའི་འབྲུར་གཤེར་ཅན་ལུ་བ་ཡིན། སྣ་རྒྱུ་བཞུར་ཞིང་འཕྲིན་རྟུབ་ཀྱི་གྲངས་ཀ་ཇེ་མང་དུ་འགྲོ་བ། གློ་ནང་དུ་ཧར་སྒྲ་གྲག་ཤིང་། སྐབས་ལ་ལར་གློ་བུར་དུ་སྣ་ཁུང་ནས་ཁྲག་འཛག་པའམ། ལུད་པར་ཁྲག་འདྲེས་པའི་སྣང་ཚུལ་འབྱུང་།

（2）སྣ་སྦུག་གི་ཨོམ་ཚམ། ནད་བྱུང་མ་ཐག་ཏུ་སྣའི་འབྲུར་སྐྱི་དམར་པོ་ཡིན་པ་དང་། སྣ་ཁུང་གི་ལོགས་གཅིག་གམ་ལོགས་གཉིས་ལས་འདག་ཀའམ་

འཕྱུར་གཤེར་ཅན་གྱི་སྣ་ཆུ་བཞུར་ཞིང་། དེ་ནས་ཡུན་རིང་མ་འགོར་བར་སྣའི་འཕྱུར་སྐྱིའི་སྙིང་འབྲས་རྫོག་དང་ཁྲི་ཀོད་འབྲུ་གུའི་ཆེ་ཆུང་གི་མདུད་འབུར་བྱུང་ནས་འཕྱུར་སྐྱིའི་ཕྱི་ངོས་ལས་འབུར་ཉམས་དོད་ཅིང་། མདོག་དཀར་སེར་དང་མཐའ་མཚམས་སུ་དམར་པོར་ཡོད། དེའི་རྗེས་མདུད་འབུར་དེ་དག་དབྱེ་ཐྲལ་བྱུང་བར་བརྟེན། ཟགས་རལ་དུ་གྱུར་ནས་མཐའ་མཚམས་ངོས་མི་སྙོམས་པར་ཙུང་འབུར་ཞིང་ཞབས་ངོས་ཙུང་རྗེབ་པ་དང་། ཟགས་རལ་ལས་མདོག་སྐྱ་བོའམ་དཀར་སེར། ཡང་ན་མདོག་སེར་སྐྱའི་རྣག་ཁུའམ་ཁྲག་འདྲེས་པའི་སྣ་ཆུ་འཛག་སྲིད། ཟགས་རལ་དྲག་རྗེས་འཕྲོ་འགྱེད་དབྱིབས་ཀྱི་རྨ་ཤུལ་འབྱུང་ངེས། སྣ་སྦུག་ལ་ནད་བྱུང་བའི་དུས་མཚུངས་སུ་དེའི་མ་མགལ་འོག་གི་རྨེན་མདུད་སྐྲངས་ནས་ཆེས་ཐོག་མར་ཟུག་གཟེར་ལངས་ནས་འགུལ་མི་ཐུབ་ཅིང་། ཡུན་གྱིས་སྲ་མོར་གྱུར་ནས་ཟུག་གཟེར་བྱུང་བ་དང་། ཕྱི་ངོས་ལ་འབུར་ཉམས་དོད་པས་ངོས་མི་སྙོམས་ལ། གལ་སྲིད་ཉེ་གམ་གྱི་ཕུང་གྲུབ་དང་འཕྱུར་ཡོད་ན་འགུལ་མི་ཐུབ་ཅིང་། དེའི་ཆེ་ཆུང་ལ་སྟར་ཀའམ་སྒོང་ཙམ་ཡོད། སྤྱིར་བཏང་དུ་རྣག་འགྱུར་རམ་རུལ་མི་སྲིད། ནད་ལྗིད་ན་སྣ་དབྲག་དང་སྣའི་འཕྱུར་སྐྱི་རལ་ནས་ལྷུང་བར་མ་ཟད། སྣ་དབྲག་རྫོལ་བའང་ཡོད། སྣ་སྦུག་ཨོལ་ཚམ་གྱི་བྱུང་ཚད་ཙུང་མང་།

（3）སྐྱི་ཤུགས་ཀྱི་ཨོལ་ཚམ། གཙོ་བོ་རྐང་ལག་བཞི་དང་བྲང་གཞུང་གི་རྩིབ་ལོགས། གསུས་འོག །མགོ། སྐེ་ཚིགས། གསང་སྒྲོ་སོགས་ཀྱི་སྐྱི་ཤུགས་ལ་འབྱུང་ཞིང་། རྐང་པར་འབྱུང་བ་ལྷག་ཏུ་མང་། ནད་བྱུང་མ་ཐག་ཏུ་སྒོ་ནུར་དུ་སྐྱི་ཤུགས

ལ་དྲོད་ལྡན་ཞིང་ཟུག་གཟེར་ལངས་པའི་གཉན་ཚད་ཅན་གྱི་སྐྲངས་འབུར་བྱུང་། དེ་ནས་ཉིན3～4འགོར་རྗེས། སྐྲངས་འབུར་གྱི་དཀྱིལ་དུ་མདུད་འབུར་འབྱུང་ཞིང་། མདུད་འབུར་རལ་རྗེས་ཟགས་རལ་ཆགས་ནས་མཐའ་མཚམས་ཀྱི་ངོས་མི་སྙོམས་ཤིང་རྨ་ཁ་སོས་དཀའ། དུད་འབུར་རྨེན་བུའི་རྩ་སྦུབས་བརྒྱུད་དེ་ཉེ་འགྲམ་དུ་ཁྱབ་ནས་ཕྲེང་རྡོག་གི་རྣམ་པའི་སྐྲངས་འབུར་ཆགས་པ་ཡིན། ནད་བྱུང་བའི་རྐང་ལག་དེ་ལ་མདུད་འབུར་བྱུང་བ་དང་ལྷན་དུ་སྐྲངས་ནས་རྐང་ལག་ཇེ་སྦོམ་དུ་འགྱུར་སྲིད། སྐྱི་ལྤགས་ཨོལ་ཚམ་གྱི་བྱུང་ཚད་ཅུང་ཉུང་ཞིང་། ཨོལ་ཚམ་ནད་བྱུང་བའི་རྟའི་ཁྲོད2%～3%ལས་མི་ཟིན།

2. དལ་བའི་རང་བཞིན་གྱི་ཨོལ་ཚམ། དེ་ནི་མྱུར་བའི་རང་བཞིན་ནམ་སྔོ་འབྱེད་རང་བཞིན་གྱི་ཨོལ་ཚམ་ལས་འགྱུར་མཆེད་བྱུང་བ་ཡིན། ཡིན་ནའང་བྱུང་མ་ཐག་ནས་དལ་བའི་རང་བཞིན་གྱི་ཨོལ་ཚམ་ལས་འགྱུར་མཆེད་བྱུང་བའང་ཡོད། འདིའི་ནད་ཡུན་ཟླ་འགའ་ནས་ལོ་འགའ་ལ་བསྲིངས་པ་དང་། ནད་རྟགས་ཀྱང་དེ་འདྲའི་གསལ་པོ་མིན། སྔོ་འབྱེད་རང་བཞིན་གྱི་ཨོལ་ཚམ་ལས་འགྱུར་མཆེད་བྱུང་བའི་རྟ་ནད་པའི་སྣ་སྦུག་ནང་ཨོལ་ཚམ་རང་བཞིན་གྱི་རྨ་ཤུལ་དང་། དལ་བའི་རང་བཞིན་གྱི་ཟགས་རལ་ལུས་ཡོད་པས། རྒྱུན་ཆད་མེད་པར་རྣག་འཁྱུར་ཅན་གྱི་སྣ་ཆུ་ཉུང་ཙམ་བཞུར་བ་ཡིན། སྐྱི་ཕྱུང་གི་རིམས་འགོག་ནུས་ཤུགས་ཇེ་ཞན་དུ་སོང་ན། སླར་ཡང་མྱུར་བའི་རང་བཞིན་ནམ་སྔོ་འབྱེད་རང་བཞིན་གྱི་ཨོལ་ཚམ་དུ་འགྱུར་ངེས།

ཁྲབ་རྒྱ་ཆེ་བའི་ཨོལ་ཆམ་གྱི་རིམས་ནད་བརྟག་ཞིབ་བྱེད། ནད་རྟགས་བརྟག་དཔྱད་དང་ཨོལ་ཆམ་སྲིན་རྒྱུ་བརྟག་དཔྱད་གཙོ་བོར་འཛིན་ཞིང་། དེ་ལ་གཟུགས་གསབ（补体）མཉམ་འབྲེལ་ཚོད་ལྟས་རིགས་འདེགས་བྱ་དགོས་པ་དང་། དགོས་གལ་ཆེ་དུས་དཔྱད་གཞོད་ནད་རྐྱེན་རིག་པའི་ངོས་ནས་ངོས་འཛིན་བྱ་དགོས།

（1）ནད་ཐོག་ངོས་འཛིན། སྒོ་འབྱེད་རང་བཞིན་གྱི་ཨོལ་ཆམ་ལ་དམིགས་བསལ་ཅན་གྱི་ཨོལ་ཆམ་གྱི་ནད་རྟགས་ལྡན་ཞིང་། སྤྱིར་བཏང་དུ་ནད་ཐོག་བརྟག་དཔྱད་བྱས་ན་ནད་ངོས་འཛིན་བྱེད་ཐུབ། ས་སྤྱུག་གམ་སྐྱི་ཞྭགས་ལ་ཨོལ་ཆམ་མདུད་འབུར་རམ་ཟགས་རལ་ཡོད་ན། སྒོ་འབྱེད་རང་བཞིན་གྱི་ཨོལ་ཆམ་ལ་ངོས་བཟུང་ཆོག །གཟབ་ནན་འཁྲོངས་པའི་སྐད་དུ། ཨོལ་ཆམ་སྲིན་རྒྱུ་ལ་བརྟགས་ནས་གདགས་གཤིས་ཅན་ཡིན་ན། ཆེས་མཐའ་འཇུག་གི་ནད་ངོས་འཛིན་ལ་བརྩིས་ཆོག

（2）ཚུལ་ལྡོག་སྣང་ཚུལ་གྱི་ངོས་འཛིན། རྟ་ལ་ཨོལ་ཆམ་འགོས་རྗེས་ཀྱི་གཟའ་འཁོར2～3ནང་གདགས་གཤིས་ཀྱི་སྣང་ཚུལ་འབྱུང་སྲིད་ལ། དེའི་རྗེས་ནད་རྗེ་སྡུག་ལ་སོང་བར་བརྟེན་སྣང་ཚུལ་དེ་རྗེ་དྲག་ཏུ་འགྱུར་ངེས། ཨོལ་ཆམ་གྱི་ནད་བྱུང་བའི་རྟས་ཚུལ་ལྡོག་གི་སྣང་ཚུལ་རྒྱུན་འཁྲོངས་བྱེད་ཡུན་ཐུང་རིང་སྣེ། ལ་ལར་ལོ8～10དགོས་ཤིང་། ཚེ་གང་པོར་རྒྱུན་བསྐྱངས་མཁན་ཡང་ཡོད། དེ་བས་ཨོལ་ཆམ་གྱི་ངོས་འཛིན་དང་རིམས་ནད་ཀྱི་བརྟག་དཔྱད། འགོ་ནད་རིག་པའི་རྟོག་ཞིབ་ངོས་ནས་ཐབས་དེ་ཕན་ནུས་ལྡན་པར་བཙི། ཚུལ་ལྡོག་གི་སྣང་ཚུལ་ལ་

བརྟག་དཔྱད་ཀྱི་གོ་རིམ་དུ། ཨོལ་ཚམ་སྲིན་རྒྱ་ལ་བརྟག་ཐབས་དང་མིག་ལྟེབས་སྐྱེ་འོག་ལ་ཁབ་རྒྱག་པའི་ཐབས། སྐེ་ཚིགས་ཀྱི་སྐྱེ་འོག་ལ་ཁབ་རྒྱག་པའི་ཐབས། སྐྱེ་འོག་རྟོད་འགྱུར་གྱི་ཐབས་བཅས་ལ་བསྟེན་དགོས། ཨོལ་ཚམ་སྲིན་རྒྱུའི་ཚོར་སྣང་ལ་བརྟག་པའི་ཐབས་ནི་ལག་ལེན་སྟབས་བདེ་ཞིང་། དམིགས་བསལ་རང་བཞིན་དང་བཤེར་ཚད (检出率) ཅུང་མཐོ་བས། མྱུར་བའི་རང་བཞིན་དང་སྔོ་འབྱེད་རང་བཞིན། ཡང་ན་དཔལ་བའི་རང་བཞིན་གྱི་ཨོལ་ཚམ་གྱི་རྒྱ་ནད་པ་གང་ཡིན་རུང་། ནད་ངོས་འཛིན་གྱི་རིན་ཐང་ཅུང་མཐོན་པོ་ལྡན་པས་རིམས་ནད་བརྟག་དཔྱད་ཀྱི་ལག་ལེན་མང་པོར་སྤྱོད་པར་འཚམ། 5～6dཡི་མཚམས་ནས་ཡང་དང་བསྐྱར་དུ་སྨན་བརྟག་ན། བཤེར་ཚད་སྔར་ལས་མཐོ་བས་རང་རྒྱལ་དུ་ཐབས་འདི་ལག་ལེན་བྱེད་མཁན་མང་ངོ་།།

（3）ཁྲག་དཔྱད་རིག་པའི་ངོས་འཛིན། དེར་གསབ་གཟུགས་མཉམ་འབྲེལ་ཚོད་ལྟ་དང་རྩབས་འབྲེལ་ནད་འགོག་འཛིན་ལེན་ཚོད་ལྟ། (酶联免疫吸附试验) བར་བརྒྱུད་ཁྲག་དཀག་ཚོད་ལྟ (间接血凝试验) སོགས་འདུ།

（4）ནད་རྐྱེན་གཞག་འབྱེད་རིག་པའི་ངོས་འཛིན། འདི་ནི་གོ་ཆོད་པའི་ངོས་འཛིན་བྱེད་ཐབས་ཤིག་ཡིན། ཡིན་ནའང་གཞག་དཔྱད་ཀྱི་སྐབས་སུ་ངེས་པར་དུ་སྨན་པའི་འགོག་སྲུང་ལས་ཀ་ལེགས་པོར་བསྒྲུབ་དགོས། གཙོ་བོ་དོན་སྙོད་དང་མཆིན་མདུད། སྣ་སྦྲུག་གི་འབྲུར་སྐྱེ། སྐྱེ་ཕྲུགས་སོགས་ཀྱི་ཨོལ་ཚམ་མདུད་འབུར་

དང་ཟགས་རལ། རྨ་ཤུལ་བཅས་གཞིར་བཟུང་ནས་ནད་ངོས་འཛིན་དགོས་ཤིང་། འཁྲི་འབུ་ཅན་གྱི་མདུད་འབུར་གྱི་དབྱེ་འབྱེད་ལའང་སྣང་ཆུང་བྱེད་མི་རུང་།

（5）དབྱེ་འབྱེད་ངོས་འཛིན། འགོ་ནད་ཅན་གྱི་རྨེན་བུའི་རྩ་སྦྲུབས་ཀྱི་གཉན་ཚད་དང་རྟའི་རྨེན་རིམས། སྣའི་གཉན་ཚད་སོགས་དང་དབྱེ་བ་འབྱེད་ཐུབ་དགོས།

【འགོག་བཅོས།】 སྔོ་འབྱེད་རང་བཞིན་དང་མྱུར་བའི་རང་བཞིན་གྱི་ཨོལ་ཚམ་བྱུང་བའི་རྟ་ལ་སྤྱིར་བཏང་དུ་སྨན་བཅོས་བྱེད་མི་དགོས། གལ་སྲིད་སྨན་བཅོས་བྱ་དགོས་ཚེ། ཅིན་མེ་སུའུ（金霉素）དང་ཐུའུ་མེ་སུའུ།（土霉素）ལན་མེ་སུའུ། ཧོང་ཨན་སྨི་ཧྲི（磺胺嘧啶）ལ་བརྟེན་ཆོག་པ་དང་། སྤྱོད་པ་ཆེས་མང་བ་ནི་ཧྲང་ལན་དང་ཐུའུ་མེ་སུའུ་ཡིན། སྨན་བཅོས་ཀྱི་གོ་རིམ་ཁྲོད་ཟུར་བཀར་དང་དུག་སེལ་བྱས་ཏེ་ནད་སྲིན་ཁྱབ་ཡམས་སུ་ཕྱིན་པར་སྔོན་འགོག་བྱེད་ཐུབ་དགོས། ཡིན་ནའང་ནད་དེ་བྱུང་བའི་རྟ་དྲག་དཀའ་བས། ནད་ཐོག་སྨན་བཅོས་ཀྱི་ངོས་ནས་དྲག་ནའང་། སྔར་བཞིན་ཟུར་དུ་བཀར་ནས་དགཟོད་ལས་ཀར་དགོལ་དགོས།

སྔོན་འགོག་གི་ཐད་ནས་རིམས་ནད་ཁུལ་དུ་ལོ་རེར་ཐེངས1～2ལ་ནད་ཐོག་བརྟག་དཔྱད་དང་། ཨོལ་ཚམ་སྲིན་རྐྱའི་རིམས་ནད་བརྟག་དཔྱད་བྱ་དགོས། རྟ་ལ་ནད་དེ་བྱུང་ཚེ། མྱུར་དུ་གསོད་དགོས་པ་དང་རིམས་ནད་སེལ་བའི་ཕྱོགས་བསྡུས་ཀྱི་བྱེད་ཐབས་སྤྱོད་དགོས། ནད་འདིར་ད་རུང་བཀོལ་ཆོག་པའི་སྲིན་སྨུག

（菌苗）མེད་པས། སྔོན་ཚད "གསོ་བ་དང་བརྟག་དཔྱད། ཟུར་བཀར། སྨན་བཅོས། དུག་སེལ" བཅས་ཕྱོགས་བསྡུས་རང་བཞིན་གྱི་རིམས་འགོག་བྱེད་ཐབས་ལ་བརྟེན་པ་ཡིན་ཞིང་། དེང་སྐབས་རིམས་ནད་བརྟག་དཔྱད་དང་ལྷ་ཞིབ་ཚད་ལེན་གྱིས་གཙོས་པའི་སྔོན་འགོག་དང་ཚོད་འཛིན་གྱི་བྱེད་ཐབས་གཙོ་བོར་འཛིན།

གསུམ་པ། རྟའི་ རྨེན་རིམས།

རྟའི་རྨེན་རིམས（strangles）ནི་རྟའི་རྨེན་རིམས་ཀྱི་དུག་སྲིན་ཟླུམ་ཕྲེང་ཅན་གྱིས་བསྐྱེད་པའི་རྟའི་རིགས་ཀྱི་སྲོག་ཆགས་ལ་བྱུང་བའི་མྱུར་བའི་རང་བཞིན་གྱི་འགོ་ནད་ཅིག་ཡིན། དེ་ལ་རྟའི་མགོ་བོ་སྣ་ཚོགས་ཀྱི་མཚམས་ལ་བསྲིངས་པ་དང་ལུས་དྲོད་འཕར་བ། རྣ་ཆུ་མེད་མི་ཐུབ་པ། སྣ་ཆུ་བཞུར་བ། མིད་པ་དང་ཁ་ཤ་ལ་ཟུག་གཟེར་ལངས་པ་དང་སྐྲངས་རྗེས་རྣག་ནས་རལ་བའི་ནད་རྟགས་མངོན།

【ནད་རྒྱུ།】 ནད་རྒྱུ་ནི་རྟའི་རྨེན་རིམས་ཀྱི་དུག་སྲིན་ཟླུམ་ཕྲེང་ཅན་ཡིན། དེའི་སྲིན་གཞི་ཟླུམ་པོའམ་འཇོང་དབྱིབས་སུ་མངོན་ཞིང་། བར་ཐག་གཅིག་མཚུངས་ངང་བསྟར་ཕྲེང་བསྒྲིགས་ཡོད་པ་དང་། འབུ་ཕྲའི་སྤྲུམ་སྒོང་མེད་པ་དང་འགུལ་སྐྱོད་མི་བྱེད་ནའང་གོང་བུ་ཆགས་ཐུབ། སྒེ་ལན་པའི（革兰氏）ཚོས་

ཕུང་གདགས་གཤིས་ཅན་ཡིན། སླུག་རྩི（龙胆紫）དང་ཆིང་མེ་སུའུ། ཧོང་ཨན་རིགས་ཀྱི་སྨན་ལ་ཚོར་བ་སྐྱེན་པོ་ལྡན།

【རིམས་ནད་རིག་པ།】 བཙས་ནས་ཟླ་བཞི་འགོར་བའམ་ལོ་བཞི་ལ་སོན་པའི་རྟ་ལ་འགོ་སླ་ཞིང་། ལྷག་པར་ལོ་གཅིག་ཡས་མས་ཀྱི་རྟེའུ་ལ་བྱུང་བ་ཅུང་མང་བ་དང་། ཟླ་བཞིའི་མན་གྱི་རྟེའུ་ཕྲུག་དང་ལོ་ན་མཐོ་བའི་རྟ་རྒན་ལ་བྱུང་ཚད་ཅུང་དམའ། ཕལ་མོ་ཆེ་དཔྱིད་ཀ་དང་སྟོན་ཁར་འབྱུང་ཞིང་། གཞན་པའི་དུས་ཚིགས་ལ་བྱུང་བའང་ཡོད།

【ནད་རྟགས་དང་ངོས་འཛིན།】

1. དབྱིབས་འདས་རྨེན་རིམས། གཙོ་བོ་ཁྲ་ཐའི་རང་བཞིན་གྱི་སྣའི་འབྱར་སྐྱིའི་གཉན་ཚད་ཀྱི་ནད་རྟགས་མངོན་ཞིང་། གཞན་སྣའི་འབྱར་སྐྱི་དམར་པོར་འགྱུར་བ་དང་། སྐྱོ་གཤེར་རམ་འབྱར་ཁུ་ཅན་གྱི་སྣ་ཆུ་བཞུར་བ། ལུས་དྲོད་འཕར་བ། མ་མགལ་གྱི་རྨེན་མདུན་ཅུང་སྐྲངས་པའི་ནད་རྟགས་ཀྱང་མངོན།

2. དཔེར་མཚོན་གྱི་རྨེན་རིམས། ལུས་དྲོད་འཕར་ནས39～41℃ལ་སླེབས་སྲིད་པ་དང་། འཁྲིན་ཧུབ་དང་རྩའི་འཕར་ཚད་དེ་མགྱོགས་སུ་འགྲོ་བ། འབྱར་སྐྱིའི་མདོག་དམར་སེར་ཆགས་ངེས། དེའི་རྗེས་ཁྲ་ཐའི་རང་བཞིན་གྱི་སྣའི་གཉན་ཚད་རྒྱས་པར་བརྟེན། སྣ་ཆུ་སྐྱོ་གཤེར་ཅན་ནས་འབྱར་བག་ཅན་དུ་གྱུར་ནས་མཐར་མདོག་སེར་སྐྱའི་རྣག་ཁུ་བཞུར་བ་ཡིན། གཉན་ཚད་ཀྱིས་མིད་པར་ཤན་ཐེབས་ན། ལྩ་བ་དང་དབུགས་འཚང་བ། ཟས་ཆུ་མིད་དཀའ་བའི་སྣང་ཚུལ་

འབྱུང་སྲིད། སྣ་ཁྲུང་ལས་སྐྱོ་གཟེར་ཅན་གྱི་སྣ་ཆུ་བཞུར་དུས་མ་མགལ་གྱི་རྨེན་མདུད་སྐྲངས་ཤིང་། སྐྲངས་འབུར་གྱི་ཆེ་ཆུང་ལ་སྒོང་འདམ་ཁྱུ་ཚུར་ཙམ་ཡོད་ལ། ཉེ་གམ་གྱི་ཕུང་གྲུབ་དང་ངོ་གདོང་དང་མགྲིན་སྦུབས་ལ་ཤན་ཐེབས་ན། ཐོག་མར་སྲ་མོར་གྱུར་ནས་ཟུག་གཟེར་ལངས་པ་དང་། ལུས་དྲོད་ཀྱང་ཅུང་མར་ཆག་ཅིང་། དེ་ནས་རིམ་བཞིན་སྙི་མོར་གྱུར་ནས་ལུས་དྲོད་སླར་འཕར་ནས་རྣག་སྐྲངས་རལ་པ་ཡིན། ལུས་དྲོད་མར་ཆག་ན་གཉན་ཚད་ཅན་གྱི་རྣག་སྐྲངས་དང་། ལུས་ཡོངས་ཀྱི་ནད་རྟགས་བྱུང་བ་དང་། ཆ་ཁྱར་ཤའུ་ཡི་ཕུང་གྲུབ་གསར་དུ་སྐྱེས་ནས་རྡ་རིམ་བཞིན་སངས་དྲག་ཡོང་བ་དང་། ནད་ཡུན་ལ་གཟའ་འཁོར2～3འགོར།

3. ཚབས་ཆེ་བའི་རྨེན་རིམས། གལ་སྲིད་མ་གཞིའི་ཕྲ་སྲིན་རྨེན་མདུད་གཞན་པའི་སྟེང་ལ་འགོས་པ་སྟེ། ལྐོག་པར་གྲི་བའི་རྨེན་མདུད་དང་ཕྲག་པའི་མདུན་གྱི་རྨེན་མདུད་དང་། རྒྱུ་མའི་འབྲུར་སྐྱིའི་རྨེན་མདུད། གཞན་སློ་བ་དང་ཀླད་པ་སོགས་ལ་འགོས་ན། གཞི་རྒྱ་ཆེ་བའི་རྣག་འགྱུར་ཅན་གྱི་གཉན་ཚད་རྒྱས་ཤིང་། ལུས་ཟུངས་ཉམས་ཤིང་རྣག་དུག་ཅན་གྱི་ཁྲག་ཉམས་ནད་བྱུང་ནས་ཤི་ངེས།

【སྨན་བཅོས།】 མ་མགལ་གྱི་རྨེན་མདུན་སྐྲངས་པའི་གནས་ཚུལ་དང་ལུས་ཡོངས་ཀྱི་ནད་རྟགས་གཞིར་བཟུང་ནས་སྨན་བཅོས་བྱ་དགོས།

1. གཉན་ཚད་ཅན་གྱི་སྐྲངས་སྦྲོས་དུས་རིམ་གྱི་སྨན་བཅོས། རྨེན་མདུད་སྐྲངས་པ་ཚབས་ཆེན་མིན་པ་དང་མ་རྣག་ན། ག་བུར་ཆང་བཅུད་དང་ཚྭའུ་སྐྱུར་ཞའི་མང་སྦྱོར་སོགས་ཀྱི་སྨན་ལ་བརྟེན་ཆོག

2. རྒྱ་འགྱུར་དུས་རིམ་གྱི་སྨན་བཅོས། སྐྲངས་འབུར་ཚུང་ཆེན་པོ་དང་སྲ་མོར་གྱུར་ནས་སྐྱིམ་འགྱུལ་མི་བྱེད་པའི་སྐབས10%～20%ཡི་ཐང་སྨུམ་བཙིར་ལྡེ་སོགས་ངར་སྔོང་ཤུགས་ཚུང་ཆེ་བའི་སྨན་རྫས་ལ་བརྟེན་ནས་སྨིན་དུ་འཇུག་དགོས། སྨི་ཞིང་སྐྱིམ་འགྱུལ་ཐུབ་པའི་སྨིན་ཟིན་པའི་རྣག་སྐྲངས་ཡིན་ན། གཤགས་ནས་རྣག་ཕྱི་ལ་འདོན་དགོས་ཤིང་། དེ་ནས་རྨ་ཁར་སྨན་བཅོས་བྱ་དགོས། ལུས་དྲོད39.5℃བརྒལ་ན། ནོང་ཨན་རིགས་ཀྱི་སྨན་དང་ཆིང་མེ་སུའུ་ལྡུད་དགོས།

3. འདུས་ནད་ཀྱི་སྨན་བཅོས། ཕྱི་ལ་ཚའུ་སྐྱུར་ཞ་བསྐུས་ནས་གཞན་པའི་སྐྲངས་སྦྱོས་ལ་སྨན་བཅོས་བྱས་ཚོག་ལ། གྲི་ཚད་དང་དབུགས་འགག་པ་ལ་ནད་བསྟུན་སྨན་བཅོས་བྱ་དགོས། རིམས་ནད་ཁྱབ་མཆེད་ཀྱི་སྐབས། ནད་དེ་མ་བྱུང་བའི་རྟེའུ་དང་ཐོ་རུ་ལ་ནོང་ཨན་རིགས་ཀྱི་སྨན་བླུད་ནས་སྔོན་འགོག་བྱ་དགོས།

བཞི་པ། རྟའི་ཁྲི་སྨྱོན་གྱི་ནད།

ཁྲི་སྨྱོན་གྱི་ནད（rabies）ནི་དབང་རྩའི་མ་ལག（中枢神经系统）ལ་རྣམ་སྐྱོན་ཐེབས་པ་ལས་བྱུང་ཞིང་། ནད་དེ་བྱུང་བའི་རྟ་ལ་སེམས་འཚུབ་པ་དང་འདུ་ཤེས་འཁྲུགས་པའི་ནད་རྟགས་མངོན་ཞིང་། མཐར་ལུས་སྲིད་ནས

ཞི་འགྲོ་བོ།།

【ནད་རྒྱུ།】 ཁྱི་སྨྱོན་ནད་ཀྱི་ནད་གཞི་ནི་ཁྱི་སྨྱོན་ནད་དུག་ཡིན་ཞིང་། དེ་ནི་དབྱུག་དབྱིབས་དུག་ཚན་དང་ཁྱི་སྨྱོན་ནད་ཀྱི་ནད་དུག་གི་ཁོངས་སུ་གཏོགས། ནད་བྱུང་བའི་སྲོག་ཆགས་ཀྱི་ཀླད་རྒྱུངས་དབང་རྩའི་ཕུང་སྤུབ་དང་མཆིལ་མའི་རྨེན་རྩ། མཆིལ་མ་བཅས་ཀྱི་ནང་དུ་གནས་ཡོད། ནད་དུག་དེ་ཉི་འོད་དང་1%～2%ཀྱི་དག་ཚལ་གྱི་ཆུ（肥皂水）དང་70%ཡི་ཆང་བཙུད། 0.01%གི་ཧེན་གཞེར་འཛོམས་སྨན（碘液灭活）བཅས་ཀྱིས་གསོད་ཐུབ་པ་དང་། སྐྱུར་གཤིས་ཅན་དང་བུལ་ཅན། ཧྥུ་ཨེར་མ་ལིན（福尔马林）སོགས་དུག་སེལ་གྱི་སྨན་ལ་ཚོར་བ་སྐྱེན་པོ་ཡོད།

【རིམས་ནད་རིག་པ།】 གཙོ་བོ་ཁྱི་སྨྱོན་གྱི་ནད་ཐོག་པའི་ཁྱི་དང་། གཞན་པའི་རི་སྐྱེས་སྲོག་ཆགས་ཀྱིས་སོ་བཏབ་ནས་རྨས་པར་རྐྱེན་བྱས་ཏེ། ནད་འདི་བསླངས་པ་ཡིན་ཞིང་། དུས་བཞིར་ཁྱད་མེད་དུ་འགོ་ངེས།

【ནད་རྟགས་དང་ངོས་འཛིན།】 ནད་འདི་བྱུང་མ་ཐག་ཏུ་ལུས་དྲོད་མི་འཕར་ཞིང་རྣམ་རིག་དུབ་པ། ཡི་ག་འཆུས་པ། སོ་བཏབ་པའི་རྨ་ཁར་རང་གིས་སོ་བཏབ་པའམ་ཧ་མས་རྗེག་པ་དང་། སྐབས་ལ་ལར་དངོས་པོ་གཞན་ལ་གཙུབ་བརྡར་བྱས་ནས་ཁྲག་འཛག་པའང་ཡོད། འདྲོགས་ལངས་པ་དང་འདུ་ཤེས་འཁྲུགས་པ། རྒྱུན་དུ་སྒོ་ཕྱོགས་གཞན་པ་དང་མི་ལ་རྟུང་ཐུག་རྒྱག་པ། སྐབས་ལ་ལར་དངོས་པོ་གཞན་འཛམ་མེད་དུ་ཟ་བ། རང་གི་ལུས་ལ་སོ་བཏབ་ནས་རྨ་ཁ

བཞི་བའམ་དངོས་པོ་གཞན་པར་སོ་འདེབས་པ་དང་། རྣམ་རིག་དུབ་ནས་གྲགས་འགྱུལ་མེད་པར་འདུག་པའང་ཡོད། མཐར་རྐང་ལག་སྲིད་ཅིང་ཁ་ཆུ་ཟགས་པ། རྩ་ཆས་སོགས་ཟ་མི་ཐུབ་པ་དང་། དབུགས་འགག་པ་དང་ལུས་ཟུངས་ཉམས་ནས་འཆི་འགྲོ།

【སྨན་བཅོས།】 ཁྱི་སྨྱོན་གྱི་ནད་ངོས་བཟུང་རྗེས་ཚང་མ་བསད་ནས་བེམ་རོ་ས་འོག་ལ་སྦ་དགོས། ཁྱི་སྨྱོན་གྱིས་སོ་བཏབ་པའི་རྟ་ལ་མྱུར་དུ་རིམས་ནད་སྔོན་འགོག་དང་རྨ་ཁར་སྨན་བཅོས་བྱ་དགོས་པ་སྟེ། 20%ཡི་འདག་ཚལ་གྱི་ཆུ་ཐྲོན་མོའམ། 5%～10%ཡི་ཉེན་ཚང་ངམ། 3%གྱི་རྡོ་ཐལ་སྐྱུར（石炭酸）གྱིས་ཡང་དང་བསྐྱར་དུ་རྨ་ཁ་བཀྲུས་ནས་དུག་སེལ་བྱ་དགོས། གཞན་ཁྱི་སྨྱོན་ནད་ཀྱི་འགོག་སྨན25～50mlཐེངས་གཅིག་ལ་པགས་འོག་ཏུ་རྒྱག་དགོས་ཤིང་། དེ་ནས་ཉིན3～5ནང་ཡང་བསྐྱར་ཐེངས་གཅིག་ལ་རྒྱག་དགོས། ལོ་གཅིག་མན་གྱི་རྟེའུ་ལ་འགོག་སྨན་ཕྱེད་ཀ་བརྒྱབ་པས་ཆོག་ཅིང་། དུས་བཅད་ལྟར་ཁྱི་སྨྱོན་ནད་ཀྱི་འགོག་སྨན་རྒྱག་པའི་རྒྱུན་སྐྱོང་ཐུབ་དགོས།

ལྔ་པ། ཁྲག་ཟད་རིམས་ནད།

རྟའི་འགོ་ཁྱབ་རང་བཞིན་གྱི་ཟུངས་ཁྲག་ཟད་པའི་ནད（equine in-fectious anemia，ELA）ནི་རྟའི་འགོ་ཁྱབ་རང་བཞིན་གྱི་ཁྲག་ཟད་ནད་

དུག་གིས་བསྐྱེད་པའི་རྟའི་རིགས་སུ་གཏོགས་པའི་སྲོག་ཆགས་ཀྱི་འགོ་ནད་ཅིག་ཡིན་ཞིང་། ཚ་དྲོད་རྒྱས་པ་དང་ཁྲག་ཟད་པ། ཁྲག་འབུད་པ། སྙིང་ཁམས་ཉམས་པ། སྐྲངས་པ་དང་ཤ་ཤེད་ལྷུང་བ་སོགས་ཀྱི་ནད་རྟགས་མངོན་པ་དང་། ནད་རྟགས་དེ་དག་ཡང་དང་བསྐྱར་དུ་འཕར་བར་མ་ཟད། ལུས་པོར་ཚ་དྲོད་རྒྱས་སྐབས་ནད་རྟགས་མངོན་གསལ་ཡིན་ཞིང་། ཚ་དྲོད་མེད་སྐབས་རིམ་བཞིན་བྱུང་ངེས། ནད་འདི་འཛམ་གླིང་སྲོག་ཆགས་འཕྲོད་བསྟེན་ཚ་འཛུགས་ཀྱིས་སྲོག་ཆགས་ཀྱི་རིམས་ནད་རིགས་Bཡི་གྲས་སུ་བཞག་ཡོད། སྔོན་ཆད་རང་རྒྱལ་དུ་གཞི་རྒྱ་ཆེན་པོར་འགོས་ནས་རྟ་གསོ་མཁན་དང་ཞིང་ལས་ཐོན་སྐྱེད་ལ་གོད་ཆག་ཆེན་པོ་བཟོས་ཤིང་། མིག་སྔར་རང་རྒྱལ་གྱིས་རྟའི་འགོ་ཁྱབ་རང་བཞིན་གྱི་ཟུངས་ཁྲག་ཟད་པའི་ནད（གཤམ་ནས་རྟའི་འགོ་ཁྱབ་རང་བཞིན་གྱི་ཁྲག་ཟད་ཀྱི་ནད་ཅེས་བསྡུ་རྒྱུ）འགོ་ཁྱབ་ལ་ཚོད་འཛིན་བྱེད་ཐུབ་ཡོད་ནའང་། སྔར་བཞིན་རིམས་ནད་བརྟག་དཔྱད་བྱ་ཡུལ་གཙོ་བོ་ཞིག་ཏུ་བརྩིའོ།།

【ནད་རྒྱུ།】 རྟའི་འགོ་ཁྱབ་རང་བཞིན་གྱི་ཁྲག་ཟད་ནད་ཀྱི་ནད་དུག་ནི་བརྒྱུད་འཕབ་ལྡོག་མའི（反转录）ནད་དུག་ཚན་པའི་དལ་བའི་ནད་དུག（慢病毒）གི་ཁོངས་སུ་གཏོགས། ནད་དུག་ཟླུམ་དབྱིབས་སུ་མངོན་ཞིང་སྐྱི་ཤུན་ཡོད། ཚངས་ཐིག་ལ90～120 nmདང་། སྐྱི་ཤུན་གི་མཐུག་ཚད་ལ་ཏ་ལམ9 nmཡོད་པ་དང་། ཕྱི་ངོས་ལ་ཚི་སྣའི་འབུར་ཉམས་དོད། དུག་རིལ་གྱི་དཀྱིལ་དུ་ཚངས་ཐིག་ལ40～60 nmཡོད་པའི་སྒུང་དབྱིབས་རིགས་ཀྱི་ཉིང་གཟུགས（核

体）ཡོད། དུག་སྡོང（毒株）རེར་འགོག་རྫས་རིགས་གཉིས་ཡོད་དེ། ངོ་བོ་མི་འདྲ་བའི་ཚོགས་ཁྱད་འགོག་རྫས་དང་ངོ་བོ་མི་འདྲ་བའི་རིགས་ཁྱད་འགོག་རྫས་གཉིས་སོ། །ངོ་བོ་མི་འདྲ་བའི་ཚོགས་ཁྱད་འགོག་རྫས（群特异性抗原）ནི་དུག་སྡོང་སོ་སོར་ཐུན་མོང་དུ་ཡོད་པ་དང་། ངོ་བོ་མི་འདྲ་བའི་རིགས་ཁྱད་འགོག་རྫས（型特异性抗原）ནི་རིགས་རྣམ་མི་འདྲ་བའི་དུག་སྡོང་བར་གྱི་འགོག་རྫས་མི་འདྲ་ལ་གོ་ཞིང་། དེ་དུག་རེའི་ཕྱི་ངོས་སུ་གནས་ཡོད་པ་དང་། སྨོམས་སྦྱོར་འགྱུར་འབྱུང་གི་ཐབས་སྤྱད་ན་བརྟག་དཔྱད་བྱེད་ཐུབ། འཛར་པན་གྱི་ཡིག་ཚགས་ལྟར་ན། རྟའི་འགོ་ཁྱབ་རང་བཞིན་གྱི་ཁྲག་ཟད་ནད་ཀྱི་ནད་དུག་ལ་མ་མཐའ་ཡང་ཁྲག་གི་རིགས་བརྒྱད་ཡོད། ཡིན་ནའང་ནད་འདིའི་དུག་རིགས་སོ་སོའི་ཁྱད་པར་ལ་དཔྱད་དུང་རྩོད་གཞི་ཆེན་པོ་མཆིས།

རྟའི་འགོ་ཁྱབ་རང་བཞིན་གྱི་ནད་དུག་གི་གཡོལ་བཟོད་ནུས་པ་ཅུང་ཆེ་ཞིང་། རྟ་སྦྲངས་སོགས་སུ་ཟླ2.5ལྷག་ལ་གསོན་ཐུབ། སྦྲུངས་ནས་སྐྱུར་ལངས་པའི་རྟ་སྦྲངས་ནང་ཉིན30འགོར་རྗེས་ཤི་ངེས། ནད་དུག་འདིས་དྲོད་མི་ཐུབ་པས་བཙོས་ནས་གདུ་ཚ་བཅུག་ན་སྨྱུར་དུ་ཤི་འགྲོའོ། །

【རིམས་ནད་རིག་པ།】 ནད་འདི་འཛམ་གླིང་ཡོངས་ལ་ཁྱབ་ཡོད་པ་དང་། ཁྱབ་མཆེད་ལ་ས་ཁུལ་རང་བཞིན་གྱི་ཁྱད་ཆོས་ལྡན་ཞིང་ཁྱབ་རྒྱ་ཆེན་པོར་འགོ་བ་ཅུང་ཞུང་། འགོ་ཁུངས་གཙོ་བོ་ནི་ནད་འདི་འགོས་པའི་རྟའི་རིགས་སུ་གཏོགས་པའི་སྲོག་ཆགས་དང་། ལྷག་པར་ཚ་དྲོད་རྒྱས་པའི་དུས་སྐབས་ཀྱི་རྟའི་

ཁྲག་དང་དོན་སྣོད་ནང་ནད་དུག་མང་པོ་ཡོད་པས་བཤང་གཅི་དང་ཟགས་ཐོན་དངོས་པོ（འོ་མ། རྣ་སྣབས། གཅིན། ཁུ་བ། མིག་སྐྱག །སྣ་ཆུ། མཆིལ་མ་སོགས）དང་མཉམ་དུ་ལུས་ཀྱི་ཕྱི་ལ་བཏོན་པ་དང་། ཡང་ན་འབུ་སྦྲང་དང་སྦྲུལ་སོགས་ཀྱིས་སོ་བཏབ་པ་དང་ནད་བརྟག་ཡོ་ཆས་བརྒྱུད་དེ་འགོ་བར་མ་ཟད། འདྲུ་ལམ་དང་སྦྱོར་སྡེབ་ཀྱི་སྐབས་སུའང་འགོ་སྲིད། གཞན་ཤ་མ་བརྒྱུད་དེ་འགོ་བའི་ཉེན་ཁའང་ལྡན། རྟའི་རིགས་སུ་གཏོགས་པའི་སྲོག་ཆགས་ལ་རྟའི་འགོ་ཁྱབ་རང་བཞིན་གྱི་ཁྲག་ཟད་ནད་ལ་ཚོར་བ་སྐྱེན་པོ་ཡོད་པ་དང་། རིགས་རྒྱུད་དང་ལོ་ན། ཕོ་མོ་ལ་ཁྱད་མེད་དུ་འགོ་ཞིང་། དེའི་ཁྲོད་ཆེས་འགོ་སླ་བ་ནི་རྟ་ཡིན་ཞིང་། དེའི་འཁོར་དྲིལ་དང་བོང་བུ་ལ་འགོ་སླ། ནང་འདྲེན་བྱས་པའི་རྟ་དང་རྟ་རྒྱུད་ལེགས་སྒྱུར་བྱས་པའི་རྟ་ལ་འགོ་ཉུང་སླ་ཞིང་། གཞན་པའི་སྒོ་ཕྱུགས་དང་ཁྱིམ་བྱ། རི་སྐྱེས་སྲོག་ཆགས་སོགས་ལ་མི་འགོ། འགོ་ནད་འདིར་དུས་ཚིགས་ཀྱི་ཁྱད་པར་མེད་ནའང་། ཁྲག་འཛིབ་འབུ་སྲིན་མང་བའི་དུས（ཟླ7～9）ཚིགས་སུ་འགོ་བ་ཉུང་མང་། གཟན་གསོ་དོད་དམ་ལ་འཕྲུས་ཤོར་བ་དང་། ལས་ཀར་བཀོལ་ཡུན་རིང་དྲགས་ན་ནད་འདི་བསླང་ངེས། རིམས་ཁྱུལ་གསར་པར་འགོ་ཁྱབ་ཀྱི་ཚད་མཐོ་ཞིང་སྨུར་བ་དང་། རིམས་ཁྱུལ་རྙིང་བར་ཚད་མཐུད་ཀྱི་ཚུལ་དུ་འབྱུང་ཞིང་། མང་ཆེ་བར་དལ་བའི་རྣམ་པ་མངོན།

【ནད་རྟགས་དང་ངོས་འཛིན།】 རྟའི་འགོ་ཁྱབ་རང་བཞིན་གྱི་ཁྲག་ཟད་ནད་ཀྱི་ནད་རྟགས་བག་ལ་ཞ་བའི་ཡུན་གྱི་རིང་ཐུང་མི་གཅིག་སྟེ། མིའི་

ཐབས་བརྒྱུད་དེ་འགོས་པའི་ནད་དཔེའི་ཆ་སྙོམས་ཀྱི་ནད་རྟགས་བག་ལ་ཞ་བའི་དུས་ཡུན་ནི་ཉིན10~30ཡིན། ཐུང་བ་ལ་ཉིན5ལས་མེད་པ་དང་རིང་བ་ལ་ཉིན90ཡོད། འགོ་ནད་ཐུང་བའི་རྟའི་ནད་རྟགས་དང་ཁྲག་རྒྱུན་རིག་པའི་འགྱུར་ལྡོག་ནི་དྲོད་ཚད་ཀྱི་འགྱུར་ལྡོག་གིས་ཤན་ཐེབས་པའི་ཆོས་ཉིད་ཅན་དང་། ངེས་གཏན་མིན་པའི་བསྐྱར་འཕར་གྱི་ཁྱད་ཆོས་གཉིས་ལྡན། ལུས་དྲོད་རྒྱས་དུས་ནད་རྟགས་དང་ཁྲག་དཔྱད་རིག་པའི་འགྱུར་ལྡོག་མངོན་གསལ་ཡིན། ལུས་དྲོད་རྒྱས་མེད་དུས་དེ་འདྲའི་མངོན་གསལ་མིན། དེ་བས་ནད་ཐོག་སྨན་བཅོས་དང་ཁྲག་རྒྱུན་ལ་བརྟག་དཔྱད་བྱེད་དུས། བརྟག་དཔྱད་བྱ་ཡུལ་གྱི་རྟའི་ཉིན་རེའི་ནངས་དགོང་གི་ལུས་དྲོད་ཐེངས་རེར་གཞལ་དགོས་ཤིང་། དེ་ལྟར་བསྟུད་མར་ཟླ་གཅིག་གམ་དེ་ལས་རིང་བར་རྒྱུན་བསྐྱང་ཐུབ་དགོས། ཚ་དྲོད་རྒྱས་དུས་ཉིན2~3ལ་དང་། ལུས་དྲོད་རྒྱས་མེད་དུས་ཉིན7~10ནང་ནད་རྟགས་དང་། ཁྲག་ལ་བརྟགས་ནས་ནད་རྟགས་དང་ཁྲག་གི་འགྱུར་ལྡོག་དང་། ལུས་དྲོད་རྒྱས་པའི་བར་གྱི་འབྲེལ་བར་བརྟག་དགོས། དོས་འཛིན་གྱི་དམིགས་ཚད་གཤམ་གསལ་ལྟར།

1. ལུས་དྲོད་རྒྱས་པའི་རྣམ་པ། ལུས་དྲོད39℃ཡན་ལ་སླེབས་ཤིང་། ཚ་དྲོད་ཡུན་རིང་པོར་མི་ཡལ་བ་དང་དུས་ངེས་མེད་དུ་ཚ་དྲོད་རྒྱས་པ། དྲོད་ཁྱད་ལྡོག་པའི（སྔ་དྲོར་ལུས་དྲོད་མཐོ་བ་དང་ཕྱི་དྲོར་ལུས་དྲོད་དམའ་བ）ཚུལ་མངོན་ཞིང་། ལྷག་པར་དཔལ་བའི་རང་བཞིན་ཅན་གྱི་ནད་ཐོག་པའི་རྟ་ནད་པའི་ནད་རྟགས་མངོན་གསལ་ཡིན།

2. **འབྱར་སྐྱི་ལ་འགྱུར་ལྡོག་མངོན་པ།** ནད་དེ་སྟུག་ཏུ་སོང་བ་དང་བསྟུན་ནས་ནུབས་ཁྲག་ཟད་ཚད་ཚབས་ཇེ་ཆེར་འགྱུར་ཞིང་། མཐོང་ཐུབ་པའི་འབྱར་སྐྱི་འང་སེར་སྐྱའམ་དཀར་པོར་འགྱུར་ངེས། ལྕེ་འོག་དང་མིག་གི་འབྲེལ་སྐྱི། སྣ་མཚུལ་གྱི་འབྱར་སྐྱི། སོ་རྙིལ། མངལ་ལམ་གྱི་འབྱར་སྐྱི་བཅས་ལ་ཁབ་རྩེ་ལྟ་བུའི་ཁྲག་ཐིགས་འབབ་པ་དང་། ཁྲག་ཐིགས་གསར་པའི་མདོག་དམར་པོ་དང་ཁྲག་ཐིགས་རྙིང་པའི་མདོག་དམར་སྐྱ་ཡིན།

3. **སྙིང་ཁམས་འཁྲུགས་པ།** སྙིང་གི་འཕར་ལྡིང་མགྱོགས་པ་དང་སྙིང་སྒྲ་དང་པོ་ཆེ་བ། སྙིང་གི་ལྡིང་ཚད་མི་སྙོམས་པ་དང་འཛེར་སྒྲ་འདྲེས་ཤིང་། རྩའི་འཕར་ཚད་སྐར་མ་རེར་ཐེངས60～100ལ་སླེབས་ངེས།

4. **སྐྲངས་པ།** རྐང་ལག་བཞིའི་ཞབས་དང་བྲང་གཞུང་གི་མདུན། གསུས་འོག །གསང་སྒོ་སོགས་ལ་ཟུག་གཟེར་དང་ཚད་ཏོད་རྒྱས་པའི་ནད་རྟགས་མི་མངོན་པར་སྐྲངས་པའི་སྣང་ཚུལ་འབྱུང་།

5. **ལུས་ཡོངས་ཀྱི་ནད་རྟགས།** ནད་དེ་བྱུང་བའི་རྟའི་རྣམ་རིག་དུབ་ཅིང་མགོ་བོ་སྐྱུར་བ། ལངས་ནས་མི་འགུལ་བ། ཡི་ག་འཆུས་པ། རིམ་བཞིན་ཤ་ཤེད་ལྷུང་བ། ཐང་ཚད་སླ་བ་དང་རྟུལ་ཆུ་ཐོན་སླ་བ། ལོག་སྐྱད་ཀྱི་ནུབས་ཟད་ནས་གོམ་པ་ཁྱར་ཁྱོར་སྒྲོ་ཞིང་རང་ལྡོགས་མི་ཐུབ་པ་དང་། ཇ་མའི་ཤུགས་ཟད་པ་སོགས་ཀྱི་ནད་རྟགས་མངོན།

6. ཁྲག་དཔྱད་རིག་པའི་འགྱུར་ལྡོག

（1）ཁྲ་ཕུང་དམར་པོ་དེ་ཆུང་དང་ཁྲག་དམར་སྤྲི་དཀར་དེ་ཉུང་། ཁྲག་རིལ་དིམ་ཚད་དེ་མགྱོགས་སུ་འགྲོ་བ་ཡིན། ནད་བྱུང་མ་ཐག་ཏུ་འགྱུར་ལྡོག་ཆེན་པོ་མེད་ལ། རིམ་བཞིན་ཁྲ་ཕུང་དམར་པོ་མངོན་གསལ་གྱིས་དེ་ཉུང་དུ་གྱུར་ནས་རྒྱུན་དུ་ཁྲི500རེ་ལL་གཅིག་ལས་ཉུང་ངེས་ཤིང་། ཁྲག་དམར་སྤྲི་དཀར་དེ་ཉུང་དུ་སོང་ནས40%མན་ལ་སླེབས་སྲིད། ཁྲག་སླ་པོ་ཡིན་པ་དང་ཁྲག་རིལ་དིམ་ཚད་མངོན་གསལ་ངང་དེ་མགྱོགས་སུ་འགྱུར་ངེས།

（2）ཁྲ་ཕུང་དཀར་པའི་གྲངས་ཀ་དང་ཁྲ་ཕུང་དཀར་པོའི་རྣམ་པར་འགྱུར་བ་བྱུང་བ་ཡིན། ལུས་དྲོད་རྒྱས་པའི་མཇུག་མཐའི་དུས་རིམ་དུ་ཁྲ་ཕུང་དཀར་པོའི་གྲངས་ཀ་རྒྱུན་དུ4000～5000རེ/mm3ཡི་མན་ཡིན་པ་དང་། རྨེན་བུའི་ཁྲ་ཕུང་གི་བསྡུར་ཚད་དེ་མང་དུ་སོང་ནས་ནར་སོན་པའི་རྟ་དང་དྲེལ་ཞིག་ལ་མཚོན་ན50%ལ་བསླེབ་སྲིད་པ་དང་། ལོ1～2ཅན་གྱི་རྟེའུའམ་ཐོ་རུ་ཞིག་ལ་མཚོན་ན70%ལ་བསླེབ་ཐུབ། ཉིང་རྐྱང་ཁྲ་ཕུང（单核细胞）དེ་མང་དུ་འགྲོ་བ་དང་། རང་བཞིན་སྙོམས་པའི་ཁྲ་ཕུང（中性粒细胞）གི་རྡོག་རིལ་ལྷོས་བཅས་ཀྱིས20%ཡས་མས་དེ་ཉུང་དུ་འགྱུར་སྲིད།

（3）སྦོད་རྩའི་ཁྲག་ནང་དུ་ཁྲ་ཕུང་ལྷུགས་གཟན་ཅན་ཡོད་པ་དང་། ནད་རྐྱེན་གྱི་འགྱུར་ལྡོག་ནི་གཙོ་བོ་མཆིན་པ་དང་མཚེར་བ། མཁལ་མ། རྨེན་མདུད་སོགས་དྲ་དབྱིབས་ཅན་གྱི་སྐྱི་ལྤགས་ནང་རིམ་གྱི་ཁྲ་ཕུང་གི་ངོ་བོ་འགྱུར་

པ་དང་མང་དུ་འཕེལ་བ། ལྷུགས་ཀྱི་བརྗེ་ཚབ་ལ་གནོད་སྐྱོན་ཐེབས་པ་སོགས་ཀྱི་དབང་གིས་ཡིན། སྨུར་བའི་རང་བཞིན་ཅན་ནི་གཙོ་བོ་ཁྲག་ཉམས་ནད་ཀྱི་འགྱུར་ལྡོག་མངོན་ཞིང་། སྨུར་གཤིས་ཐལ་བ་དང་དལ་བའི་རང་བཞིན་ཅན་ལ་གཙོ་བོ་ཟུངས་ཁྲག་ཟད་པ་དང་། ཟ་དབྱིབས་ཅན་གྱིས་སྐྱི་ལྷགས་ནང་རིམ་གྱི་ཕྲ་ཕུང་འཕེལ་འགྱུར་བྱུང་བར་བརྟེན། ཁྲག་ཉམས་ནད་ཀྱི་འགྱུར་ལྡོག་ཇི་ཞན་དུ་འགྱུར་སྲིད། མིག་གིས་མཐོང་ཐུབ་པའི་ནད་རྐྱེན་གྱི་འགྱུར་ལྡོག་ལ་ལུས་ཡོངས་ཀྱི་གཉེར་སྐྱི་ནང་སྐྱི་དང་འཕྲུར་སྐྱི། དོན་སྙོད་བཅས་ལ་ཚད་རིམ་མི་འདྲ་བའི་ཁྲག་ཐིགས་སམ་ཁྲག་གི་ཐིག་ལེ་མངོན་སྲིད། མཆེར་པ་སྐྲངས་ནས་གཤག་མཚམས་ཀྱི་མདོག་དམར་སྐྱའམ་དམར་ནག་ཏུ་འགྱུར་བ་དང་། མཆིན་པ་སྐྲངས་ནས་གཤག་མཚམས་ཀྱི་འདབ་ཚུང་མག་མོག་ཏུ་འགྱུར་སྲིད། དཀྱིལ་གྱི་སྟོད་རྩ་རྐོང་དབྱིབས་སྦུབས་ཁྲག་གོ་ཡུའི་རི་མོ་དང་འདྲ་ཞིང་། དངོས་གཤིས་ཇི་ཞན་དུ་གྱུར་ནས་དམར་པོའམ་ལྷུགས་བཙའི་མདོག་ཏུ་མངོན། སྙིང་ཁམས་ཀྱི་འགྱུར་ལུགས་ནི་རྒྱུ་ཐོལ་གྱིས་བསྒྲིགས་པ་དང་མཚུངས་ཤིང་། མཁལ་མ་སྐྲངས་ཤིང་སྙེང་ལ་ཁྲག་ཐིགས་བབས་ཡོད། ནད་འདིའི་ཕུང་གྲུབ་རིག་པའི་འགྱུར་ལྡོག་ལ་ནད་ངོས་འཛིན་གྱི་རིན་ཐང་ཆེན་པོ་ལྡན། ལྷག་པར་མཆིན་པའི་ནད་རྐྱེན་གྱི་འགྱུར་ལྡོག་ལ་ཁྱད་ཆོས་ལྡན་ཏེ། གཙོ་བོ་མཆིན་པའི་ཕྲ་ཕུང་གི་ངོ་བོ་འགྱུར་ཞིང་དཀྱིལ་གྱི་སྟོད་རྩ་དང་རྐོང་དབྱིབས་སྦུབས་ཁྲག་གི་ནང་ངོས་དང་། འདུས་འཁྲིལ་ཁུལ་དུ་ཕྲ་ཕུང་ལྷུགས་གཟན་ཅན་མང་པོ་ཡོད། སྨུར་བའི་རང་བཞིན་གྱི་ཧ་ནད་པ་མང་ཆེ་བའི་ཕྲ་ཕུང་

ལྷུགས་གཟན་ཅན་ནི་རི་ལ་དབྱིབས་རྣམ་པའི་ཕྲ་ཕུང་ལྷུགས་གཟན་ཅན་ཡིན་ཞིང་། སྨུར་གཤིས་ཕལ་བ་ཅན་གྱི་རྟ་ནད་པའི་ཕྲ་ཕུང་ལྷུགས་གཟན་ཅན་ནི་མཉམ་བསྲེས་རྣམ་པའི་ཕྲ་ཕུང་ལྷུགས་གཟན་ཅན་ཡིན། དལ་བའི་རང་བཞིན་གྱི་རྟ་ནད་པའི་ཕྲ་ཕུང་ལྷུགས་གཟན་ཅན་ནི་གཏོར་ཁྱབ་ཅན་གྱི་ཕྲ་ཕུང་ལྷུགས་གཟན་ཅན་ཡིན།

རྒྱུན་སྤྱོད་ཀྱི་ནད་ངོས་འཛིན་གྱི་ཐབས་ལམ་ལ་ཕྱོགས་བསྡུས་ནད་བརྟག་ངོས་འཛིན་དང་གཟུགས་གསབ་མཉམ་འབྲེལ་ཚོད་ལྟ། རྩི་ཞག་ཁྱབ་མཆེད་ཚོད་ལྟ། རྩབས་འབྲེལ་ནད་འགོག་འཇིབ་ལེན་གྱི་ཚོད་ལྟ་སོགས་ཡོད། དེའི་ཁྲོད་ཐབས་ལམ་གང་འདྲ་སྤྱད་ཀྱང་གདགས་གཤིས་ཅན་ཡིན་ན། རྟའི་འགོ་ཁྱབ་རང་བཞིན་གྱི་ཁྲག་ཟད་ཀྱི་ནད་དུ་ངོས་བཟུང་ཚོག །མཉམ་འཛོག་བྱ་དགོས་པ་ཞིག་ནི་གཟུགས་གསབ་མཉམ་འབྲེལ་ཚོད་ལྟའི་ཐབས་སྤྱད་དེ་སྨུར་བའི་རང་བཞིན་ཅན་གྱི་རྟ་ནད་པར་བརྟག་དཔྱད་བྱས་ན་ཕྱོད་ནུས་ཆུང་ཞིང་། སྨུར་བའི་རང་བཞིན་ཕལ་བ་དང་དལ་བའི་རང་བཞིན་ཅན་གྱི་རྟ་ནད་པ་ལ་བརྟག་དཔྱད་བྱས་ན་ཕྱོད་ནུས་ཆེན་པོ་ལྡན། ཡིན་ནའང་རྟ་ནད་པ་ལ་ལའི་གཟུགས་གསབ་མཉམ་འབྲེལ་གྱི་འགོག་རྫས་བརྟན་པོ་མིན་པས། སྐབས་ལ་ལར་ཡལ་རྗེས་སྣང་ཡང་མངོན་ངེས། དེ་བས་སྤྱིར་བཏང་དུ་ཟླ་གཅིག་རེའི་ནང་ཐེངས་གསུམ་ལ་ཁྲག་བླངས་ནས་བརྟག་དགོས། དགོས་གལ་ཆེ་དུས་ནད་དུག་རིག་པའི་ངོས་འཛིན་དང་། སྲོག་ཆགས་ལ་འགོག་སྨན་བརྒྱབ་ནས་ཚོད་ལྟ་བྱ་དགོས། ཕྱོགས་བསྡུས་ནད་བརྟག་ངོས་འཛིན

གྱིས་ནད་རིགས་འདྲ་སྤྱོད་པའི་རྨང་གཞིའི་སྟེང་གཉམ་གསལ་གྱི་ཆ་རྐྱེན་ལས་གཅིག་ལྡན་ཆེ། རྟའི་འགོ་ཁྱབ་རང་བཞིན་གྱི་ཁྲག་ཟད་ནད་ལ་ངོས་བཟུང་ཚོག་པ་སྟེ། ①ལུས་དྲོད39℃ལ་སླེབས་ནས་ཚ་མ་ཡལ་བའམ་རེ་ཡལ་རེ་འཕར་དང་། ནད་ཐོག་ངོས་འཛིན་དང་ཁྲག་རྒྱུན་རིག་པའི་འགྱུར་ལྡོག་མངོན་གསལ་ཡིན་པ། ②ལུས་དྲོད38.6℃ཡན་ལ་སླེབས་ཤིང་། ཚ་དྲོད་མ་ཡལ་བའམ་རེ་ཡལ་རེ་འཕར་བྱེད་པའམ། དུས་ངེས་མེད་དུ་ལུས་དྲོད་འཕར་བ། ནད་ཐོག་ངོས་འཛིན་དང་ཁྲག་དཔྱད་རིག་པའི་འགྱུར་ལྡོག་མངོན་གསལ་མིན་ནའང་། ཁྲི་ཆའི་གཉིས་ཡན་གྱི་ཐྲ་ཕུང་ལྷུགས་གཟན་ཅན་ནམ། ནད་རྐྱེན་རིག་པའི་བརྟག་དཔྱད་བྱས་ན་གདགས་གཤིས་ཅན་ཡིན་པ། ③སྔོན་མར་ནད་བྱུང་བའི་ལུས་དྲོད་ཟིན་ཐོར་བཀོད་པ་ཆ་ཚང་མིན་ནའང་མ་ལག་ལྡན་པར་བརྟག་དཔྱད་བྱས་ན། ནད་ཐོག་བརྟག་དཔྱད་དང་ཁྲག་དཔྱད་རིག་པའི་འགྱུར་ལྡོག་མངོན་གསལ་ལྡན་པ། ཁྲི་ཆའི་གཉིས་ཡན་གྱི་ཐྲ་ཕུང་ལྷུགས་གཟན་ཅན་ནམ། ནད་རྐྱེན་རིག་པའི་བརྟག་དཔྱད་བྱས་ན་གདགས་གཤིས་ཅན་ཡིན་པ། ④རྟ་ནད་པ་འགོ་ཁྱབ་རང་བཞིན་གྱི་ཁྲག་ཟད་ནད་ཀྱིས་ཤི་བར་དོགས་ཆེ། མ་ཤི་གོང་གི་ནད་ངོས་འཛིན་གྱི་རྒྱུ་ཆ་གཞིར་བཟུང་ཞིང་། བེམ་རོ་གཤག་དཔྱད་དང་ནད་རྐྱེན་ཕུང་གྲུབ་ཀྱི་བརྟག་དཔྱད་བྱས་ན། ནད་རྐྱེན་གྱི་འགྱུར་ལྡོག་རྟའི་འགོ་ཁྱབ་རང་བཞིན་གྱི་འགྱུར་ལྡོག་དང་འཚམ་པ་ཡིན།

དབྱེ་འབྱེད་ངོས་འཛིན། རྟའི་ལི་དབྱིབས་འབུ་ནད་དང་དབྱི་པའི་སྣུང་

དབྱིབས་འབུ་ནད། དུང་འཁྱིལ་ཁ་གུག་མའི་ནད་གཞི།（钩端螺旋体病）འཚོ་བཅུད་རང་བཞིན་གྱི་ཟུངས་ཁྲག་ཟད་པ་བཅས་ནད་རྟགས་ཀྱི་ངོས་ནས་ནད་འདི་དང་འདྲ་མཚུངས་ཀྱི་ཆ་མང་པོ་ཡོད་དེ། ཚང་མར་ལུས་དྲོད་རྒྱས་པ་དང་ཟུངས་ཁྲག་ཟད་པ། མཁྲིས་པ་ཤ་སེར་མིག་སེར་གྱི་ནད་འབྱུང་བ། ཁྲག་འཛག་པ་སོགས་ཀྱི་ནད་རྟགས་མངོན་པས་འཁྲུལ་སླ། དེ་བས་རྟའི་འགོ་ཁྲབ་རང་བཞིན་གྱི་ཁྲག་ཟད་ནད་ཀྱི་གཟུགས་གསབ་མཉམ་འབྲེལ་གྱི་ཚོད་ལྟ་དང་རྩེ་ཞིབ་མཆེད་གཏོར་གྱི་ཚོད་ལྟ་ལ་བརྟེན་ནས་དབྱེ་བ་འབྱེད་དགོས།

【སྨན་བཅོས།】 རྒྱལ་ཁབ་ཕྱི་ནང་དུ་རྟའི་འགོ་ཁྲབ་རང་བཞིན་གྱི་ཁྲག་ཟད་ནད་ཀྱི་བཅོས་ཐབས་སྐོར་ལ་ཞིབ་འཇུག་དང་ཚོད་ལྟ་མང་པོ་བྱས་ཡོད་པ་དང་། ཕྱི་རྒྱལ་གྱི་ཞིབ་འཇུག་པས་སྔ་རྗེས་སུ་ནད་བསྟུན་བཅོས་ཐབས་དང་རྫས་འགྱུར་སྨན་རྫས་ཀྱི་བཅོས་ཐབས། སྲིན་འགོག་བཅོས་ཐབས་སོགས་སྤྱད་ནའང་ཕྱོད་ནུས་ཆེན་པོ་མ་ཐོན་པར། རང་རྒྱལ་གྱི་ཞིབ་འཇུག་ལས་ཁུངས་དང་སློབ་ཆེན་ཁག་གིས་ཀྱང་ལུགས་བཅོས་ཐབས་དང་ཀྲུང་ཕྱིའི་གསོ་རིག་མཉམ་འབྲེལ་གྱི་བཅོས་ཐབས། ནད་དུག་འགོག་པའི་བཅོས་ཐབས་དང་སྨན་རྫས་བརྒྱ་ལྷག་ཚོད་ལྟ་བྱས་ནའང་། སྔར་བཞིན་གོ་ཆོད་པའི་བཅོས་ཐབས་ཤིག་རྙེད་མེད་པ་རེད།

དེ་བས་ནད་འདི་སྔོན་འགོག་བྱེད་པ་གལ་ཆེ་ཞིང་། རྟའི་འགོ་ཁྲབ་རང་བཞིན་གྱི་ཁྲག་ཟད་ནད་སྔོན་འགོག་དང་མེད་པར་གཏང་ཆེད། ཞིང་ལས་སྤྱིའུ་ཡིས《རྟའི་འགོ་ཁྲབ་རང་བཞིན་གྱི་ཁྲག་ཟད་ནད་ཀྱི་ཚོད་ལྟའི་འགོག་བཅོས་བྱེད་

ཐབས》བརྗོད་ཞིང་། དེའི་ནང་དོན་གཙོ་བོ་གཤམ་གསལ་ལྟར།

（1）བརྟག་དཔྱད་ཀྱི་ལས་ཀ་ལེགས་པོར་བསྒྲུབས་ནས་རིམས་ཁུལ་གྱི་རྟ་དང་དྲེལ། བོང་བུ་བཅས་ནང་འདྲེན་བྱེད་མི་རུང་། ས་ཆ་ཞིག་ཏུ་རྟའི་འགོ་ཁྱབ་རང་བཞིན་གྱི་ཁྲག་ཟད་ནད་བྱུང་ཚེ། མྱུར་དུ་ཡར་ཞུ་བྱས་ནས་མགྱོགས་པོར་རིམས་ཁུལ་བགོས་ནས་བཀག་སྡོམ་བྱ་དགོས། རིམས་ཁུལ་གྱི་རྟ་དང་དྲེལ། བོང་བུ་བཅས་ལ་རྩ་འཛུགས་ཡོད་པར་ཕྱོགས་ཡོངས་ནས་རིམས་ནད་བརྟག་དཔྱད་བྱ་དགོས། ནད་ཕོག་པའི་རྟའི་གནས་ཚུལ་ལྟར་བགོད་སྒྲིག་བྱ་དགོས་ཏེ། ལས་ཀར་བགོལ་ཆོག་པའི་རྟ་ནད་པ་དག་གཅིག་བསྡུས་ཀྱིས་ཟུར་དུ་བཀར་ནས་ལས་ཀར་དགོལ་དགོས་པ་དང་། ནད་ལྕི་མོའི་རྟ་དང་གཅིག་པུ་ཟུར་བཀར་བྱས་པའི་རྟ་ནད་པ་ཡིན་ན་གནས་དེར་གསད་དགོས། གཞན་རྟ་དང་དྲེལ། བོང་བུ་བཅས་ལ་དུས་བཅད་ལྟར་བརྟག་དཔྱད་བྱེད་ཐུབ་དགོས་པ་དང་། ལྟ་རྟོག་ནན་མོ་བྱས་ཏེ་རིམས་ཁུལ་དུ་ཟུར་བཀར་བྱས་པའི་ཆེས་རྗེས་མའི་རྟ་ཕྲུ་དེ་དག་ཉིན་དེ་ནས་བཟུང་ལོ་གཅིག་གི་རྗེས་སུ་རིམས་ནད་བརྟག་དཔྱད་བྱས་ཏེ་ནད་བསྐྱར་དུ་མ་འཕར་ན། གོང་རིམ་ལ་ཡར་ཞུ་བྱས་ནས་བསྐྱར་དཔྱད་ལ་ཆོག་མཆན་ཐོབ་རྗེས་བཀག་སྡོམ་གློད་ཆོག

（2）རིམས་ཁུལ་དུ་དུས་བཅད་ལྟར་རྟའི་འགོ་ཁྱབ་རང་བཞིན་གྱི་ཁྲག་ཟད་ཀྱི་དུག་ཆུང་འགོག་སྨན（弱毒疫苗）བརྒྱབ་ཆོག་པ་དང་། སྤྱིར་བཏང་དུ་འགོག་སྨན་དེ་རྒྱག་པའི་དུས་ནི་སྤྲང་མ་འཁྱུལ་སྐྱོད་བྱེད་པའི་དུས་

ཚིགས་ཀྱི་ཟླ་གསུམ་གྱི་སྔོན་དང་། ཡང་ན་སྨང་མས་འགྲུལ་སྐྱོད་ཀྱི་མཚམས་བཞག་པའི་དུས་ཚིགས་ཡིན་དགོས། འགོག་སྨན་བརྒྱབ་ནས་ཟླ་གསུམ་འགོར་ན། རིམས་འགོག་ནུས་ཤུགས་ཡོད་པར་འགྱུར་ཞིང་རིམས་འགོག་ནུས་ཡུན་ནི་ལོ་གཅིག་ཡིན།

（3）རྟ་ནད་པ་བཅུག་པའི་རྟ་ར་དང་བཀོལ་བའི་ཡོ་ཆས་སོགས་ལ་དུག་སེལ་བྱ་དགོས། དུག་སེལ་གྱི་སྨན་ལ2%～4%ཡི་ཆེང་དབྱང་ནྭ་རྫས་བཞུ་ཁུ་སྤྱད་ཆོག །གཅིན་དང་རྟ་སྦངས་ལ་ཕབས་སྐྱུར་བྱུང་ནས་ཟླ་གསུམ་ཡན་འགོར་ཚེ་བཀོལ་སྤྱོད་བྱས་ཆོག་པ་དང་། ནད་དེ་བྱུང་ནས་ཤི་བའི་རྟའི་པེམ་རོ་ས་འོག་ཏུ་གཏིང་ཟབས་བྱེད་པའམ་མེར་བསྲེག་དགོས།

（4）སྨང་མ་སོགས་ཁྲག་འཛིབ་པའི་འབུ་སྲིན་མེད་པར་བཏང་ནས་རྟའི་ལུས་པོར་སོ་བཏབ་ཏུ་འཇུག་མི་རུང་།

（5）སྨན་རྒྱག་སྤྱད་ཀྱི་ཁབ་མགོ་སོགས་ལ་དུག་སེལ་བྱ་དགོས་པ་དང་། མཉམ་དུ་བསྲེས་ནས་བཀོལ་མི་རུང་།

དྲུག་པ། རྟའི་གློ་ཚད་སྣ་འཚང་།

རྟའི་གློ་ཚད་སྣ་འཚང（equine rhinopneumonitis）ནི་རྟའི་ཁོངས་སུ་གནོད་པའི་སྲོག་ཆགས་ཀྱི་ཚད་མཐོ་བའི་འབྲེལ་ཐུག་འགོ་ནད་རང་བཞིན་

གྱི་ནད་ཀྱི་སྤྱི་མིང་ཡིན། རྟེའུ་ལ་སྣ་སྒྲོའི་གཉན་ཚད་ཀྱི་ནད་རྟགས་མངོན་པ་དང་། ནད་རྟགས་ཆམ་རིམས་ཀྱི་ནད་རྟགས་དང་མཚུངས་པ་སྟེ། ཚ་དྲོད་རྒྱས་པ་དང་ཕྲ་ཕུང་དཀར་པོ་ཉུང་། དབུགས་ལམ་ལ་ཕྲ་ཐའི་རང་བཞིན་གྱི་གཉན་ཚད་རྒྱས་ནས་གྲོད་མ་འཕྱིལ་བས་ན། རྟའི་ནད་དུག་རང་བཞིན་གྱི་འཕྱིལ་བའི་ནད་ཅེས་཈ྐྱང་འབོད།

【ནད་རྒྱུ།】 རྟའི་སྒློད་ཚད་སྣ་འཚང་གི་ནད་དུག་ནི་ཆུ་ཐོར་ནད་དུག་ཅན་པའི་རྟའི་ཆུ་བུར་ནད་དུག་རིགས1（EHV–1）དང་རྟའི་ཆུ་ཐོར་ནད་དུག་རིགས4（EHV–4）ཡི་ཁོངས་སུ་གཏོགས། EHV–1ལ་མངལ་ཤུག་ཕལ་བའི་རིགས（胎儿亚型）ཞེས་ཀྱང་བྱ་ལ། དེས་གཙོ་བོ་གྲོད་མ་འཕྱིལ་དུ་འཇུག་པ་ཡིན། EHV–4ཡི་མིང་གཞན་ལ་འབྲིན་རྟབ་མ་ལག་གི་རིགས་ཟེར། དེས་གཙོ་བོ་དབུགས་ལམ་གྱི་ནད་བསྐྱེད་པ་ཡིན། EHV–1དངEHV–4ཡི་ནུས་སྟོབས་ཅུང་ཆུང་པ་དང་། དངོས་ཁམས་དང་རྫས་འགྱུར་གྱི་རྒྱུ་རྐྱེན་གྱི་གཡོལ་བཟོད་ནུས་པ་ཅུང་ཞན། རྟའི་སྦྲུ་སྙིང་ལ་འབྱུར་བའི་ནད་དུག་གི་འགོ་ནུས་ཉིན35～42ལ་རྒྱུན་འཛིངས་ཐུབ།

【རིམས་ནད་རིག་པ།】 རྟ་ནད་པ་དང་ནད་དྲག་རྗེས་ལུས་སྙིང་དུ་ནད་དུག་ཡོད་པའི་རྟ་ནི་ནད་འདིའི་འགོ་ཁུངས་གཙོ་བོ་ཡིན། ནད་དུག་རྟ་ནད་པའི་སྣ་ཆུ་དང་ཁྲག ཁྱིན་དང་རྟ་སྦངས་ནང་གནས་པ་དང་། འཕྱིལ་བའི་ཕྲུ་མ་དང་མངལ་གནས་ཕྲུ་གུའི་ཕུང་གྲུབ་ཏུའང་ནད་དུག་མང་པོ་ཡོད། རྟའི་ཁོངས་སུ

གནོད་པའི་སྒོག་ཚགས་ཀྱིས་ནར་འགོ་ཞིང་། ལོ་གཉིས་མན་གྱི་རྟེའུ་དང་ཐོ་རུ་ལ་འགོས་པ་མང་། ཉིས་ལངས་ཡན་གྱི་རྟ་ལ་ནད་རྟགས་མི་མངོན་པའི་ཚུལ་དུ་འགོ་བ་ཡིན། འགོ་པའི་བརྒྱུད་ལམ་གཙོ་བོ་ནི་དབུགས་ལམ་ཡིན་པ་དང་། སྟོན་ཁ་དང་དགུན་ཁ། དཔྱིད་མགོ་བཅས་སུ་ནད་འདི་བྱུང་བ་ཅུང་མང་།

【ནད་རྟགས་དང་ངོས་འཛིན།】 EHV–1དངEHV–4རྟ་ལ་འགོས་རྗེས་གཙོ་བོ་གཤམ་གསལ་གྱི་ནད་རིགས་བཞི་བསྐྱེད་པ་ཡིན།

1. དབུགས་ལམ་གྱི་ནད། ནད་རྟགས་བག་ལ་ཞ་བའི་ཡུན་ནི་ཉིན2～4ཡིན་པ་དང་སྐབས་ལ་ལར་གཟའ་འཁོར་གཅིག་གི་ཡུན་འགོར་ངེས། EHV–1དངEHV–4གཉིས་ཀས་ནད་རིགས་འདི་བསྐྱེད་སྲིད། རྒྱུན་མཐོང་གི་གློ་ཚད་སྣ་འཚང་གི་ནད་རྟགས་ནི་ནད་དེ་བྱུང་བའི་རྟེའུ་ཡི་ལུས་དྲོད་འཕར་ནས39.5℃～41℃ལ་སླེབས་པ་དང་། སྣ་ཁུང་ལས་འདག་ཀ་དང་འབྱར་བག་ཅན་གྱི་རྣག་ཁུ་བཞུར་བ། སྣའི་འབྱར་སྐྱི་དང་མིག་གི་འབྲེལ་སྐྱི་ལ་ཁྲག་རྒྱས་པ་ཡིན། ལུས་དྲོད་འཕར་བའི་མུ་ལ་ཕྲ་ཕུང་དཀར་པོའི་གྲངས་ཀ་ཇེ་ཉུང་དུ་འགྱུར་ངེས། ནད་ཡུན་གཟའ་འཁོར1～3འགོར་ཞིང་། རྟེའུ་ལ་སྐབས་ལ་ལར་ནད་དུག་ཅན་གྱི་གློ་ཚད་ཀྱི་ནད་ཀྱང་འབྱུང་སྲིད།

2. འཕྱིལ་བ་དང་བཙས་མ་ཐག་པའི་རྟེའུ་ཤྲུག་གི་ནད། EHV–1ནི་རྣོད་མ་འཕྱིལ་བར་བྱེད་པའི་ནད་རྐྱེན་གཙོ་བོ་ཞིག་ཡིན། འདིའི་ནད་རྟགས་བག་ལ་ཞ་བའི་ཡུན་གྱི་རིང་ཐུང་གཅིག་མཚུངས་མིན་ཏེ། ཐུང་དུ་ལ་ཉིན9དང་། རིང་

བ་ལ་ཟླ4ལྷག་ཡོད། མངལ་ཆགས་པའི་རྐོད་མར་འགོས་ན་ནད་ལ་བརྟག་དཀའ་ཞིང་། སྐབས་ལ་ལར་རྐང་བ་སྒྲངས་པ་དང་ཡི་ག་འཆུས་པའི་ནད་རྟགས་མངོན། རྐོད་མར་ཐེངས་དང་པོར་འགོས་རྗེས་ཀྱི་ཟླ་འགའ་དང་། ལོ་དུ་མའི་རྗེས་སུ་རྒྱུ་རྐྱེན་མི་གསལ་བར་འཕྲོལ་ནས་ཤ་མ་མི་ལྷུང་བའི་སྣང་ཚུལ་མངོན། འཕྲོལ་བའི་རྐོད་མའི་ཁྲོད95%ནི་མངལ་ཆགས་རྗེས་ཀྱི་ཟླ་བཞིའི་ནང་འཕྲོལ་བ་ཡིན་ཞིང་། མངལ་ཆགས་པའི་ཟླ་དྲུག་གི་སྔོན་དུ་འཕྲོལ་བའི་མངལ་གནས་ཕྲུ་གུ་ལ་རྒྱུན་དུ་རང་ཞུའི་སྣང་ཚུལ་འབྱུང་། མངལ་ཤོར་བའི་རྗེས་ཀྱི་རྟ་ནད་པ་མྱུར་དུ་སངས་དྲག་འབྱུང་ཐུབ་པར་མ་ཟད་སྦྱོར་སྡེབ་ལའང་ཤུགས་ཐེབས་མི་སྲིད།

3. **དབང་རྩའི་མ་ལག་གི་ནད།** ནད་རྟགས་མངོན་ཚུལ་མི་མཚུངས་ཏེ། ལ་ལར་འགྱུལ་སྐྱོད་སྙོམས་ཤོར་ཡང་མོའི་ནད་རྟགས་འབྱུང་ཞིང་། ལ་ལར་ཚབས་ཆེ་བའི་དབང་རྩའི་ནད་རྟགས་མངོན། གཙོ་བོ་རྐང་ལག་དང་སྐེད་པ་སྲ་མོར་གྱུར་པ་དང་། སྒྲིད་ནས་ཞ་འཁྲུམས་ཐེབས་ནས་ཡར་ལངས་མི་ཐུབ་པ་དང་། ཛ་མ་སྒྲིད་པ་དང་གཅིན་མི་འཚོགས་པའི་ནད་རྟགས་མངོན་ཞིང་། རིམ་བཞིན་འདོམས་ཁའི་ཟུག་གཟེར་ཇེ་ཡང་དང་བྱང་ངེས།

4. **གློ་བའི་ཁྲག་རྩར་ཞེན་པའི་རིགས།** འབེན་ཕུང（靶细胞）ནི་གློ་བའི་ནང་པགས་ཀྱི་ཕྲ་ཕུང་ཞིག་ཡིན་ཞིང་། གཙོ་བོ་གློ་བའི་འཕར་རྩའི་གཉན་ཚད་དང་ཁྲག་འབུད་པ། སྒྲངས་པ་སོགས་ལས་མངོན་ངེས། འགོ་ནད་ཚབས་ཆེ་བའི་རྟ་ནི་ནམ་རྒྱུན་དབུགས་ལམ་གྱི་ནད་ལ་རྐྱེན་བྱས་ཏེ་ཤི་བ་ཡིན།

【སྨན་བཅོས།】 གཟན་གསོ་དོ་དམ་ནན་སྐྱོང་བྱས་ཏེ་རྟ་ནད་པར་ཉིང་འཇགས་དང་ངལ་གསོ་རུ་འཇུག་དགོས། ཕྲ་སྲིན་གྱིས་སུ་མཐུད་དུ་རེད་དུས་རྫོང་ཨན་རིགས་ཀྱི་སྨན་དང་། སྲིན་འགོག་གི་སྨན་ལ་བརྟེན་ནས་སྨན་བཅོས་བྱས་ཆོག །དུག་སེལ་སྨན་རྫས་ཀྱིས་འཕྱིལ་བའི་གྲོད་མའི་ཁང་པ་དང་ཛ་མ་བཀྲུ་དགོས། དབང་རྩའི་མ་ལག་གི་ནད་རྟུང་ཚབས་ཆེ་བའི་རྟ་ནད་པར་མཚོན་ན། ཉིན་རེར་ཉིན2～3ལ་གཞང་དཀར་ནག་གི་རྟ་སྦངས་དང་ལྷང་ལུའི་གཙིན་ལམ་བསལ་དགོས་པར་མ་ཟད། ཁྱོད་ཆེའི་སྲིན་འགོག་སྨན（广谱抗生素）གྱིས་ལྷང་ལུ་བཀྲུས་ནས་ལྷང་པར་གཉན་ཚད་བྱུང་བར་སྔོན་འགོག་བྱ་དགོས། འགྲུལ་སྐྱོད་བྱེད་མི་ཐུབ་པའི་རྟ་ནད་པ་མཐུག་ཅིང་མཉེན་པའི་རྩྭ་གདན་གྱི་སྟེང་དུ་བཞག་སྟེ། ཉལ་སྟངས་བརྗེ་ནས་དཔྱི་མགོར་རྨ་འབྱུང་བར་གཟབ་དགོས།

འགོག་སྨན་བརྒྱབ་ན་ནད་འདི་སྔོན་འགོག་བྱེད་ཐུབ་པ་དང་། མངལ་ཆགས་པའི་གྲོད་མའི་གཟན་གསོ་དོ་དམ་ལ་དུས་རྒྱུན་ཤུགས་གནོན་བྱས་ཏེ། མངལ་ཤོར་བའི་གྲོད་མ་དང་འཕྱིལ་བའི་མངལ་གནས་ཕྲུ་གུ་དང་། ནད་དེ་བྱུང་བའི་རྟེའུ་མཉམ་དུ་རྟ་རར་འཇུག་མི་རུང་། དུས་ཐོག་ཏུ་འཕྱིལ་བའི་གྲོད་མ་ཟུར་དུ་བཀར་ནས་སྨུགས་བཅོག་བཟོས་པའི་ལོར་ཡུག་དང་། འཕྱིལ་རྗེས་ཀྱི་ཟགས་ཐོན་དངོས་པོ་དང་བཤང་གཅི། མངལ་གནས་ཕྲུ་གུ་སོགས་ལ་དུག་སེལ་བྱེད་ཐུབ་དགོས།

བདུན་པ། འགོ་གཤིས་ཅན་གྱི་ཀླད་ཚད་ཁ་པ།

འགོ་གཤིས་ཅན་གྱི་ཀླད་ཚད་ཁ་པ（epidemic encephalitis B）ནི་ཀླད་ཚད་ཁ་པའི་རིམས་ནད་ཀྱི་ནད་དུག་གིས་བསྐྱེད་པའི་མི་དང་ཕྱུགས་ཐུན་མོང་ལ་འགོ་བའི་འགོ་ནད་ཅིག་ཡིན་ཞིང་། རྟ་ལ་ནད་དེ་བྱུང་རྗེས་ཀླད་ཚད་ཀྱི་ནད་རྟགས་མངོན། འཛམ་གླིང་སྲོག་ཆགས་འཕྲོད་བསྟེན་རྩ་འཛུགས་ཀྱིས་ནད་འདི་སྲོག་ཆགས་ཀྱི་རིམས་ནད་རིགས་Bཡི་གྲས་སུ་བཞག་ཡོད་པ་རེད།

【ནད་རྒྱུ།】 ཀླད་ཚད་ཁ་པའི་ཡམས་ནད་ཀྱི་ནད་རྒྱུ་ནི་ཀླད་ཚད་ཁ་པའི་རིམས་ནད་ཀྱི་ནད་དུག་ཡིན་ཞིང་། དེ་ནི་ནད་དུག་སེར་པོའི་ཁོངས་སུ་གཏོགས། ནད་དུག་རིལ་རྡོག་གི་ཚངས་ཐིག་ལ30～40nmཡོད་པ་དང་དབྱིབས་ཟླུམ་པོར་མངོན། ངོས་བཅུ་གཉིས་ཅ་འགྲིག་པ་དང་ཁྲིམ་རྐྱང་མའི（单股）RNAཡིན། ལྟེ་གཞི་ནིRNAཐུམ་གྱི་ཚིལ་ཕྱིའི་སྦྲོད་སྐྱི་ཡིན་ཞིང་། ཕྱི་རིམ་ལ་མངར་ཕྱིའི་ཚི་འབུར（纤突）ཡོད། ནད་དུག་གི་གཡོལ་བཟོད་ནུས་པ་ཞན་ཞིང་། -20℃ནང་ལོ་གཅིག་ལ་གསོན་ཐུབ་ནའང་དུག་ནུས་རྗེ་ཆུང་དུ་འགྱུར་ངེས། 50%ཡི་མངར་སྣུམ་སྨན་བཅོས་ཆྭ་ཚུའི་ནང་དྲོད་ཚད4℃ཡིན་ན་ཟླ་དྲུག་ལ་གསོན་ཐུབ། ནད་དུག་དེpH7ཡི་མན་ནསpH10ཡན་གྱི་ནང་མགྱོགས་པོར་གསོན་ཤུགས་རྗེ་ཞན་དུ་འགྱུར་སྲིད། རྒྱུན་སྤྱོད་ཀྱི་དུག་སེལ་སྨན་གྱིས་གོ་ཆེན་པོ་མི་ཆོད་ཅིང་། ནད་དུག་འདི་བྱ་མོའི་སྦྲུམ་སྒོང་སེར་སྣོད་ནང་རྒྱུད་འཕེལ་ཐུབ།

【རིམས་ནད་རིག་པ།】 ནད་འདི་ནི་རང་བྱུང་རིམས་ཁུངས་རང་བཞིན་གྱི་འགོ་ནད་ཅིག་ཡིན་པས། སྲོག་ཆགས་རིགས་མང་པོ་དང་མི་ལ་འགོས་རྗེས་ཚང་མ་རིམས་ཁུངས་སུ་འགྱུར་ངེས། བརྟག་དཔྱད་བྱས་ཏེ་ཞིབ་རྟོགས་བྱུང་བ་ལྟར་ན། རིམས་ནད་འདི་བྱུང་བའི་ས་ཁུལ་དུ་སྔོ་སྤྲུགས་དང་ཁྱིམ་བྱར་ནད་རྟགས་བག་ལ་ཞ་ནས་འགོ་བའི་ཚད་མཐོ་ཞིང་། འགོ་ཚད་ཆེས་མཐོ་བ་ནི་ཕག་དང་དེའི་འཕྲོར་རྟ་དང་ནོར་ཡིན། རྒྱལ་ནང་གི་ས་ཁུལ་མང་པོའི་ཕག་དང་རྟ། ནོར་སོགས་ཀྱི་ཁྲག་གི་དུག་སྲིན་འགོག་རྫས་གདགས་གཤིས་ཅན་ཡིན་ཚད90%ཡན་ལ་སླེབས་ཡོད། ཐོ་ཏུ་དང་རྟེའུ་ལ་འགོ་བ་མང་ཞིང་། སྤྱིར་བཏང་དུ་ཐོར་བུའི་ཚུལ་དུ་འགོ་བའི་ཁྱད་ཆོས་ལྡན་པ་དང་། ནར་སོན་པའི་རྟ（ལོ་བཞིའི་ཡན་ཅམ）ལ་ནད་རྟགས་མི་མངོན་པར་འགོ་བ་ཡིན།

ནད་འདི་སྦྲང་འབུ་ལ་བརྟེན་ནས་འགོ་ཞིང་། འགོ་བའི་ཚུལ་ལ་དུས་ཚིགས་རང་བཞིན་མངོན་གསལ་ལྡན། གཙོ་བོ་དབྱར་ཁ་ནས་སྟོན་མགོའི་ཟླ7～9བར་འགོ་བ་དང་། དེ་སྦྲང་མའི་རིགས་ཀྱི་སྐྱེ་ཁམས་རིག་པའི་ཁྱད་ཆོས་དང་འབྲེལ་བ་ལྡན།

【ནད་རྟགས་དང་ངོས་འཛིན།】 ནད་རྟགས་བག་ལ་ཞ་ཡུན་ནི་གཟའ་འཁོར1～2ཡིན། ནད་དེ་བྱུང་མ་ཐག་ཏུ་རྟའི་ལུས་དྲོད་དུས་ཡུན་ཐུང་ངུའི་ནང་འཕར་ཞིང་རྣམ་རིག་དུབ་པ། ཡི་ག་འཆུས་པ། མགོ་བོ་སྒྱུར་བ། འབྱར་སྐྱི་དམར་པོར་འགྱུར་བའམ་སེར་ཤས་ཆེ། སྲིབ་འོག་ཏུ་ལངས་ནས་འདུག་པ་དང་།

མཆམས་ཚིགས་མེད་པར་གཡལ་སྡོང་རྒྱུག་པ། རྒྱུ་མའི་ནང་གི་སྒྲ་ཆུང་བ་དང་རྩ་སྦྲངས་སྐམ་ཞིང་ཆུང་། རྩ་ནད་པ་ལ་ལ་ཉིན1～2འགོར་རྗེས། ལུས་དྲོད་རྒྱུན་ལྡན་དུ་གྱུར་ནས་ཡི་གཟེངས་ཏེ་རིམ་བཞིན་སངས་དྲག་འབྱུང་བ་དང་། རྩ་ལ་ལར་ནད་དེ་བྱུང་རྗེས། གླད་པ་དང་སྐལ་རྒྱུངས་ལ་གནོད་སྐྱོན་ཐེབས་ནས་དབང་རྩའི་ནད་རྟགས་ཏེ། རྣམ་རིག་དུབ་པ་དང་ངར་ལངས་པ། སྡིད་པ་བཅས་ཀྱི་ནད་རྟགས་མངོན། མིག་དབང་དང་སྣ་དབང་གི་བྱེད་ནུས་ཉམས་ཤིང་། ཁབ་ཀྱིས་གཙག་ན་ཚོར་བ་ཆེན་པོ་མེད་པ་དང་། ལྷང་དུབ་རྩ་འཁྲུམ་གྱི་སྣང་ཚུལ་འབྱུང་། ནད་དེ་བྱུང་བའི་རྩ་ལ་ལ་གྲགས་འགྲུལ་མེད་པར་ལངས་ནས་འདུག་པ་དང་། མགོ་བོ་སྒྱུར་ཞིང་རྣ་ཅོག་ཕྱར་དུ་དཔྱངས། མིག་ཟུང་འབྱེད་མ་བཙུམ་དུ་འདུག་པ་དང་འདུག་སྟངས་རྒྱུན་ལྡན་མིན། མདུག་མཐར་ཐང་ལ་འགྱེལ་ནས་བརྒྱལ་སྲིད། ནད་དེ་བྱུང་བའི་རྩ་ལ་ལར་ངར་ལངས་ནས་འདུག་མི་བཟོད་པར་འདྲོགས་པ་དང་། མདུག་མཐར་ཐང་ཆད་ནས་འགྱེལ་ཏེ་ལངས་མ་ཐུབ་པར་ལུས་པོ་སྡིད་ནས་ཤི་ངེས། སྤྱིར་བཏང་ནད་དེ་བྱུང་བའི་རྩ་ལ་སེམས་སྡུག་པ་དང་ངར་ལངས་པ་གཉིས་རེས་འཁོར་གྱི་ཚུལ་དུ་འབྱུང་། ཡང་ལ་ལར་ལོག་སྨད་ཡོངས་སུ་མ་སྡིད་པར་གོམ་པ་ཁྱར་ཁྱོར་སྤོ་བ་དང་འགྱེལ་སླ་བ། ཡར་ལངས་ན་རང་ལྟོགས་མི་ཐུབ་པའང་ཡོད། ཕལ་མོ་ཆེར་སྡིད་པ་དང་རྣམ་རིག་དུབ་པ་སོགས་ཀྱི་ནད་རོ་ལུས་ངེས།

1. **ནད་ཐོག་ཕྱོགས་བསྡུས་ངོས་འཛིན།** ནད་འདི་བྱུང་བར་དུས་ཚིགས་ཀྱི་རང་བཞིན་ཡོད་པ་དང་ཐོར་བུའི་ཚུལ་དུ་འགོ་བ་གཙོ་བོ་ཡིན་ཞིང་། རྟེའུ་ལ་

ཐོག་པ་མང་བ་དང་། སྐད་ཚད་ཀྱི་ནད་རྟགས་མངོན་གསལ་ཡིན། ཤི་རྗེས་སྐད་ཆེན་གྱི་སྐྱི་མོ་དང་སྐད་འབུར་སོགས་ལ་ཕུང་གྲུབ་རིག་པའི་བརྟག་དཔྱད་བྱས་ན། རྣག་འགྱུར་མ་ཡིན་པའི་སྐད་ཚད་ཀྱི་ནད་ཡོད་པ་ཤེས་ཐུབ་པས། དེ་ཉིད་ནད་འདི་ངོས་འཛིན་པའི་གཞི་འཛིན་སར་བརྩིས་ཆོག་གོ།

2. **ནད་དུག་དབྱེ་ཕྲལ་དང་གསལ་འབྱེད།** ནད་འདི་འགོ་བའི་ཐོག་མའི་དུས་རིམ་དུ་ཤི་ཁའི་སྐད་པའི་ཕུང་གྲུབ་བམ་ལུས་དྲོད་རྒྱས་སྐབས་ཀྱི་ཁྲག་བླངས་ནས་མྱུར་དུ་བྱི་མོའི་སྦྲུམ་སྒོང་སེར་སྣོད་ཀྱི་རིམས་སོན་དང་། བཙས་ནས་ཉིན1～5ལས་འགོར་མེད་པའི་ཨ་བྲའི་སྐད་པའི་ནང་རིམས་སོན་ལ་བསྟེན་ན། ནད་དུག་དབྱེ་ཕྲལ་བྱེད་ཐུབ་ནའང་དབྱེ་ཕྲལ་གྱི་ཚད་མཐོན་པོ་མིན། དབྱེ་ཕྲལ་ལ་བརྟེན་ནས་ནད་དུག་ཐོབ་རྗེས། ཚད་ལྡན་གྱི་དུག་སྔོང་དང་རིམས་འགོག་ཁྲག་ལ་སྣོལ་སྦྱིབ་གཟུགས་གསབ་མཉམ་འབྲེལ་གྱི་ཚོད་ལྟ་དང་སྣོལ་སྦྱིབ་སྣོམས་སྒྱུར་གྱི་ཚོད་ལྟ། སྣོལ་སྦྱིབ་ཁྲག་དཀག་ཚོད་འཛིན་གྱི་ཚོད་ལྟ། རྩབས་འབྲེལ་རིམས་འགོག་འཇིབ་ལེན་གྱི་ཚོད་ལྟ་སོགས་ལ་བསྟེན་ནས་ནད་དུག་གསལ་འབྱེད་བྱས་ཆོག

3. **ཁྲག་དཔྱད་རིག་པའི་ངོས་འཛིན།** ཁྲག་དཀག་ཚོད་འཛིན་ཚོད་ལྟ་དང་སྣོམས་སྒྱུར་ཚོད་ལྟ། གཟུགས་གསབ་མཉམ་འབྲེལ་ཚོད་ལྟ་བཅས་ནི་ནད་འདིའི་རྒྱུན་མཐོང་གི་ངོས་འཛིན་གྱི་ཚོད་ལྟའི་བྱེད་ཐབས་ཡིན། འགོག་རྫས་འདི་དག་ལ་ནད་བྱུང་བའི་ཐོག་མའི་དུས་སུ་ཕྱོད་ནུས་ཆེན་པོ་མེད་པ་དང་། ནད་རྟགས་མི་མངོན་པར་འགོ་བའམ་འགོག་སྨན་བརྒྱབ་མྱོང་བའི་རྟའི་ཁྲག་གི་ནང་དུ་འགོག་

རྟེན་ལ་གྲོང་ཁྱེར་ཆེན་པོ་གསུམ་གྱི་ལག་ལེན་...

ཛྙས་འདི་དག་ཡོད་པས། ཚང་མ་ཁྲག་གི་འགོག་ཛྙས་ཟུང་མའི་ཕྱོད་ནུས་ལྷར་ལྷབ་བཞིའི་ཡན་ལ་འཕར་བ་དེ་ནད་རྫོས་འཛིན་གྱི་ཚད་གཞིར་འཛིན་དགོས། ཁྲག་དཔྱད་རིག་པའི་ཐབས་ལམ་འདི་དག་ཟུར་ལྷའི་རང་བཞིན་གྱི་རྫོས་འཛིན་ནམ། རིམས་ནད་རིག་པའི་རྟོག་ཞིབ་ལ་བགོལ་བ་ལས་ཐོག་མའི་དུས་ཀྱི་རྫོས་འཛིན་ལ་རིན་ཐང་མེད་དོ།།

【སྨན་བཅོས།】 མིག་སྔར་ད་དུང་ནད་འདི་ལ་ཕན་པའི་བཅོས་ཐབས་ཤིག་མེད་པས། ནད་བསྟུན་སྨན་བཅོས་དང་འདེགས་སྐྱོར་སྨན་བཅོས་ལ་བརྟེན་དགོས། ནད་འདི་བྱུང་བའི་ཧ་ལ་ཐོག་མའི་དུས་སུ་ཀླད་ཁྲིམ་ནང་རྫོས་ཀྱི་གནོན་ཤུགས་ཇེ་ཡར་དང་། ཀླད་ཆེན་གྱི་དབང་ནུས་སྣོམས་སྒྲིག་དང་དུག་སེལ་གྱི་ཕྱོགས་བསྡུས་སྨན་བཅོས་བྱེད་ཐབས་ལག་ལེན་བྱེད་པའི་དུས་མཚུངས་སུ་བདག་སྐྱོང་ལེགས་པོ་བྱས་ན་ཕྱོད་ནུས་ལྡན། ངར་ལངས་ཤུགས་ཇེ་ཆུང་དུ་གཏང་སྐད། ནད་བྱུང་བའི་ཐོག་མའི་དུས་རིམ་དུ་སྤོད་རྩར་ཞིའུ་འགྱུར་ནྭའི（溴化钠）གཤེར་ཁུ50～100mlདང་། ཡང་ན་ཨན་ཞིའུ（安溴）གཤེར་ཁུ50～100mlརྒྱག་དགོས་པ་དང་། ཤ་གནད་ལ་ཕིལ་པིན་ག་ཆིན200～500mgབརྒྱབ་ཀྱང་ཆོག །ཀླད་ཁྲིམ་གྱི་གནོན་ཤུགས་ཇེ་ཡང་དུ་གཏོང་བར་སྤོད་རྩར20%ཡི་ཀན་ལའོ་སྦྱུན（甘露醇）དང་། ཡང་ན25%ཡི་རི་སིལ་སྦྱུན（山梨醇）བརྒྱབ་ན་ཕན་ཞིང་། ཐེངས་རེར་ལུས་ལྗིད་ཀྱི་སྤྱི་རྒྱ་རེར1～3gལོངས་ཚོད་རྒྱག་དགོས་པ་དང་། དུས་

ཚོད8～12འགོར་རྗེས་ཡང་བསྐྱར་ཐེངས་གཅིག་ལ་རྒྱག་དགོས། ནད་ལྡི་མོ་ཅན་གྱི་རྟ་དང་རྟ་གོད་པོ་ལ་ཐོག་མར་ཁྲག1000～2000mlགཏར་བ་དང་། སྙིང་ཁམས་ཞམས་ན་ཡང་དང་བསྐྱར་དུ25%～50%ཡི་རྒྱུན་མངར་གྱི་གཤེར་ཁུ་དང་། ག་བུར་སྦྱོར་རྫས་སམ་ཨན་ན་ཅ（安钠咖）ལ་བསྟེན་དགོས། དུག་སེལ་གཙིན་འབབས་ལ40%ཡི་ལྷོ་རོ་ཐོ་རྫས50mlསྦྱོད་རྩར་རྒྱག་དགོས་པ་དང་། ཉིན་རེར་ཐེངས1～2ལ་རྒྱག་དགོས། སྔོན་འགོག་གི་ཆེད་དུ་ཤ་གནད་ལ་ཆིང་མེ་སུའུ་དང་ལན་མེ་སུའུ་རྒྱག་པ་དང་། ཡང་ན་སྦྱོད་རྩར་རྫོང་ཨན་རིགས་ཀྱི་སྨན་སོགས་རྒྱག་དགོས། རྒྱ་སྨན་གྱི་རྡོ་གང་ཐང（石膏汤）དང་འཕར་མའི་ཐང（双花汤）གི་བཅོས་ཐབས་ལ་བསྟེན་ཡང་ཆོག

འགོ་གཤིས་ཅན་གྱི་ཀླད་ཚད་ཁ་པ་ལ་སྔོན་འགོག་བྱེད་པར་འགོག་སྨན་རྒྱག་པ་དང་འགོ་ཁྲལ་སྦྱན་བྱེད་དང་། རྟེན་གནས་སྲོག་ཆགས་རྩ་མེད་དུ་གཏོང་བ་བཅས་ཕྱོགས་གསུམ་གྱི་ཐད་ནས་ལག་ལེན་འཁྱོངས་དགོས།

1. འགོག་སྨན་རྒྱག་པ། རྟའི་རིམས་འགོག་ནུས་པ་རྗེ་མཐོར་གཏང་སླད་ཀླད་རིམས་ཁ་པའི་འགོག་སྨན་བརྒྱབ་ཆོག །རྟའི་ལོངས་སུ་གཏོགས་པའི་སྲོག་ཆགས་ལ་རང་རྒྱལ་གྱིས་གསར་གཏོད་འདེམས་གསོ་བྱས་པའི་བྱི་མཁལ་ཕྲ་ཕུང་དུག་ཆུང་འགོག་སྨན（仓鼠肾细胞弱毒）བརྒྱབ་ན་བདེ་འཇགས་ཡིན་ཞིང་གོ་ཆོད་པ་ཡིན། སྔོན་འགོག་བྱེད་པ་ལ་ས་གནས་དེར་རིམས་ནད་མ་མཆེད་པའི་ཟླ་གཅིག་གི་སྔོན་དུ་འགོག་སྨན་རྒྱག་དགོས་པ་དང་། ཟླ་བ་བཞི་ནས་ལོ་

གཅིག་བར་གྱི་རྗེའུ་ལ་འགོ་གཞིས་ཅན་གྱི་ཀླད་ཚད་ཁ་པའི་དུག་ཆུང་འགོག་སྨན་རྒྱག་དགོས་ཆེ། པགས་འོག་གམ་ཤ་གནད་དུ1mLརྒྱག་དགོས། ལོ་གཉིས་པར་ཡང་བསྐྱར་ཐེངས་གཅིག་ལ་རྒྱག་དགོས་པ་དང་། འགོག་སྨན་གྱི་ནུས་ཡུན་ལོ་གསུམ་ཡིན། མིག་སྔར་རྒྱུན་སྤྱོད་འགོག་སྨན་ལ་གཤམ་གསལ་གྱི་རིགས་འགའ་ཡོད་དེ། ① 2—8འཕྲི་འགྱུར་དུག་སྔོང་། འགོག་སྨན་འདི་ནི་རྟའི་ཁོངས་སུ་གཏོགས་པའི་སྲོག་ཆགས་ལ་སྤྱོད་པ་དང་། འགོག་སྲུང་གི་ཚད86%ཡན་ཡིན། ② 5—3འཕྲི་འགྱུར་དུག་སྔོང་། འགོག་སྨན་འདི་རྟ་དང་ཕག་ལ་སྤྱོད་པ་དང་། འགོག་སྲུང་གི་ཚད90%ཡིན། ③14—2འཕྲི་འགྱུར་དུག་སྔོང་། འགོག་སྨན་འདི་མི་དང་རྟ། ཕག་བཅས་ལ་སྤྱད་ཆོག

2. འགོ་ཁྱངས་གཏན་འགོག ། སྦྲང་གསོད་སྦྲང་འགོག་གི་ལས་ཀ་གཙོ་བོར་འཛིན་པ་དང་། ལྷག་པར་རབས་གསུམ་པའི་དུག་སྦྲང（三代喙库蚊）ལ་གཟབ་དགོས། འཚོ་བའི་ཚོས་ཉིད་དང་རང་བྱུང་གི་ཆ་རྐྱེན་གཞིར་བཟུང་ན་གོ་ཚོད་ཅིང་། སྦྲང་འབུ་གསོད་པར་ཕྱོད་ནུས་ལྡན་པའི་བྱེད་ཐབས་སྤྱོད་པ་དང་། རྟ་རར་དུས་བཅད་ལྟར་སྨན་གཏོར་ནས་སྦྲང་འབུ་གསད་དགོས།

3. འབྲུ་བརྟེན་ཡུལ་སྲོག་ཆགས་ཀྱི་ངོ་དམ་ལ་ཤུགས་སྣོན་བྱེད་པ། དབྱར་ཁ་དང་སྟོན་ཁའི་དུས་ཚིགས་བརྒྱུད་མ་སྒྱོང་བའི་རྗེའུ་དང་། རིམས་ནད་བྱུང་སར་ཡོང་མ་སྒྱོང་བའི་རྟའི་ངོ་དམ་ལ་སྣང་ཆུང་བྱེད་མི་རུང་། རྟ་འདིའི་རིགས་ཀྱི་ཕལ་མོ་ཆེར་ཀླད་ཚད་རིགས་ཁ་པ་འགོས་སྒྱོང་མེད་པས། གལ་སྲིད་འགོས་ཚེ་ཁྲག

དུག་གི་ནད་བྱུང་ནས་རིམས་ནད་ཀྱི་འགོ་ཁྱབ་ཏུ་འགྱུར་ངེས། དེ་བས་ཀྱང་ཚད་ཁ་པ་མ་མཆེད་པའི་སྔོན་དུ་འགོག་སྣོན་རྒྱུག་དགོས་པར་མ་ཟད། རྒྱུན་དུ་རྟ་རའི་ནང་གི་གཙང་སྦྲ་དོ་སྣང་དང་། རྟ་སྤྲང་ས་གཞི་གཅིག་ཏུ་སྤྱངས་ནས་སྐྱུར་བསྐྱལ་བྱ་དགོས།

བརྒྱད་པ། འགོ་གཤིས་ཅན་གྱི་རྨེན་བུའི་གཉན་ཚད།

འགོ་གཤིས་ཅན་གྱི་རྨེན་བུའི་གཉན་ཚད（epizootic lymphangitis）ནི་ཕྱི་སྐྱིའི་འདག་སྲིན་ཕུང་གྲུབ་ཀྱི་པགས་ལྤགས་གི་རྒྱུད་འགྱུར་ལས་བསྐྱེད་པའི་རྟའི་ཁོངས་སུ་གཏོགས་པའི་སྒོག་ཆགས་ལ་འགོ་བའི་དལ་བའི་རང་བཞིན་གྱི་འགོ་ནད་ཅིག་ཡིན། དེ་ལ་པགས་འོག་གི་རྨེན་བུའི་རྩ་སྦུབས་དང་ཉེ་གམ་གྱི་རྨེན་མདུད། སྐྱི་ལྤགས། པགས་འོག་གི་འབྲེལ་སྦྱོང་ཕུང་གྲུབ་བཅས་རྣག་པ་དང་ཟགས་རལ་དུ་འགྱུར་བའི་ནད་རྟགས་མངོན།

【ནད་རྒྱུ།】 སྤྱིར་བཏང་དུ་ནད་འདིའི་ནད་ཁྱབ་ནི་པགས་རྫའི་ཕུང་གྲུབ་འདག་སྲིན་ཡིན། དེ་ནི་ཕབས་རྩི་དང་མཚུངས་པའི་སྨར་སྲིན（真菌）ཞིག་ཡིན་ཞིང་། ཕུང་གྲུབ་འདག་སྲིན་གྱི་ཁོངས་སུ་གཏོགས། ཕྲ་སྲིན་འདིའི་གཡོལ་བཟོད་ཀྱི་ནུས་པ་ཤིན་ཏུ་ཆེ།

【རིམས་ནད་རིག་པ།】 ནད་འདི་ཐོག་པའི་རྟའི་ལུས་པོ་ལས་ཕྱི་ལ་

བརྟེན་པའི་དངོས་པོ་ནི་ནད་འདིའི་འགོ་ཁུངས་ཡིན། སྐྱི་ལྤགས་སོགས་ལ་རྨས་སྐྱོན་ཐེབས་པའི་རྨས་ནད་འདི་འགོས་པའི་རྒྱ་དང་འབྲེལ་ཐུག་བྱས་ནས་འགོ་བ་ནི་རྒྱུན་མཐོང་གི་འགོ་ཚུལ་ཞིག་ཏུ་བརྩི།

【ནད་རྟགས་དང་ངོས་འཛིན།】 སྐྱི་ལྤགས་དང་པགས་འོག་གི་ཕུང་གྲུབ་དང་འབྱར་སྐྱི་ལ་མདུད་འབུར་བྱུང་བ་དང་ཟགས་རལ་དུ་འགྱུར་བ། རྨེན་བུ་སྐྲངས་པ། ཕྲེང་དབྱིབས་རྣམ་པའི་མདུད་འབུར་བྱུང་བ་སོགས་ཀྱི་ནད་རྟགས་མངོན།

1. **པགས་པའི་ནད།** ནད་དེ་ཡང་དུ་སོང་ན་ལུས་ཡོངས་ཀྱི་ནད་རྟགས་མངོན་གསལ་མིན་ཞིང་། པགས་པའི་མདུད་འབུར་རལ་ན། སངས་དྲག་འབྱུང་པ་དང་རྨ་ཤུལ་ཆགས་པ་ཡིན། ནད་ལྷི་ན་ལུས་པོའི་པགས་པ་དང་པགས་འོག་གི་འབྲེལ་སྐྱོང་ཕུང་གྲུབ། རྨེན་བུའི་རྩ་སྦུབས་ལ་མདུད་འབུར་ཆུང་ཆེན་པོ་ཆགས་པ་དང་ཟགས་རལ་བྱུང་བ། ཡང་ན་ཟགས་རལ་གྱི་རྨ་ཁ་ཡུན་རིང་པོར་མ་སོས་པར་རྣག་ཁུ་མཚམས་མི་ཆད་པར་འཛག་པ་དང་རིམ་བཞིན་ཇེ་ཆེར་འགྱུར་ངེས། སྤོ་སྐྱུར་རང་བཞིན་གྱི་རྣག་སྐྲངས་སུ་གྱུར་ན། རྟའི་ལུས་དྲོད་འཕར་བ་དང་ཡི་ག་འཆུས་པ། ཤ་ཤེད་ལྷུང་བའི་ནད་རྟགས་མངོན་ཞིང་གཞན་པའི་ནད་འགོས་ནས་མྱུར་དུ་ཤི་འགྲོའོ། །

2. **དབུགས་ལམ་གྱི་ནད།** ནད་ཀྱི་ཁྱབ་ཡུལ་གཙོ་བོ་ནི་དབུགས་ལམ་གྱི་སྟོད་ཕྱོགས་ཡིན་ཞིང་། པགས་པའི་ནད་བྱུང་རྗེས་ནད་འདི་འབྱུང་། སྣའི་འབྱར་

སྐྱིའི་སྙིང་མདོག་སེར་པོའི་འབྲུམ་མམ་མདུད་འབུར་འབྱུང་ཞིང་། དེ་ནས་རུང་མ་འགོར་བར་མེ་རིའི་ཁ་དང་མཚུངས་པའི་ཤའུ་འབུར་གྱི་ཟགས་རལ་ཆགས་ངེས།

3. མིག་སྐྱིའི་གཉན་ཚད། ནད་འདི་བྱུང་བ་རུང་ཉུང་ཞིང་། མིག་འབྲས་སྐྱི་མོའི་གཉན་ཚད་དམ་སྣ་སྨུག་རེད་པར་གྱུར་ནས་མིག་ལས་ཆུ་དང་འདྲ་བའི་ཟགས་དངོས་ཐོན་པ་དང་། མིག་སྐྱབས་སྐྲངས་པའི་ནད་རྟགས་མངོན་ཞིང་། རིམ་བཞིན་མིག་འབྲས་སྐྱི་མོའམ་མིག་སྐྱིའི་སྙིང་འབྲུམ་མམ་ཟགས་རལ་ཆགས་ནས་སྒྲོག་གུའི་དབྱིབས་དང་མཚུངས་པའི་ལྷག་སྐྱེས་དངོས་པོ་སྐྱེ་ངེས།

【འགོག་བཅོས།】 འགོ་གཤིས་ཅན་གྱི་རྨེན་བུའི་གཉན་ཚད་ནི་བཅོས་དཀའ་བའི་ནད་རིགས་ཤིག་ཡིན་ཞིང་། མིག་སྤར་ནད་འདིའི་སྨན་བཅོས་ལ་གཤག་བཅོས་དང་། སྨན་གྱི་བཅོས་ཐབས་གཉིས་ཟུང་འབྲེལ་གྱི་བྱེད་ཐབས་སྤྱོད་བཞིན་ཡོད་པ་དང་། ཕན་ནུས་ཀྱང་མངོན་གསལ་ཡིན། ལུས་པོའི་གནས་བྱེ་བྲག་པའི་ནད་འགྱུར་ལ་གཤག་བཅོས་ཀྱི་ཐབས་སྤྱད་དེ་མདུད་འབུར་དང་རྨེན་བུའི་སྐྲངས་འབུར་བླངས་ཆོག་པ་དང་། གལ་སྲིད་ནད་འགྱུར་གྱི་ཁྱབ་ཁོངས་ཆེ་ན། དུས་རིམ་བཀར་ནས་གཤག་བཅོས་བྱེད་པའི་ཐབས་ལག་ལེན་བྱས་ཆོག །གཞན་ད་དུང་གཤིས་གཉིས་རྫམ་རྒྱུB（两性霉素B）དང་ཧེན་འགྱུར་ན།（碘化钠）མདོག་རྒྱ་སེར་པོ། ཐུའུ་མེ་སུའུ། ལུའུ་ཧྲན་རྫམ་རྒྱུ།（芦山霉素）སོགས་ལ་བརྟེན་ཆོག་པ་དང་། དེའི་ཁྲོད་གཤིས་གཉིས་རྫམ་རྒྱུBཡི་ནུས་པ་རུང་ལེགས།

འགོག་སྨན་བརྒྱབ་ནས་སྔོན་འགོག་བྱེད་པ་ལ། རྣ་ཁྲུ་ལ་ནད་འདི་བྱུང་སྐབས་དུས་ཐོག་ཏུ་ནད་དེ་བྱུང་བའི་རྣ་ཟུར་དུ་བཀར་ནས་སྨན་བཅོས་བྱེད་པ་དང་། རྣ་དེ་ཡོད་སའི་རྣ་ཁྲུའི་རྣ་རེ་རེ་བཞིན་ལུས་པོར་རེག་ནས་བརྟག་དཔྱད་བྱ་དགོས། ཚ་རྐྱེན་འཛོམས་ན་པགས་ནང་དུ་ཚོད་ལྟ་བྱས་ན། ནད་ངོས་ཟིན་པ་དང་སྨན་བཅོས་ལ་གོ་ཆོད། དུས་མཚུངས་སུ10%ཡི་ནུས་ཆེའི་ན་（苛性钠）དང་། ཡང་ན20%ཡི་དཀར་བཟོ་ཕྲི་མའི་བཞུ་ཁུས་རྣ་རར་དུག་སེལ་བྱ་དགོས།

དགུ་པ། འཛུམ་བུ་ལྷག་དགྲ།

འཛུམ་བུ་ལྷག་དགྲའི（tetanus）ནད་ནི་འཕང་སྲིན（梭菌）གྱིས་བསྐྱེད་པའི་མི་དང་ཕྱུགས་ཐུན་མོང་ལ་འགོ་བའི་ནད་ཅིག་ཡིན། དེ་ལ་ལུས་ཡོངས་ཀྱི་ཤ་གནད་ལ་སྣང་འཐབ་འབྱུང་བ་དང་། ཕྱི་རོལ་ཡུལ་གྱིས་ངར་བསྐྱེད་ནས་རྣམ་འགྱུར་སྐྱེན་པའི་ནད་རྟགས་མངོན་ཞིང་། རྒྱུན་དུ་གཟེར་མས་རྨས་སྐྱོན་ཐེབས་པ་དང་དངོས་པོ་གཞན་གྱིས་གཅགས་ནས་རྨས་པ། བྱ་གཙོད་སྐབས་རྨ་ཁ་བཟོས་པ། སྣ་དང་མཐུར་གྱིས་རྨ་ཁ་བཟོས་པ། ལྟེ་བ་རིད་པ་སོགས་ཀྱི་རྗེས་ནས་ནད་འདི་འབྱུང་བ་ཡིན།

【ནད་རྒྱུ།】 འཛུམ་བུ་ལྷག་དགྲའི（གཉན་ལྷག་དགྲ）ནད་ནི་འཕང་སྲིན་གྱིས་བསླངས་པ་ཡིན་ཞིང་། དེ་ནི་གཏོས་ཆེ་བའི་དབྱང་ཐྲལ་རང་

བཞིན་གྱི་ སྒེ་ལན་པའི་གདགས་གཤིས་ཅན་གྱི་དབྱུག་སྲིན་ཞིག་ཡིན། དེའི་དབྱིབས་རྣམ་པ་སྤུ་རིང་བའི་དབྱུག་སྲིན་དང་འདྲ་ཞིང་། སྲིན་སྡོང་（菌株）ཕལ་མོ་ཆེ་ལ་རིག་སྤུ་སྐྱེས་ཡོད་པ་དང་འགྱུལ་སྐྱོད་བྱེད་ཐུབ། སྲོག་ཆགས་ཀྱི་ལུས་པོ་དང་གསོ་སྲེལ་རྟེན་གཞིའི་ནང་དུ་འཛུམ་བུ་ལྷག་དགྱེའི་ཕྱི་བྱེར་དུག་རྒྱ་རིགས་འགའ་འབྱུང་ཐུབ་ཅིང་། དེ་ལས་ཆེས་གཙོ་བོ་ནི་གླང་འཐབ་དུག་སྲིན（痉挛毒素）ཡིན། དེ་ནི་དབང་རྩའི་མ་ལག་ལ་གནོད་པའི་དབང་རྩའི་དུག་སྲིན་ཞིག་ཡིན་ལ། དེས་སྲོག་ཆགས་ཀྱི་ཁྱད་ཆོས་ཅན་གྱི་རེངས་འཁྲུམས་སུ་འགྱུར་དུ་འཇུག་ངེས།

【རིམས་ནད་རིག་པ།】 ཐྲ་སྲིན་འདི་ས་དང་འདམ་སོགས་རང་བྱུང་ཁམས་ཡོངས་ལ་ཁྱབ་ཡོད། རིགས་མི་འདྲ་བའི་རྨས་སྐྱོན་ནམ་རྨ་ཁ་བརྒྱུད་དེ་འགོ་བ་ཡིན་ཏེ། དཔེར་ན་ལྟེ་ཐག་གཅོད་པ་དང་བྲ་གཅོད་པ། ཕྲུ་གུ་བཙས་རྗེས་རིད་པ། མཐུར་མདས་རྣ་རྒྱབ་དང་མགོ་ལ་རྨས་སྐྱོན་བཟོས་པ། རྨིག་ཞབས་དང་དབྲག་མཚམས་ལ་རྨས་སྐྱོན་བཟོས་པ། གཞན་པའི་ཚུང་ཞིང་གཏིང་ཟབ་པའི་རྨ་ཁ་སོགས་བརྒྱུད་དེ་འགོ་བ་ཡིན།

【ནད་རྟགས་དང་ངོས་འཛིན།】 ནད་འདི་བྱུང་མ་ཐག་ངར་ལངས་སླ་ཞིང་མིག་སྐྱི་ཕྱིར་བུད་པ། གཟན་རྩ་སོགས་བལྡད་པ་དལ་བ་དང་གོམ་སྟབས་རེངས་པོར་འགྱུར་བ་སོགས་ཀྱི་ནད་རྟགས་མངོན། ནད་ཡུན་ཇེ་རིང་དུ་སོང་བ་དང་བསྟུན་ནས་ལུས་ཡོངས་ལ་གླང་འཐབ་འབྱུང་། ཡང་ན་ཁ་ཚུང་ཙམ་གདངས་

ནས་རྣ་ཆས་སོགས་ཟ་བ་དང་། ནད་ལྡི་ན་ཁ་གདངས་མི་ཐུབ་པ་དང་། ཁ་དམ་པོར་བཙུམས་ནས་རྣ་ཆས་སོགས་ཟ་མི་ཐུབ་པར་མ་ཟད། ཆུའང་འཐུང་མི་ཐུབ། རྣ་ཆས་དང་ཆུ་སོགས་མིད་དཀའ་ཞིང་ཁ་ཆུ་འཛག་པ་དང་། ཁ་ཊུལ་ཪྫོ་བ། མགོ་བོ་བསྒྲིངས་ཤིང་རྣ་ཅོག་བསླངས་པ། སྣ་ཁུང་ཆེར་བགྲད་པ། རྐང་ལག་དང་སྐེད་པ་རེངས་པོར་འགྱུར་བ། གསུས་པ་འཁུམས་པ། རྫ་ཆུ་ཁེག་པ། ཛ་རྫ་མཐོན་པོར་བསྒྲིངས་པ། སོང་ན་རང་ལྡོགས་མི་ཐུབ་པ། ཊུས་ཚིགས་བཀྱང་བསྐུམ་བྱེད་དཀའ་བ། རང་འགྱུལ་དང་ཡར་ལངས་མི་ཐུབ་པ་སོགས་ཀྱི་ནད་རྟགས་མངོན།

【སྨན་བཅོས།】 མགྱོགས་པོར་རེད་པའི་རྨ་ཁ་ལ་བརྟག་དཔྱད་བྱས་ཏེ་རྨ་ཁའི་ནང་གི་རྣག་ཁུ་དང་དངོས་པོ་གཞན་པ། ཕུང་གྲུབ་ཤི་པོ། རྨ་སྐོགས་བཅས་གཙང་སེལ་བྱས་ཤིང་། རྨའི་གཏིང་ཟབ་པ་དང་རྨ་ཁ་ཆུང་བ་དག་ཆེར་བསྐྱེད་ནས5%～10%ཡི་ཏིན་ཆང་དང་། 3%ཀྱི་ཆུ་དབྱང་ཟུང་མ་དང་། ཡང་ན1%གི་ལྷན་མཐོ་སྐྱུར་ཙྭ་བཅས་ཀྱིས་དུག་སེལ་བྱས་རྗེས། ཏིན་ཐུང་པོན་སྐྱུར（碘仿硼酸）འདྲེས་སྦྱོར་སྨན་ཆུ་གཏོར་དགོས། དེ་ནས་ཆིང་མེ་སུའུ་དང་ལན་མེ་སུའུ་རྨ་ཁའི་མཐའ་མཚམས་ལ་བརྒྱབ་པའི་ཐོར་དུ་ཆིང་མེ་སུའུ་དང་ལན་མེ་སུའུ་ཡིས་ལུས་ཡོངས་ལ་སྨན་བཅོས་བྱས་ཆོག །ནད་བྱུང་མ་ཐག་ཏུ་འཛུམ་བུ་ལྷག་དགུ་སྲིན་འགོག་གི་སྨན་ལ་བསྟེན་དགོས་པ་དང་། རྟ་ལ་ངར་ལངས་པ་དང་གླང་འཐབ་བྱུང་སྐབས་ཁེལ་བ་ཆེན་གཟེར་འཇོམས་སྨན་དགོལ་དགོས། གཞན25%ཡི་ཟི་སྐྱུར་ཆེ（硫酸镁）ཤ་གནད་དམ། སྡོད་རྩར་བརྒྱབ་ན་གླང་འཐབ་བྱུང་པར་ཕན།

རང་གི་ཤ་གནད་ལ་སོ་བཏབ་པ་དང་། ཁ་དམ་པོར་བཙུམས་པ་ལ1%གི་ཐུ་རུ་ཁྲ་དཀྱིན་བཞུ་ཁུ་ཟ་འགྲམ་གྱི་གསང་མིག（开关穴）དང་འགྲམ་ཁུག་གསང་མིག（锁口穴）ལ་ཁབ་རྒྱག་དགོས།

ནད་འདིའི་སྔོན་འགོག་ལ་དུས་རྒྱུན་སྒོག་ཆགས་ལ་ཉམས་སྐྱོན་བཟོ་བར་གཟབ་དགོས་ཤིང་། གལ་སྲིད་ལུས་པོར་ཪྨ་ཁ་བཟོས་ཡོད་ན། དུས་ཐོག་ཏུ་སྨན་བཅོས་བྱ་དགོས། ཪྨ་ཁ་གཏིང་ཟབ་ཅན་ཡིན་ན། ཕྱི་ནད་ཀྱི་བཅོས་ཐབས་ལ་བརྟེན་དགོས་པར་མ་ཟད། ཤ་གནད་ལ་འཛུམ་བུ་ལྷག་དགྱེའི་ཁྲག་རྒྱག་དགོས། རྒྱུན་བྱུང་ས་ཁུལ་དུ་དུས་བཅད་ལྟར་འཛུམ་བུ་ལྷག་དགྱེའི་རིགས་ཀྱི་དུག་སྲིན་གྱི་འགོག་སྨན་རྒྱག་དགོས།

བཅུ་པ། རྔའི་པགས་པའི་སྐྲར་སྲིན་གྱི་ནད།

རྔའི་པགས་པའི་སྐྲར་སྲིན་གྱི་ནད（mycosis）ནི་པགས་པའི་སྐྲར་སྲིན་རིགས་མང་པོས་རེད་ནས་བསྐྱེད་པའི་དལ་བའི་རང་བཞིན་གྱི་པགས་པའི་འགོ་ནད་ཅིག་ཡིན། དེར་རྔའི་སྐྱི་ལྤགས་དང་རྨིག་པ་སོགས་ལ་དབྱེ་མཚམས་གསལ་པོ་ཡིན་པའི་ཟླུམ་དབྱིབས་དང་ངོས་མི་སྙོམས་པའི་ཟླུམ་པོ། སྐོར་དབྱིབས་ཀྱི་རྗེ་ཁྲ་མངོན་ནས་སྤུ་བུད་པ་དང་ཀློག་ཤ་ལྷུང་བ། ཪྨ་སྐོགས་ཆགས་པ། ཟ་འཕྲུག་ལངས་པ་སོགས་ཀྱི་ནད་རྟགས་མངོན། ནད་འདི་འཛམ་གླིང་ཡོངས་ལ་ཁྱབ་ཡོད་པ་དང་།

རང་རྒྱལ་གྱི་ཞིང་ཆེན（རང་སྐྱོང་ཁུལ་དང་ཐད་གཏོགས་གྲོང་ཁྱེར）15ལ་ནད་འདི་བྱུང་སྦྱོང་བའི་གནས་ཚུལ་འདུག་པར་མ་ཟད། ཉེ་བའི་ལོ་ཤས་རིང་ནད་བྱུང་ཚད་ཧེ་མཐོར་འགྲོ་བཞིན་མཆིས།

【ནད་རྒྱུ།】 ནད་གཞི་གཙོ་བོ་ནི་ཇོ་སྲིན་སྦུ་ཅན་གྱི་རིགས་དང་སོན་ཆུང་རླམ་སྲིན（小孢霉菌）ཁོངས་གཏོགས་ཀྱི་སྐར་སྲིན་ཡིན། པགས་པའི་སྐར་སྲིན་ལ་ཕྱི་རོལ་ཡུལ་གྱི་གཡོལ་བཟོད་ཀྱི་ནུས་པ་ཆེན་པོ་ལྡན་ཞིང་། སྐམ་ཐོས་ཆེ་བའི་ཁོར་ཡུག་ལ་འཕྲོད། པགས་པའི་ཀློག་ཤུའམ་སྤུའི་ནང་དུ་དུས་ཚོད་གཅིག་ལ100℃ཡི་སྐམ་ཚའི་གཡོལ་བཟོད་ཀྱི་ནུས་པ་མི་ཉམས་ཤིང་། 110℃ཡི་དྲོད་ཚད་ནང་དུས་ཚོད་གཅིག་གི་ནང་ཤི་ངེས། ཡིན་ནའང་དེས་བཏུལ་མི་ཐུབ་ཅིང་། གར་ཚད་སྤྱིར་བཏང་བའི་རྒྱུན་སྤྱོད་དུག་སེལ་སྨན་ལ་བཟོད་ནུས་ཤིན་ཏུ་ཆེ། སྲིན་འགོག་གི་སྨན་དང་ཧོང་ཨན་རིགས་ཀྱི་སྨན་ལ་ཚོར་བ་སྐྱེན་པོ་མེད་ལ། རླམ་འགོག་སྲིན་རྒྱུ（制霉菌素）དང་། གཤིས་གཉིས་རླམ་རྒྱུBདང་རླམ་རྒྱུ་སེར་སྐྱ（灰黄霉素）སོགས་ལ་འགོག་སྲུང་གི་ནུས་པ་ལྡན།

【རིམས་ནད་རིག་པ།】 སྐར་སྲིན་ནི་སྲོག་ཆགས་དང་རྩི་ཤིང་ལ་བརྟེན་པ་དང་ཞིང་སར་ཡང་གནས་ཡོད། རྒྱུ་རྐྱེན་ངེས་ཅན་འོག་མི་དང་རྟ་ལ་འགོ་བ་ཡིན། རྟ་ནད་པ་དང་འབྲེལ་ཐུག་བྱུང་བའམ། ཡང་ན་སྒགས་བཙོག་བཙོས་པའི་ཁ་ར་དང་ཡོ་ཆས། སྒ་ཆས་སོགས་དང་བར་བརྒྱུད་ཀྱི་ཚུལ་དུ་འབྲེལ་ཐུག་བྱུང་བར་བརྟེན་སྐྱེ་ཞུགས་བརྒྱུད་དེ་འགོ་བ་ཡིན། རྟེའུ་དང་ནར་སོན་པའི་རྟ་ལ་འགོ་སླ། རྟ་

ལ་འཚོ་བཅུད་ཀྱིས་མ་འདང་བ་དང་། སྐྱི་ལྤགས་དང་སྤུའི་འཕྲོད་བསྟེན་ཞན་པ། ཁོར་ཡུག་གི་དྲོད་ཚད་མཐོ་བ། ཁ་རར་རླན་ཤས་ཆེ་བ་དང་ལྷན་ལྷེན་ཡིན་པ། ཉི་འོད་མི་ཐོག་པ་སོགས་ཀྱིས་ནད་འདི་འགོ་བར་མཐུན་རྐྱེན་བསྐྲུན་ངེས། ནད་འདི་ལོ་ཕྱིལ་པོར་དུས་ངེས་མེད་དུ་འབྱུང་ནའང་། སྟོན་མཇུག་ནས་དཔྱིད་མགོར་ཏ་རའི་ནང་ཏ་གསོ་སྐབས་བྱུང་བ་ཙུང་མང་།

【ནད་རྟགས་དང་ངོས་འཛིན།】 སྨར་སྲིན་སོན་ཕུང་གིས་རྨ་ཁ་བཟློས་པའི་སྐྱི་ལྤགས་རེད་རྗེས། པགས་པའི་ཕྱི་རིམ་གྱི་སྐོགས་ཤུན་དུ་ཤའུ་སྐྱེས་པ་དང་། སྲིན་སྐྲུ་བ་སྤུའི་བུ་གར་ཁྲབ་པ་ཡིན། སྲིན་སྐྲུད（菌丝）མང་པོ་པགས་པའི་ཕྱི་རིམ་གྱི་སྐོགས་ཤུན་དུ་འཕེལ་ནས་པགས་པའི་ཕྱི་རིམ་མྱུར་དུ་སྐོགས་ཤུན་ཅན་དུ་འགྱུར་ཞིང་། གཉན་ཚད་རྒྱས་ནས་སྐྱི་ལྤགས་རྩུབ་མོར་འགྱུར་བ་དང་ གློག་ཤུ་ལྷུང་བ། རྨ་ཤུན་ཆགས་པ་ཡིན། གཙོ་བོ་མགོ（མིག་གི་འགྲམ་དང་གདོང་། ན་ཅོག）སྐེ་ཚིགས། ཕྲག་པ། རྒྱབ། དཔྱི་མགོ་སོགས་སུ་འབྱུང་། ནད་དེ་བྱུང་ས་མང་ཆེ་བར་ཁྲ་དབྱིབས་སམ་སྐོར་དབྱིབས་ཀྱི་ཇོ་འབུད་པ་ཡིན། ནད་བྱུང་ས་ལ་ལར་ཐོར་པ་དང་ཆུ་བུར་འབྱུང་བར་མ་ཟད། རལ་ནས་བསྐམས་རྗེས་སྐོགས་ཤུན་ཆགས་སྲིད། དུས་མཚུངས་སུ་སྐྱི་ལྤགས་ཧ་མཐུག་དང་རྩུབ་མོར་འགྱུར་ཞིང་གྲོ་ཕྱེ་ལྟ་བུའི་གློག་ཤུ་ལྷུང་། ནད་འགྱུར་བྱུང་སའི་སྤུ་ཆག（བྲེགས་པའི་སྤུ་ཐུང་ངུ་དང་འདྲ）ནས་ལྷུང་བ་དང་རྒྱུན་ཆད་མེད་པར་ཇོ་ཏེ་ཆེར་འགྱུར། སྐབས་ལ་ལར་ནད་རྙིང་སངས་དྭག་བྱུང་རྗེས། སླར་ཡང་ཉེ་གམ་དུ་ཇོ་གསར་བ་བུད་ནས་ལུས་ཀྱི་ག་

ས་གང་དུ་ཁྱབ་པར་འགྱུར། སྤྱིར་བཏང་དུ་ཟ་འཕྲུག་མི་ལངས་པའམ་ཟ་འཕྲུག་ལངས་པ་མངོན་གསལ་མིན།

གནས་ཚུལ་ལ་ལའི་འོག་ཏ་སྨྱུའི་རྗོ་སྲིན་སོགས་ཀྱིས་བསྐྱེད་པ་ཡིན་ཏེ། རྗོ་ཁྲ་འབུད་སའི་སྤུ་གཟེངས་ཤིང་། རིམ་བཞིན་ཆུ་བུར་བྱུང་ནས་ཟགས་རལ་དུ་འགྱུར་ཞིང་། སྙིང་གི་རྗོ་ཤྲུ་སྐྱ་པོ་མཚམས་མི་ཆད་པར་ལྷུང་བ་ཡིན། གཟའ་འཁོར1～2འགོར་ན། པགས་པའི་སྙིང་གི་སྤུ་ཆད་ནས་ལྷུང་བ་དང་། རྗོ་ཁྲ་ཆུང་བའི་ཚངས་ཐིག་ལ་ལི་སྨི0.5ཡོད་པ་དང་། ཆེ་བའི་ཚངས་ཐིག་ལ་ལི་སྨི4.5ཡོད་ལ། ཟ་འཕྲུག་ལངས་པ་ཡིན།

ནད་ངོས་འཛིན་པར་སྐྱེ་དངོས་རིག་པའི་བརྟག་དཔྱད་བྱ་དགོས། ནད་འགོས་པ་དང་ནད་མ་འགོས་པའི་སྐྱི་ལྤགས་ཀྱི་དཔེ་མཚམས་སུ་རྗོ་ཤྲུ་ཉུང་ཤོས་སམ། ཟགས་ཐོན་དངོས་པོས་མ་བསླད་པ་དང་འོད་མདངས་མེད་པའི་སྤུ་འགའ་བླངས་ཤིང་། རྗོ་ཤྲུ་དེ་དག་ཤེལ་ལེབ་ཀྱི་ངོས་སུ་བཞག་ནས10%ཡི་ཆིང་དབྱང་ནཱ་རྫས་ཀྱི་བཞུ་ཁུ་ཐིགས་པ་གཅིག་བཏིག་རྗེས་ཤེལ་ལེབ་ཀྱི་ཁ་བརྒྱབ་སྟེ། སྐར་མ3～5ལ་དྲོད་ཆུང་དུ་ཙམ་ལ་བརྟེན་རྗེས། ལྷབ་དམའ་བ་དང་ལྷབ་མཐོ་བའི་ཆེ་ཤེལ་གྱི་ཡལ་ག་གྱེས་པའི་སྲིན་སྐྱུད་དང་། རིགས་མི་འདྲ་བའི་སོན་ཕུང་ཡོད་མེད་ལ་བརྟག་དགོས། སོན་ཕུང་ཆུང་བའི་རྨམ་སྲིན་རིགས་ཀྱི་སྣར་སྲིན་གྱིས་རེད་པ་ཡིན་ན། སྲིན་སྐྱུད་དང་ཟུར་སྐྱེས་ཕུང་སྲིན་ཆུང་བ་སྤུ་རྩའམ་སྤུ་ཀང་སྟེང་སྐྱེས་ནས་གློག་ཤྲུ་མཐུག་པོ་ཆགས་ཡོད་པ་དང་། སོན་ཕུང་སྤུ་ཀང་གི་ནང་དུ་འཛུལ་

མི་ཐུབ། རྫ་སྲིན་རིགས་ཀྱི་སྣར་སྲིན་གྱིས་རེད་པ་ཡིན་ན། སོན་ཕུང་སྤུའི་ཕྱི་དང་སྤུའི་ནང་དུ་མཉམ་གཤིབ་དང་ཕྲེང་བསྟར་ནས་ལྷུགས་ཐག་གི་དབྱིབས་སུ་མངོན། དགོས་གལ་ཆེ་དུས་མིའི་ཐབས་ཀྱི་གསོ་སྐྱོང་དང་སྲོག་ཆགས་ཀྱི་ཚོད་ལྟ་བྱ་དགོས།

ནད་ངོས་འཛིན་སྐབས་རྟའི་གཡན་པ་དང་ཁྱད་འབྱེད་ཐུབ་དགོས་ཏེ། རྟའི་གཡན་པ་ལའང་རྫ་འབྱུང་པ་ཡིན། ཡིན་ནའང་དམིགས་བསལ་ཅན་གྱི་རྣམ་དབྱིབས་རྫ་ཁྲ་མེད་པར་མ་ཟད། རྫ་ཁྲ་ལ་གོ་རིམ་མེད་པ་དང་། ནད་བྱུང་སར་ཟ་འཕྲུག་ལངས་པ་ཡིན། ཆེ་ཤེལ་གྱིས་བརྟགས་ན་གཡན་འབུ་མཐོང་ཐུབ།

【 འགོག་བཅོས། 】 ནད་དེ་བྱུང་བའི་རྟ་ལ་སྨན་བཅོས་བྱེད་སྐབས་ནད་བྱུང་ས་བྱེ་བྲག་པའི་སྤུ་བྲེགས་ཤིང་འདག་ཆལ་གྱི་ཆུས་ཚའི་སྐོགས་ཤུན་བཀྲུས་རྗེས5%ཡི་ཉེན་ཆང་དང་། 10%ཡི་ཆུ་དབྱང་སྐྱུར་ཆང་བཙུད（水杨酸酒精）དང་། ཡམ་ན5%～10%ཡི་མུ་ཟའི་སྐྱུར་ཐོན་བཞུ་ཁུ（硫酸铜液）སོགས་བསྐུ་དགོས་ཤིང་། ནད་སངས་དྲག་བྱུང་རག་བར་ཉིན་རེ་རེར། ཉིན་གཅིག་རེའི་ནང་ཐེངས་གཅིག་ལ་བསྐུ་དགོས། ཡང་ན་ཆུ་དབྱང་སྐྱུར་བཙོར་ལྡེ། ནྲམ་སྲིན་འགོག་ལྡེ། 3%～5%ཡི་ཁེ་ནྲམ་ཙོ་བཙོར་ལྡེ།（克霉唑软膏）2%ཡི་དབྱི་ཁང་ཙོ་བཙོར་ལྡེ（益康唑软膏）སོགས་བསྐུས་ནའང་ཕན།

དུས་རྒྱུན་གཟན་གསོ་དོ་དམ་ལ་ཤུགས་སྣོན་བྱས་ཏེ་རྟ་ར་དང་རྟའི་པགས་པའི་འཕྲོད་བསྟེན་ལ་དོ་སྣང་བྱེད་པ་དང་། རྒྱུན་དུ་རྟའི་སྐྱི་ཤུགས་སྟེང་རྫ་བུད་ཡོད་མེད་དང་། སྐོག་ཤུ་ཡོད་མེད་ལ་མཉམ་འཛོག་དགོས། དུས་ལྟར་རྟའི་ལུས་པོ་

བཀྲུས་ནས་སྤུ་ཤད་དགོས་པ་དང་། སྤུ་ཤད་ཡོ་ཆས་དང་སྣ་ཆས་ནོར་འཛོལ་མ་བྱུང་བར་རྟ་རེ་རེར་གཏན་འཁེལ་ལྟར་དགོལ་དགོས། རྟ་ལ་ནད་འདི་བྱུང་ཚེ་མྱུར་དུ་ཟུར་དུ་བཀར་ནས་བདེ་ཐང་ཅན་གྱི་རྟ་དང་འབྲེལ་ཐུག་བྱེད་དུ་འཇུག་མི་རུང་བ་དང་། སྟགས་བཙོག་ཐེབས་པའི་རྟ་ར་དང་ཡོ་ཆས་སོགས་ལ2%གྱི་བུལ་ཏོག（火碱）དང0.5%ཡི་དབྱང་བཀལ་སྐྱུར་ཁ་བ（过氧乙酸）ཡིས་དུག་སེལ་བྱ་དགོས་པ་དང་། རྟ་རར་རླུང་རྒྱུ་ཐུབ་པ་དང་སྐམ་པོ་ཡིན་དགོས་པར་མ་ཟད། གཟན་གསོ་མི་སྣས་ཀྱང་ནད་དེ་འགོ་བར་འགོག་སྲུང་བྱེད་ཐུབ་དགོས།

རབ་བཅད་དྲུག་པ། འབྲི་འབུའི་ནད།

དང་པོ། རྟའི་གྲོལ་འབུའི་ནད།

རྟའི་གྲོལ་འབུའི་ནད་ནི་གྲོལ་འབུའི་ཚན་པའི་གྲོལ་འབུ་ཕལ་བར（Parascaris）གཏོགས་པའི་རྟའི་གྲོལ་འབུ་རྟའི་རྒྱུ་མར（སྐབས་ལ་ལར་ཕོ་བའི་ནང་བྱུང་བའང་ཡོད）བྱུང་བར་བརྟེན་འཇུ་ནུས་དང་འཚོ་བཅུད་ཀྱིས་མི་འདང་བ། ལག་ཆགས་པ་དལ་བ་སོགས་ཀྱི་ནད་རྟགས་མངོན་ཞིང་། དེ་ནི་རྟའི་ཁོངས་སུ་གཏོགས་པའི་སྒོག་ཆགས་ལ་བྱུང་བའི་རྒྱུན་མཐོང་གི་འཇུ་བྱེད་མ་ལག་གི་འབྲི་འབུའི་ནད་ཅིག་ཡིན་ལ། ནད་དེ་རྟེའུ་ལ་བྱུང་ན་ཉེན་ཁ་ཆེ།

【ནད་གཞིའི་རྣམ་པ།】 རྟའི་གྲོལ་འབུ་ནི་རྟའི་ཁོངས་སུ་གཏོགས་པའི་སྒོག་ཆགས་ཀྱི་ལུས་སྟེང་གི་ཆེས་ཆེ་བའི་སྐྱད་སྲིན་ཞིག་ཡིན། འབུའི་ལུས་གཞི་ག་ཧྲུམ་གྱི་དབྱིབས་སུ་མངོན་ཞིང་ཕྱི་ངོས་འཇམ་པོ་ཡིན་པ་དང་། སྣེ་གཉིས་ཅུང་ཕྲ་ཞིང་ཕྱིའི་རྣམ་པ་ཕག་གི་གྲོལ་འབུའི་དབྱིབས་དང་མཚུངས་ཤིང་། མདོག་སེར་སྐྱ་ཡིན། ཁ་ཚུའི་ཉེ་གམ་དུ་མཆུ་གསུམ་ཡོད་པ་དང་རྒྱབ་ངོས་ཀྱི་མཆུ་ཅུང་ཆེ། མཆུའི་འོག་རིམ་དུ་མངོན་གསལ་དོད་པའི་བར་མཆུ་ཡོད། མཆུ་རེ་རེའི་མདུན་

ཀྱི་གཞོགས་ངོས་སུ་འཕྲེད་ཤུར་ཞིག་ཡོད་པ་དང་། དེས་མཆུ་འདབས་སྔ་གཞུག་གཉིས་སུ་འབྱེད་པའི་ལས་བྱེད་ཅིང་། མཆུ་འདབས་དང་ལུས་པོའི་བར་གྱི་འཕྲེད་ཤུར་མངོན་གསལ་ཡིན།

【འཚོ་བའི་ལོ་རྒྱུས།】 མོ་འབུ་དར་མས་ཧྲའི་རྒྱུ་ནག་གི་ནང་དུ་སྒོང་གཏོང་སྲིད་པ་དང་། འབུ་སྒོང་བཤང་གཅི་དང་མཉམ་དུ་ལུས་ཀྱི་ཕྱི་ལ་བཏང་རྗེས་འགོ་ཁྱབ་ཅན་གྱི་འབུ་སྒོང་དུ་འགྱུར་བ་རེད། ཧྲ་སོགས་ཀྱིས་འགོ་ཁྱབ་ཀྱི་ནུས་པ་ཡོད་པའི་འབུ་སྒོང་དེ་མིད་རྗེས། འབུ་སྒོང་རྒྱུ་མའི་ནང་ཐོར་གྲུམ་བྱུང་ནས་འབུ་ཕྲུག་མང་པོ་འཕེལ་རྗེས་རྒྱུ་མའི་ཁྲག་རྩར་འཛུལ་ཞིང་། ཁྲག་གི་འཁོར་རྒྱུགས་བརྒྱུད་གློ་བའི་ནང་ཐོན་པ་དང་། དེ་ནས་གློ་ཕུའི་ཡན་ལག་དང་དབུགས་ལམ་ནས་ལྷོག་བསྐྱོད་བྱས་ཏེ་ཁ་སྐྱུག་གི་ནང་དུ་ཐོན། དེ་ནས་མཆིལ་མ་དང་འདྲེས་ནས་འཇུ་ལམ་དུ་མིད་རྗེས་རྒྱུ་མའི་ནང་སྦྲུ་མཐུད་དུ་ལག་ཆགས་པ་ཡིན།

【ནད་ངོས་འཛིན་གྱི་གནད།】

1. རིམས་ནད་རིག་པ། ཧྲའི་གྲོལ་འབུའི་ནད་ཀྱི་འགོ་ཁྱབ་ཆེ་ནའང་། རྗེའུ་ལ་འགོས་པ་ཆེས་མང་བ་ཡིན། ཧྲ་རྒན་པལ་མོ་ཆེའི་ལུས་སྟེང་དུ་འབུ་ཡོད་པས་ནད་གཞི་ཁྱབ་པར་བྱེད་ཅིང་། སྟོན་ཁ་དང་དགུན་ཁར་འགོས་པ་ཉུང་མང་།

2. ནད་རྟགས་དང་ནད་གཞིའི་འགྱུར་བ། ཧྲ་ལ་མཆོན་ན་ཧྲའི་གྲོལ་འབུའི་གནོད་སྐྱོན་གཙོ་བོ་ནི་ཕད་རྐྱེན་གྱི་བྱེད་ལས་དང་འཚོ་བཅུད་ཧམ་འཕྲོག །དུག་རྒྱུ་བསྐྱེད་པ། རྗེས་བྱུང་རེད་འགྱུར་བཅས་ཕྱོགས་བཞི་ནས་མངོན་པ་ཡིན། ནད་འདི་

གཙོ་བོ་རྗེའུ་ལ་གནོད་ཅིང་ནད་རྟགས་མངོན་གསལ་ཡིན། ལག་ཆགས་པའི་རྟ་ཐལ་མོ་ཆེའི་ལུས་པོར་འབུ་འདི་ཡོད། ལུས་པོར་འབུ་བྱུང་བའི་ཐོག་མའི（འབུ་སྦུག་འགྲུལ་བའི་དུས་སྐབས）དུས་རིམ་དུ་རྒྱ་མའི་གཉན་ཚད་ཀྱི་ནད་རྟགས་མངོན་ཞིང་། ཉིན་གསུམ་གྱི་རྗེས་སུ་གློ་ཡུའི་གློ་ཚད་ཀྱི་ནད་རྟགས（གྲོལ་འབུའི་གློ་ཚད）མངོན་ཞིང་། ཚད་རིམ་དང་དུས་ཡུན་མི་འདྲ་བར་ལུ་བ་དང་ཡུན་ཐུང་དུ་ལ་ཚ་རྒྱས་པ། འདག་ཁྲེ་ཅན་ནམ་འབྲུར་ཁྲེ་ཅན་གྱི་སྣ་ཆུ་བཞུར་བ་དང་། སྐབས་ལ་ལར་དབང་རྩར་ངར་ལངས་པ་སོགས་ཀྱི་ནད་རྟགས་ཀྱང་མངོན། མཇུག་མཐའི་དུས་རིམ་ནི་འབུ་ལག་ཆགས་པའི་དུས་ཡིན་པས་འཇུ་བྱེད་དབང་ནུས་ཉམས་ནས་རྒྱ་མའི་གཉན་ཚད་ཀྱི་ནད་རྟགས་མངོན། གཞན་གསུམ་པ་ཆེན་པོར་འགྱུར་བ། ཕོག་པ་བཤལ་བ་དང་རྩྭ་སྐམ་པའི་ནད་རྟགས་རེ་འཛུགས་རེ་འཕར་གྱི་ཚུལ་དུ་འབྱུང་ངེས། རེད་པ་ཚབས་ཆེན་ཡིན་ན། རྒྱ་འཁྲིལ་ལམ་རྒྱ་རྡོལ་གྱི་སྣང་ཚུལ་འབྱུང་སྲིད། ནད་འདི་རྗེའུ་ལག་ཆགས་པར་ཤིན་ཏུ་གནོད།

【འགོག་བཅོས།】 རྟ་ལ་ནད་དེ་བྱུང་ན་དུས་ཐོག་ཏུ་སྨན་བཅོས་བྱ་དགོས། རྒྱུན་སྤྱོད་འབུ་སེལ་གྱི་སྨན་ལ། དབྱི་ལྷེ་སྲིན་རྒྱུ་དང་མུ་ཟེ་ག་པིན་མད་ཙོ།（丙硫苯咪唑）པིན་ཀ་མད་ཙོ། འབུ་བརྒྱའི་གཉན་པོ་སྤུས་དག（精制敌百虫）ཙོའོ་མད་ཙོ（左咪唑）སོགས་ཡོད།

དུས་བཅད་ལྟར་ལོ་རེར་ཐེངས1～2ལ་འབུ་བསལ་དགོས་པ་དང་། རྗེའུ་སྐྱུམ་པའི་གྲོད་མ་ཡིན་ན། རྗེའུ་མ་བཙས་པའི་ཟླ་གཉིས་ཀྱི་སྔོན་དུ་འབུ་བསལ་

དགོས། གཞན་གཟན་གསོ་འཕྲོད་བསྟེན་གྱི་དོ་དམ་ནན་སྐྱོང་དང་། འཕྲུང་ཆུ་དང་རྩྭ་ཆས་གཙང་མ་རྒྱུན་འགྲོངས་བྱས་ཏེ་རྟ་སྒང་ས་གྱིས་བཟླད་དུ་འཇུག་མི་རུང་། རྟ་ར་དང་རྟ་འཁྱུལ་སྐྱོད་བྱེད་སའི་འཕྲོད་བསྟེན་གཙང་མ་ཡིན་དགོས་པ་དང་། དུས་བཅད་ལྟར་ཡོ་ཆས་ལ་དུག་སེལ་བྱ་དགོས།

གཉིས་པ། རྟའི་རྒྱུ་འབུ་ལེབ་རིང་མགོ་གཅེར་གྱི་ནད།

རྒྱུ་འབུ་ལེབ་རིང་མགོ་གཅེར་གྱི་ནད（Anoplocephalidiasis）ནི་མགོ་གཅེར་ཅན་པའི་རྒྱུ་འབུ་ལེབ་རིང་མགོ་གཅེར་ཆེ་བ（Anoplocephala magna）དང་། ལོ་དབྱིབས་རྒྱུ་འབུ་ལེབ་རིང་མགོ་གཅེར། རྒྱུ་འབུ་ལེབ་རིང་མགོ་གཅེར་ཆུང་བ（Paranoplocephalamamillana）བཅས་ཀྱིས་རྒྱུ་མའི་ནང་བསྐྱེད་པའི་འབྲི་འབུའི་ནད་ཅིག་ཡིན། གཙོ་བོ་རྒྱུ་ནག་གི་ནང་དུ་ཡོད་པ་དང་། སྐབས་ལ་ལར་རྒྱུ་ལྷག་གི་ནང་དུའང་མཐོང་རྒྱུ་ཡོད། རང་རྒྱལ་དུ་ལོ་དབྱིབས་རྒྱུ་འབུ་ལེབ་རིང་མགོ་གཅེར（叶状裸头绦虫）ཤུང་མང་ཞིང་། དེ་ནི་འཚོ་བཅུད་ཞན་པ་དང་དབང་རྩའི་ནད། དལ་བའི་རང་བཞིན་ཅན་གྱི་ཆོལ་རྒྱུས་ཟགས་རལ། རྒྱུ་འཁྲིལ་སོགས་ཀྱི་ནད་བསྐྱེད་པའི་འཇུ་བྱེད་མ་ལག་གི་འབྲི་འབུའི་ནད་ཅིག་ཡིན།

【 ནད་རྒྱུའི་རྣམ་པ། 】

2. རྒྱ་འབྲུ་ཞིབ་རིང་མགོ་གཅེར་ཆེ་བ། རྒྱུ་ནག་གི་སྨད་ཕྱོགས་སུ་ཡོད་པ་དང་། སྐབས་ལ་ལར་ཐོ་བ་དང་རྒྱུ་ལྷག །རྩམ་ཡོང་བཅས་སུའང་ཡོད། མགོ་ཆེ་ཞིང་སྙེང་དུ་འཛིབ་སྤྱེར་བཞི་ཡོད། དཔྲལ་བ་དང་ཀྱིའུ་མེད་ཅིང་། སྐེད་ཚིགས་ཐུང་བ་དང་ལུས་པོ་ཐུང་ཞིང་མཐུག །ཚིགས་མཚམས་སུ་སྐྱེ་འཕེལ་དབང་པོ་ཡོད་པ་དང་། སྐྱེ་འཕེལ་དབང་པོའི་ཁུང་སྒོ་ལུས་པོའི་ནང་ལོགས་སུ་ཡོད། བུ་སྣོད་འཕྲེད་དུ་ཡོད་པ་དང་རླུག་འབྲས་ལུས་ཀྱི་དཀྱིལ་དུ་ཡོད་པ་དང་། བུ་སྣོད་དུ་འབུ་སྒོང་མང་པོ་ཡོད།

3. རྒྱ་འབྲུ་ཞིབ་རིང་མགོ་གཅེར་ཆུང་བ། འབུ་འདི་ཅུང་ཙམ་ཆུང་། རྒྱུ་སོར་བཅུ་གཉིས་དང་རྒྱུ་སྟོང་། རྒྱུ་ནག་བཅས་ལ་བརྟེན་ཡོད་པ་དང་། སྐབས་ལ་ལར་ཐོ་བའི་ནང་དུའང་འཚོ། མགོ་ཆུང་ཞིང་སྣ་ཤལ་དཔྱིབས་ཀྱི་ཟུར་གཏོགས་དངོས་པོ་མེད།

【 འཚོ་བའི་ལོ་རྒྱུས། 】 ལག་ཆགས་པའི་གོ་རིམ་ཁྲིད་བརྟེན་ཡུལ་བར་མ་སྡེ་ས་གཡན（地螨）གྱིས་རྐྱེན་བྱས་པར་བརྟེན། རྒྱུ་འབུ་ཞིབ་རིང་མགོ་གཅེར་གྱི་འབུ་སྒོང་ཏ་སྟངས་དང་མཉམ་དུ་ལུས་པོའི་ཕྱི་ལ་བཏོན་ནས་ས་གཡན་གྱིས་ཟོས་རྗེས། འབུ་ཕྲུག་ཁོག་ཏུ་ལག་ཆགས་ནས་རེད་ཤུགས་ལྡན་པའི་འབུ་རྣ་འཛུལ་དུ་འགྱུར་ཞིང་། རྟས་འབུ་རྣ་འཛུལ་ཡོད་པའི་ས་གཡན་ཟོས་རྗེས་རྒྱུ་མའི་ནང་ལག་ཆགས་ནས་འབུ་རུ་འགྱུར་བ་རེད།

【 ནད་རྟོས་འཛིན་གྱི་གནད། 】

1. རིམས་ནད་རིག་པ། ནད་འདི་བྱུང་བའི་དུས་ཚིགས་ལ་ཁྱད་པར་ཡོད་དེ། དབྱར་མཇུག་དང་སྟོན་མགོར་ཧ་ལ་འགོས་པ་མང་ཞིང་། ཟླ་བརྒྱད་ནི་ཆེས་མང་བའི་དུས་ཡིན། དགུན་ཁ་དང་ལོ་གཉིས་པའི་དཔྱིད་ཀར་ནད་རྟགས་མངོན་ཞིང་། ནད་འདི་ལོ་གཉིས་མན་གྱི་རྟེའུ་དང་ཕོ་རྟ་ལ་བྱུང་ན་ཉེན་ཁ་ཤིན་ཏུ་ཆེ།

2. ནད་རྟགས། རྟ་ལ་འབུ་ནད་འདི་བྱུང་རྗེས་ཡི་ག་འཆུས་པ་དང་རྣམ་རིག་དུབ་པ། ལག་ཆགས་པ་དལ་བ། འཛུ་ནུས་ཞན་པ་བཅས་ཀྱི་ནད་རྟགས་མངོན་པ་དང་། རིམ་བཞིན་ཤ་ཤེད་ལྷུང་བ་དང་བྲུངས་ཁྲག་ཉམས་ནས་ཚབས་ཆེ་དུས། བར་མཚམས་རང་བཞིན་གྱི་ལྷང་དུབ་དང་ཁོག་པ་བཤལ་ངེས། ལ་ལར་རྒྱུ་མའི་འབྱར་སྐྱི་ལ་གནོད་ཚད་རྒྱས་པ་དང་སྐྲངས་པ། རྩ་ཁ་བཟློ་བའི་སྣང་ཚུལ་ཡང་འབྱུང་། ཕུང་གྲུབ་གསར་དུ་གྲུབ་ནས་ཁྲག་འཛག་ཅན་གྱི་ཟགས་རལ་འབྱུང་བ་དང་། ཕུང་གྲུབ་གསར་སྐྱིའི་བྱེད་ལས་ལ་བརྟེན་ནས་རྒྱུ་མ་ཡོངས་སམ། རྒྱུ་མའི་བྱེ་བྲག་གི་གནས་གང་རུང་འགག་པར་འགྱུར། གལ་སྲིད་ཟགས་རལ་བྱུང་ནས་རྡོལ་ཚེ། སྒྱུར་བའི་རང་བཞིན་གྱི་གསུས་སྐྱིའི་གཉན་ཚད་རྒྱས་ནས་ཤི་འགྲོའོ།།

【 འགོག་བཅོས། 】 རྒྱུ་འབུ་ལེབ་རིང་མགོ་གཅེར་ནི་ལོ་དུ་མའི་ནང་ཐེངས་གཅིག་ལ་བྱུང་ཞིང་། ལོ་དབྱིབས་རྒྱུ་འབུ་ལེབ་རིང་མགོ་གཅེར་ནི་ལོ་རེར་ཐེངས་རེར་འབྱུང་། ནད་འདི་བྱུང་བ་ཚབས་ཆེན་མིན་པའི་ས་ཁུལ་དུ་དུས་བཅད་ལྟར་འབུ་སེལ་བའི་ས་ཁུལ་གྱི་ཁོངས་སུ་འཇོག་མི་དགོས་པར། ནད་ཚབས་ཆེན་

ཡིན་དུས་ད་གཞོད་སྨན་བཅོས་བྱ་དགོས། རྒྱུན་སྤྱོད་ཀྱི་འབུ་སེལ་སྨན་རྫས་ལ་སྨུ་ཟེ་ཟུང་ཁིལ་གཉིས་ཐེན་དང་ཁིལ་ཟེ་ལིའུ་ཨན། སྨུ་ཟེ་ག་མད་ཅོ（丙硫咪唑）བཅས་ཡོད།

འབུ་ནད་འདི་བྱུང་བའི་ས་ཁུལ་དུ་རྟ་ལ་སྔོན་འགོག་གི་ཚུལ་དུ་འབུ་བསལ་དགོས་ཤིང་། རྩྭ་སར་མ་བཏང་བའི་སྔོན་དུ་ཐེངས་དང་པོར་འབུ་བསལ་ནས་རྩྭ་རིད་པར་སྔོན་འགོག་དང་། རྩྭ་སར་བཏང་ནས་ཟླ་གཅིག་འགོར་བའི་ནང་ཐེངས་གཉིས་པ་དང་། ཟླ་གཅིག་གི་རྗེས་སུ་ཐེངས་གསུམ་པའི་འབུ་བསལ་བའི་ལས་ཀ་འཁྱོངས་དགོས།

གསུམ་པ། རྟའི་སྐྲད་སྲིན་ནྲུམ་པོའི་ནད།

ནད་འདི་ནི་རྟའི་རྒྱུ་ལྷག་དང་རྩམ་ལོང་ལ་བརྟེན་པའི་སྐྲད་སྤུ་ཚན་གཏོགས（毛线科）ཀྱི་སྐྲད་སྲིན་གྱིས་བསྐྱེད་པའི་འབྲི་འབུའི་ནད་ཅིག་ཡིན། སྐྲད་སྲིན་འདི་དག་ནྲུམ་སྐྲད་ཀྱི་སྡེ（Strongylata）ལ་གཏོགས་པས་སྐྲད་སྲིན་ནྲུམ་པོ་ཞེས་བཏགས་པའོ། །

【ནད་གཞིའི་རྣམ་པ།】 ནད་འདི་བསྐྱེད་པར་བྱེད་པའི་ནད་གཞི་ལ་རིགས50ལྷག་ཡོད་ཅིང་། དེ་དག་ནྲུམ་དབྱིབས་ཀྱི་རིགས་དང་སྐྲད་སྤུའི་རིགས་སུ་གཏོགས། རྟའི་ཁོངས་སུ་གཏོགས་པའི་སྲོག་ཆགས་ཀྱི་རྒྱུ་ལྷག་དང་རྩམ་ལོང་

ལ་བརྟེན་ཡོད། ཟླུམ་དབྱིབས་རིགས་ཀྱི་སྐྲུད་སྲིན་ལ་ཟླུམ་སྲིན་ཆེན་པོ་ཟེར་ཞིང་། འབུའི་གཟུགས་གཞི་རིང་ཆེ་ཞིང་རིང་ཚད་ལ13～45mmཡོད། ཁ་སྣོད་སྨིན་པ་ལེགས་ཤིང་སྒོང་ཟླུམ་མམ་ཞྭང་དབྱིབས་སུ་མངོན། ཕལ་མོ་ཆེས་ཁྲག་འཛིན་པ་ཡིན། སྐྲུད་སྲུའི་རིགས་ཀྱི་སྲིན་འབུ་ལ་ཟླུམ་སྲིན་ཆུང་བ་ཟེར། འབུའི་གཟུགས་གཞི་ཆུང་ཞིང་། རིང་ཚད་ལ4～26mmཡོད། ཁ་སྣོད་ཀྱི་གཏིང་ཐུང་ཞིང་། ཕལ་མོ་ཆེས་ཁྲག་མི་འཛིན་པ། ཟླུམ་དབྱིབས་རིགས་ཀྱི་སྐྲུད་སྲིན་ཟླུམ་པོ་དཀྱུས་མ་དང་སོ་མེད་སྐྲུད་སྲིན་ཟླུམ་པོ། རྟའི་སྐྲུད་སྲིན་ཟླུམ་པོ་བཅས་སྐྲུད་སྲིན་རིགས་གསུམ་གྱི་ནད་བསྐྱེད་ནུས་ཤིན་ཏུ་ཆེ། སྐྲུད་སྲིན་ཟླུམ་པོའི་སྒོ་ང་དང་སྐྲུད་སྲིན་སྲུ་ཅན་གྱི་སྒོ་ང་གཉིས་ཀྱི་ཐུན་མོང་གི་ཁྱད་ཆོས་ནི། སྒོང་དབྱིབས་སམ་འཇོང་དབྱིབས་སུ་མངོན་ཞིང་མདངས་ཐལ་བ། སྒོང་ཤུན་སྲབ་ཅིང་ཕྱི་ངོས་འཇམ་པ། སྒོ་ངའི་ནང་དུ་གྲངས་ཀར་ངེས་པ་མེད་པའི་སྒོ་ངའི་ཕྲ་ཕུང་ཡོད་པ་བཅས་ཡིན།

【འཚོ་བའི་ལོ་རྒྱུས།】 རིགས་མི་འདྲ་བའི་སྐྲུད་སྲིན་ཟླུམ་པོ་དག་ཕྱིའི་འཁོར་ཡུག་ཏུ་ལག་ཆགས་རྩོལ་ཏ་ལམ་གཅིག་མཚུངས་ཡིན་ཏེ། འབུ་སྲིན་གྱིས་བཏང་བའི་སྒོ་ང་རྟ་སྦངས་དང་མཉམ་དུ་ཕྱི་ལ་བཏང་རྗེས། ཕྱི་རོལ་གྱི་དྲོད་ཚད་འཚམ་པོ་ཡིན་པའི་གནས་ཚུལ་འོག་འབུ་ཕྲུག་གི་རྒྱུད་འཕེལ་ཞིང་། ཐེངས་གཉིས་ལ་ལུས་འགྱུར་བྱུང་ནས་རེད་པའི་རང་བཞིན་ཅན་གྱི་འབུ་ཕྲུག་ཏུ་འགྱུར་ངེས། དེ་ནས་རྟས་མིད་རྗེས་རྒྱུ་ངོས་བརྒྱུད་དེ་རྒྱུ་མའི་ནང་ལག་ཆགས་ནས་འབུ་རྡུ་འགྱུར། རིགས་མི་འདྲ་བའི་སྐྲུད་སྲིན་ཟླུམ་པོའི་འབུ་ཕྲུག་གི་བརྒྱུད་ལམ་གཅིག་མཚུངས་

མིན། སྐྱུད་སྲིན་ཟླུམ་པོའི་འབུ་ཕྲུག་རྒྱུ་མའི་འཕར་རྩར་འགྲུལ་སྐྱོད་བྱེད་པ་དང་། སོ་མེད་སྐྱུད་སྲིན་ཟླུམ་པོའི་འབུ་ཕྲུག་གསུམ་པའི་འབྲུར་སྐྱིར་འགྲུལ་སྐྱོད་བྱེད། རྟའི་སྐྱུད་སྲིན་ཟླུམ་པའི་འབུ་ཕྲུག་ནི་གཉེར་མའི་ནང་འགྲུལ་སྐྱོད་བྱེད། སྐྱུད་སྦུའི་རིགས་ཀྱི་སྐྱུད་སྲིན་གྱི་འབུ་ཕྲུག་ནི་ལུས་པོའི་ནང་དུ་འགྲུལ་སྐྱོད་བྱེད་པ་མིན་པར། རྒྱུ་དངོས་ཀྱི་གཉེར་རིམ་ནས་མདུད་འབུར་གྱི་ཚུལ་དུ་ཆགས་ཡོད།

【 ནད་རྟགས་ངོས་འཛིན་གྱི་གནད། 】

1. རིམས་ནད་རིག་པ། ནད་འདི་ནི་རྟའི་རྒྱུན་མཐོང་གི་འགོ་ཚད་ཤིན་ཏུ་མཐོ་ཞིང་། ཁྱབ་རྒྱ་ཤིན་ཏུ་ཡངས་པའི་རྒྱུ་ལམ་གྱི་སྐྱུད་སྲིན་ནད་རིགས་ཤིག་ཡིན། རང་རྒྱལ་གྱི་ས་གནས་སོ་སོའི་རྟའི་སྐྱུད་སྲིན་ཟླུམ་པའི་འགོ་ཚད80%～100%ལ་སླེབས་ཡོད། འབུ་ནད་དེ་བྱུང་བའི་རྟའི་ལུས་ལ་བརྟེན་པའི་འབུ་ཁྲི10ལྷག་ཡོད་པ་ཡིན། གཙོ་བོ་གནམ་གཤིས་དྲོད་པའི་དུས་ཚིགས་ཀྱི་སྔ་དྲོ་དང་ཕྱི་དྲོའི་ཉི་འོད་ཙུང་ཆུང་བའི་གནམ་ངོ་ཙུབ་པའི་གནས་ཚུལ་འོག་རྩྭ་སར་རྟ་འཚོ་སྐྱོང་བྱེད་སྐབས་འགོ་ཞིང་། ཆུ་འཐུང་བ་བརྒྱུད་དེ་འགོ་བའང་ཡོད།

2. ནད་རྟགས། རྟའི་ལུས་པོར་སྐྱུད་སྲིན་ཟླུམ་པོ་མང་པོ་བྱུང་སྐབས་ནད་རྟགས་ཏ་ལམ་གཅིག་མཚུངས་ཡིན་ཏེ། ལག་ཆགས་མི་ཐུབ་པ་དང་རིམ་བཞིན་ཤ་ཤེད་ལྷུང་བ། ཟུངས་ཁྲག་ཟད་པ། དུས་ཡུན་རིང་པོར་ཡང་དང་བསྐྱར་དུ་འཇུ་ནུས་ཉམས་པ་དང་། གསུས་པར་ཟུག་གཟེར་ལངས་པ་སོགས་ཀྱི་ནད་རྟགས་མངོན། སྨན་བཅོས་བྱས་ཀྱང་གོ་མ་ཆོད་ན། སྐྱུད་སྲིན་ཟླུམ་པོའི་ནད་ཡིན་མིན་ལ་བསམ་

གློ་བཏང་ཆོག །འབུ་ལྷུག་འགྲུལ་སྐྱོད་ཀྱི་དུས་རིམ་གྱིས་བསྐྱེད་པའི་ནད་ཡིན་ན། མཆི་བའི་སྔོན་དུ་ངེས་འཛིན་དཀའ་ཞིང་། ཆི་བའི་རྗེས་སུ་གཤགས་ནས་བརྟགས་ན། རྒྱ་མའི་འཕར་རྩ་དང་གསུམ་པའི་འགྱུར་སྐྱི། གཤེར་མ་བཅས་ཀྱི་ནང་དུ་ནད་འགྱུར་དང་འབུ་ལྷུག་ཡོད་ན་ད་གཞོད་ནད་འདིར་ངེས་བཟུང་ཆོག

【འགོག་བཅོས།】 དུས་བཅད་ལྟར་ལོ་རེར་ཐེངས1～2ལ་འབུ་བསལ་དགོས་ཤིང་། འབུ་སེལ་གྱི་སྨན་ལ་བརྟེན་རྗེས་ཀྱི་ཉིན35ནང་རྩྭ་སར་གཏོང་མི་རུང་། མངལ་ཆགས་པའི་རྐོད་མ་ཡིན་ན། རྗེའུ་མ་བཙས་པའི་ཟླ་གཉིས་ཀྱི་སྔོན་དུ་འབུ་བསལ་དགོས། ཕྱུགས་ལ་ནད་དེ་བྱུང་བ་ཤེས་མ་ཐག་དུས་ཐོག་ཏུ་སྨན་བཅོས་བྱ་དགོས་པར་མ་ཟད། གཞན་གཟན་གསོ་དང་འཕྲོད་བསྟེན་གྱི་དོ་དམ་ལ་མཉམ་བཞག་ནས་དུས་ཐོག་ཏུ་བཤང་གཅི་གཙང་སེལ་དང་། དུས་བཅད་ལྟར་ཡོ་ཆས་ལ་དུག་སེལ་བྱ་དགོས། སྤུག་ཆུ་དང་དོང་ཆུ་འཁྱུང་དུ་བཙུག་ན་ལེགས་ཤིང་། རྩྭ་ས་བགོས་ནས་འཚོ་བའམ། ནོར་ཕྱུ་དང་ལུག་ཕྱུ་རྩྭ་རེས་བསྐོར་ནས་འཚོས་ཀྱང་ཆོག་གོ།

བཞི་པ། དབྱི་པའི་སྒྲུང་སྲིན་གྱི་ནད།

དབྱི་པའི་སྒྲུང་སྲིན་གྱི་ནད（伊氏锥虫病）ནི་ཁྲག་འདེབ་འབུ་སྲིན་གྱིས་འགོ་བར་བྱེད་ཅིང་། རྟ་དང་ནོར། ཟ་མོང་སོགས་སྒོག་ཆགས་ཀྱི་ཁྲག་སྐྱེའི་

ནང་དབྱི་པའི་སྒུང་སྲིན་གྱིས་བསྐྱེད་པའི་ལུས་ཐྲོད་འཕར་འཇགས་ལ་ངེས་པ་མེད་པ་དང་ཟུངས་ཁྲག་ཟད་པ། སྐྲངས་པ། དབང་རྩའི་ནད་རྟགས（གཙོ་བོ་ཁོག་སྙད་སྲིད་པ་ཡིན）མཚོན་པའི་ནད་རིགས་ཤིག་ཡིན། རྟའི་ཁོངས་སུ་གཏོགས་པའི་སྒྲོག་ཆགས་ལ་ནད་འདི་བྱུང་ཆེ་ནད་ཡུན་ལ་ཟླ1～2འགོར་ཞིང་། ཤི་ཚད་ཤིན་ཏུ་མཐོ་བ་དང་། དྲག་བསྐྱེད་བྱུང་བ་ཙུང་ཞུང་། ནད་འདི་འཛམ་གླིང་གི་ས་ཆ་སོ་སོར་ཁྱབ་པའི་རྟའི་འཁོར་སྐྱོད་མ་ལག་གི་འཁྲི་འབུའི་ནད་ཅིག་ཡིན།

【ནད་གཞི་འི་རྣམ་པ།】 ནད་གཞི་ནི་སྒུང་སྲིན་ཚན་པའི（Try-panosomatidae）སྒུང་སྲིན་ཁོངས་གཏོགས（Trypanosoma）ཀྱི་དབྱི་པའི་སྒུང་སྲིན（Trypanosoma evansi）ཡིན། དབྱི་པའི་སྒུང་སྲིན་ནི་རྒྱུད་དབྱིབས་ཀྱི་འབུ་ལུས་ཡིན་ཞིང་། ཕྲ་ཞིང་རིང་ལ། ལེབ་འཁྱིལ་གྱི་ལྷུང་ལོའི་དབྱིབས་སུ་མངོན། རིང་ཚད་ལ18～34μmདང་། ཞེང་ལ1～2μmཡོད། མདུན་སྣེ་ཇོ་ཞིང་མཇུག་སྣེ་རྩུལ། འབུ་ལུས་ཀྱི་དཀྱིལ་དུ་འཇོང་དབྱིབས་ཀྱི་ཕྲ་ཕུང་ལྟེ་སྙིང་ཡོད། མཇུག་སྣེ་ན་ཆེག་དབྱིབས་ཆུང་བའི་འགུལ་རྐང་དབང་པོ་ཡོད། འགུལ་རྐང་དབང་པོ（动基体）ནི་སྤུ་གཟུགས་དང་རྐང་གཟུགས་ཀྱིས་གྲུབ་པ་ཡིན། རེག་སྤུ་ནི་སྤུ་གཟུགས་ལ་སྐྱེས་ཤིང་། འབུ་ལུས་ཀྱི་ཕྱི་ངོས་ནས་དུང་འཁྱིལ་རྣམ་པས་མདུན་ཕྱོགས་ལ་བསྲིངས་ཡོད། སྤུ་རིག་དང་འབུ་ལུས་ཀྱི་བར་སྐྱི་མོ་སྲབ་མོས་སྦྲེལ་ཡོད་པ་དང་། འབུ་འགུལ་སྐྱོད་བྱེད་སྐབས་སྤུ་རེག་འཁོར་སྲིད་པ་དང་། སྐྱི་མོའང་འགུལ་བས་དེ་ལ་འགུལ་སྐྱི（波动膜）ཟེར། ཆེ་སྲུའུ་སྣ་

པའི་ཚོས་ཁྲག་ཏུ་འབུའི་ལུས་དང་འགྲུལ་རྒྱང་དམར་སྨུག་ཏུ་མངོན་ཞིང་། རིག་སྤུ་དམར་པོར་མངོན། འགྲུལ་སྙི་དམར་སྐྱ་དང་ཕུང་རྫས (胞质) སྔོན་པོ་ཡིན།

【འཚོ་བའི་ལོ་རྒྱུས།】 དཔྱི་པའི་སྤྲུང་འབུ་ནི་གཙོ་བོ་རྣའི་ཁྲག་སྐྱོ་དང་ཀླད་རྐྱ། རྨིན་བུའི་གཤེར་ཁུ་བཅས་ལ་བརྟེན་ཡོད་པ་དང་། ཁྲག་བརྒྱུད་དེ་དོན་སྣོད (མཆིན་པ་དང་མཆེར་པ། རྨིན་མདུད། རྐང་མར་སོགས) སོ་སོར་འཛུལ་བ་ཡིན། སྦྲང་མ་དང་ཁྲག་འཐིབ་འབུ་སྦྲང་རིགས་ཀྱིས་ཁྲག་འཐིབ་སྐབས་ཁྱབ་མཆེད་བྱུང་ཞིང་། མིའི་ཐབས་ཀྱིས་འབུ་ནད་འདི་བྱུང་བའི་སྒོ་ཕྱུགས་ནད་པའི་ཁྲག་བླངས་ནས་བདེ་ཐང་ཅན་གྱི་སྒོ་ཕྱུགས་ཀྱི་ལུས་པོར་བརྒྱབ་ནའང་ནད་འདི་འགོའོ།།

【ནད་རྟོགས་འཛིན་གྱི་གནད།】

1. རིམས་ནད་རིག་པ། ཁྱབ་མཆེད་ཀྱི་སྨན་བྱེད་གཙོ་བོ་ནི་ཤ་སྦྲང་དང་ཕྱུགས་རའི་ནང་གི་སྦྲང་མ་ཡིན་ཞིང་། ཁྲག་འཐིབ་པའི་འབུ་སྦྲང་གིས་ཁྱབ་ཏུ་འཇུག་པ་ལས་གཞན། དུག་སེལ་མ་བྱས་པའི་གཤག་བཅོས་ཡོ་ཆས་དང་ཁབ་རྒྱག་སྤྱད་ལ་བརྟེན་ནས་ཀྱང་མཆེད་ངེས། ནད་འདི་དྲོད་ཁུལ་དང་དྲོད་ཁུལ་ཕལ་བའི་ས་ཁུལ་དུ་ཁྱབ་ཡོད་པ་དང་། ནད་འདི་དུས་ཚིགས་དང་འབུ་སྦྲང་འགྲུལ་སྐྱོད་ཀྱི་དུས་ཚིགས་ལ་འབྲེལ་བ་དམ་ཟབ་ཡོད། རང་རྒྱལ་གྱི་ལྷོ་ཕྱོགས་ལ་མཚོན་ན། གཙོ་བོ་ཟླ7～9ལ་འབུ་ནད་འདིའི་འགོ་ཚད་མང་། འགོ་ཁུངས་གཙོ་བོ་ནི་ལུས་པོར་འབུ་ཡོད་པའི་རིགས་མི་འདྲ་བའི་སྒོག་ཆགས་དེ། ལྷོ་ཕྱོགས་སུ་གཙོ་བོ་བ་གླང་དང་

མ་དེ་ལས་མཆེད་པ་མང་།

2. **ནད་རྟགས།** ལུས་དྲོད་ཀྱི་འགྱུར་ལྡོག་ནི་ནད་འདིའི་ཁྱད་ཆོས་གཙོ་བོ་ཞིག་ཡིན་ཏེ། མཚམས་ངེས་མེད་དུ་ལུས་དྲོད་རྒྱས་པ་ཡིན། ལུས་དྲོད་རྒྱས་སྐབས་རྟའི་རྣམ་རིག་དུབ་པ་དང་དབྱིན་རྟུབ་འཚུབ་པ། འབྲུར་སྐྱི་དམར་པོ་ཆགས་པ། རྩའི་འཕར་ཚད་མགྱོགས་པ། གཅིན་ཇེ་ཉུང་དུ་འགྱུར་བ། གཅིན་གཡར་པོ་དང་མདོག་སེར་པོ་ཡིན། ཡི་ག་འཆུས་ནས་ཤ་ཤེད་ལྷུང་བ་མངོན་གསལ་ཡིན་ཞིང་ཟུངས་ཁྲག་ཟད་པ་ཚབས་ཆེ། གཞན་སྙིང་ཁམས་ཉམས་པ། རྨེན་མདུད་སྐྲངས་པ་སོགས་ཀྱི་ནད་རྟགས་མངོན་ལ། ལུས་དྲོད་རྒྱས་མེད་སྐབས་གོང་གི་ནད་རྟགས་དག་བྱུང་ངེས། དེ་ལྟར་ཡང་དང་བསྐྱར་དུ་འཕར་རྫེས་རྟའི་མིག་གཟེར་བ་དང་མིག་ཆུ་བཞུར་བ། མིག་སྐྱི་ལ་ཁྲག་རྒྱས་པའི་ནད་རྟགས་མངོན་ནས་དཀར་པོར་འགྱུར་བའམ་མཁྲིས་པ་ཤ་སེར་མིག་སེར་འབྱུང་ཞིང་། སྐབས་ལ་ལར་འབྲུར་སྐྱི་ལ་སྨུག་སེར་ཆེ་ཆུང་གི་ཁྲག་ཐིགས་བབས་ནས་མིག་ལས་འདག་ཀའམ་རྣག་ཁུ་འཛག་ངེས། ལུས་པོ་སྐྲངས་པ་ནི་རྒྱུན་མཐོང་གི་ནད་རྟགས་ཤིག་ཡིན་ཞིང་། གཙོ་བོ་མཆན་འོག་དང་བྲང་གཞུང་སྐྲངས་པ་ཡིན། ནད་ཀྱི་མཇུག་མཐའི་དུས་རིམ་དུ་ནད་རྟེ་སྡུག་ལ་སོང་ནས་ཟུངས་ཁྲག་ཟད་པ་དང་རྣམ་རིག་དུབ་པ། སྙིང་ཁམས་ཀྱི་དབང་ནུས་ཉམས་པའི་ཞོར་དུ་དབང་རྩའི་ནད་ཀྱང་བྱུང་ནས་ཕོག་སྣད་སྲིད་པ་དང་གཉིད་འབབ་པའི་ནད་རྟོགས་མངོན་ཞིང་། མཐར་ཕོག་སྣད་ཞ་བའམ་སྲིད་ནས་ཤི་འགྲོ།།

ཁྲག་ལ་བརྟགས་ནས་སྨ་སྨུང་དམར་པོའི་གྲངས་ཀ་ཇེ་ཞུང་དང་ཁྲག་རིལ་དཀར་པོ་གོ་རིམ་མེད་པར་འགྱུར་ཞིང་། སྐབས་ལ་ལར་ཁྲག་གི་ནང་དུ་སྙིང་འབུ་མཐོང་ཐུབ་པ་དང་། སྙིང་འབུ་འབྱུང་བར་དུས་འཁོར་གྱི་རང་བཞིན་ལྡན་པ་དང་། དེ་ལུས་དྲོད་ཀྱི་འགྱུར་ལྡོག་དང་འབྲེལ་བ་ཡོད། ལུས་དྲོད་འཕར་སྐབས་འབུའི་གཟུགས་ལ་བརྟག་དཔྱད་གཏོང་སླ། གཤགས་ནས་བརྟགས་ན། ཐེམ་རིམ་རིད་དུ་གྱུར་པ་མངོན་གསལ་ཡིན་ཞིང་། ཁྲག་སླ་པོ་ཡིན་ཞིང་དཀག་པའི་རྩལ་མི་ལེགས། པགས་འོག་སྐྲངས་པ་ནི་ནད་རྟགས་གཙོ་བོ་ཞིག་ཡིན་ཞིང་། ཕལ་མོ་ཆེའི་བྲང་གཞུང་དང་གསུས་འོག །རྐང་ལག་བཞི་པོའི་ཞབས་དང་ཕོ་མཚན་བཅས་སྐྲངས་པ་ཡིན། རྨེན་མདུད་སྐྲངས་ནས་ཁྲག་རྒྱུས་པ་དང་། བྲང་གཞུང་དང་གསུམ་པར་ཆུ་མང་པོ་གསོག་ངེས། དོན་སྙོད་ཀྱི་འདག་སྐྱིའི་ཐོག་ལ་ཁྲག་ཐིགས་འབབ་སྲིད།

3. **ངོས་འཛིན།** ཐྱུག་ལེབ（涂片）མ་དཔེའི་བརྟག་དཔྱད་དེ། ཁྲག་གི་ཐྱུག་ལེབ་བཟོས་རྗེས་ཆི་མུའུ་སྲ་པའི་ཚོས་ཐྱུག（姬姆萨染色）དང་རུའི་པའི་ཚོས་ཐྱུག（瑞氏染色法）ཐབས་ཀྱིས་ཚོས་བརྒྱབ་ནས་བརྟག་དཔྱད་བྱ་དགོས།

（1）འབུ་བསྟུ་བའི་ཐབས། སྙིང་འབུ་བཀོལ་བའི་ལྷིད་བསྡུར་དང་སྨ་སྨུང་དཀར་པོ་གཅིག་མཚུངས་ཡིན། ཡིན་ནའང་སྨ་སྨུང་དམར་པོ་དང་བསྡུར་ན་ཡང་བའི་ཁྱད་ཆོས་ལྡན། ལྡེ་བྲལ་གྱི་རྗེས་སུ་འབུ་ལུས་སྨ་སྨུང་དམར་པོ་དིམ་

པའི་ཕྱི་ངོས་སུ་ཡོད་པ་དང་། ཐབས་འདིས་འབུ་ལུས་ཀྱི་བརྟག་ཐུབ་ཏེ་མཐོང་གཏོང་ཐུབ།

（2）སྒྲོག་ཆགས་ལ་འགོག་སྨན་བརྒྱབ་ནས་ཚོད་ལྟ་བྱེད་པ། འགོག་སྨན་རྒྱག་པར་ཁྲག་དང་གཙག་ཁྱའམ། འབུ་འདུས་རྗེས་ཀྱི་ནད་ཀྱི་རྒྱུ་ཆ་དགོས། འགོག་སྨན་ཅི་གྲུའི་གསུམ་པར་རྒྱག་དགོས་ཤིང་། ཉིན2～3ཡི་རྗེས་སུ་ཉིན་རེར་བརྟག་དཔྱད་བྱ་དགོས་ཏེ། དཔེར་ན་སྒོ་ཕྱུགས་ཀྱི་ལུས་པོར་དབྱེ་པའི་སྟྲུང་འབུ་ཡོད་ན། ཟླ་ཕྱེད་ཀྱི་ནང་ཅི་གྲུའི་ཁྲག་གི་ནང་དུའང་འབུ་གཟུགས་རྙེད་ཐུབ། ཐབས་འདིའི་བརྟག་ཐུབ་ཤིན་ཏུ་མཐོ། བར་བརྒྱུད་ཀྱི་ཁྲག་དཀག་པའི་ཚོར་བ་སྐྱེན་ཞིང་ལག་ལེན་སྟབས་བདེ་བ། མིའི་ཐབས་ཀྱིས་འགོག་སྨན་བརྒྱབ་རྗེས་ཀྱི་གཟའ་འཁོར་གཅིག་ཡས་མས་ནང་གདགས་གཤིས་ཀྱི་རྩུལ་དུ་མངོན་ཞིང་། ཟླ4～8ལ་རྒྱུན་འཁྱོངས་ཐུབ།

【འགོག་བཅོས།】 ནད་རྒྱུ་དང་འབུ་སེལ་བ། རྟའི་ལུས་པོའི་འགོག་སྲུང་བཅས་གནད་གསུམ་ལ་དོ་སྣང་ཡག་པོ་འཁྱོངས་དགོས། སྔོན་ལ་ཡུན་རིང་པོར་ཕྱི་རུ་ལས་ཀར་བཀོལ་བ་དང་། རིམས་ཁུལ་ནས་ཐོན་པའི་རྟ་ཟུར་དུ་བཀར་ནས་ཁོར་ཡུག་དང་རྟ་རའི་འཁོད་བསྟེན་གཙང་སེལ་དང་། འབུ་སྦྲང་སོགས་ཁྲག་འཛིབ་འབུ་སྲིན་རྩ་མེད་དུ་གཏང་དགོས། འབུ་ནད་འདིར་ཚུང་གོ་ཚོད་པ་ནི་སྨན་ལ་བསྟེན་པའི་བཅོས་ཐབས་ཡིན་ཞིང་། ཁོའུ་སྨི་ཨན་གྱི་སྔོན་འགོག་དུས་ཡུན་ཤིན་ཏུ་རིང་། ཐེངས་གཅིག་ལ་ཁབ་བརྒྱབ་ན་ཟླ3～5ལ་སྔོན་འགོག་གི་གོ་ཚོད། ནན་

ཧོང་ཡིན་ཞན་ནའོ་སྨན་ཐེངས་གཅིག་ལ་བསྟེན་ན། ཟླ1.5～2ལ་སྔོན་འགོག་གི་གོ་ཆོད་པ་དང་། ཧ་མའོ་ལིན（沙莫林）གྱི་སྔོན་འགོག་ནུས་ཡུན་ཟླ་བཞི་ལྷག་ཡིན།

ནད་འདིའི་སྨན་བཅོས་ཀྱི་ཙ་དོན་ནི། སྨན་བཅོས་སྔ་དགོས་པ་དང་སྨན་ཚོད་ལོངས་དགོས་པ་དེ་ཡིན། ལྟ་རྟོག་གི་དུས་ཡུན་རིང་ཙམ་དགོས་པ་དང་ཧ་ནད་དྲག་བསྐྱེད་བྱུང་ནས་གཟའ་འཁོར4～14ཡི་རྗེས་སུ་ལས་ཀར་བཀོལ་ཆོག །སྨན་ལ་ནན་ཧོང་ཡིན་ཞན་ནའོ་དང་ཕོའུ་སྡི་ཨན། ཏན་གསུམ་སྡི་དང་ཁིལ་ཏན་ཨེན་རྫས་ཐྲེ་ཀྲིན་ཕྭ་སྐྱུར་ཕྭ（氯化氮胺菲啶盐酸盐）བཅས་ཡོད། སྣུང་འབུ་ལ་སྨན་འགོག་འབུ་སྔོང་འབྱུང་སྲ་བས་སྨན་བཅོས་བྱས་ནས་བསྐྱར་དུ་འཕར་རྗེས་སྨན་གཞན་པར་བསྟེན་པར་བསམ་བློ་བཏང་ཆོག །ཕན་ནུས་ཆེ་བའི་སྨན་ལ་བསྟེན་པ་ལས་གཞན། ནད་ཀྱི་གནས་ཚུལ་དངོས་ལ་གཞིགས་ནས་སྙིང་ཤུགས་དང་གཤེར་གསབ། ཐོ་བ་གསོ་བ། བཤལ་བ་འགོག་པ་སོགས་ནད་བསྟུན་སྨན་བཅོས་ཀྱི་ཐབས་ལ་བསྟེན་དགོས་ཏེ། བདག་སྐྱོང་དང་གཟན་གསོའི་ཆ་རྐྱེན་རེ་ལེགས་སུ་གཏོང་བ་གལ་ཆེའོ། །སྨན་བཅོས་ཀྱི་རྗེས་སུ་གོ་ཆོད་ཡོད་མེད་ལ་བརྟག་དགོས། གལ་སྲིད་ནད་རྟགས་དང་ཁྲག་གི་དམིགས་ཚད་སླར་སོས་པ་དལ་བའམ། སོས་མ་ཐུབ་པར་ཁྲག་སྟེར་བཞིན་གདུགས་གཉིས་ཅན་ཡིན་ན། ནད་བསྐྱར་དུ་འཕར་སྲིད་པས་དུས་ཐོག་ཏུ་ཡང་བསྐྱར་སྨན་བཅོས་བྱ་དགོས།

ལྔ་པ། རྟའི་ལི་དབྱིབས་འབུ་ནད།

རྟའི་ལི་དབྱིབས་འབུ་ནད་ནི་རྟ་དང་དྲེལ། བོང་བུ། རྐྱང་ཁྲ་བཅས་ལ་བརྟེན་ནས་མཆེད་པའི་ཁྲག་གི་འབུ་ནད་རིགས་ཤིག་ཡིན། དེ་ནི་ནའོ་པླ་སྦེ་སི་འབུ（B.baballi）དང་རྟའི་པླ་སྦེ་སི་འབུ（B.equi）རྟའི་ཁོངས་སུ་གནོད་པའི་སྲོག་ཆགས་ཀྱི་ཕྲ་ཕུང་དམར་པོར་བརྟེན་ནས་བསྐྱེད་པའི་འཁོར་སྐྱོད་མ་ལག་གི་འཁྲི་འབུའི་ནད་ཅིག་ཡིན། དེ་ལ་ལུས་དྲོད་རྒྱས་པ་དང་ཟུང་ཁྲག་ཟད་པ། ཁྲག་འཛག་པ། འཇིན་རྟུབ་དཀའ་བ་སོགས་ཀྱི་ནད་རྟགས་མངོན་ཞིང་། གལ་སྲིད་དུས་ཐོག་ཏུ་སྨན་བཅོས་བྱེད་མ་ཐུབ་ན་ཤི་བའི་ཚད་ཤིན་ཏུ་མཐོ། འཛམ་གླིང་སྲོག་ཆགས་འགྲོད་བསྟེན་རྩ་འཛུགས་ཀྱིས་ནད་འདི་སྲོག་ཆགས་ཀྱི་ནད་རིགས་Bཡི་གྲས་སུ་བཞག་ཡོད་པ་དང་། རང་རྒྱལ་གྱིས་སྲོག་ཆགས་རིམས་ནད་རིགས་གཉིས་པའི་གྲས་སུ་བཞག་ཡོད།

【ནད་རྒྱུའི་རྣམ་པ།】 ནའོ་པླ་སི་སྦེ་འབུ（努巴贝斯虫）ནི་གཟུགས་གཞི་ཆེ་བའི་འབུ་ཞིག་ཡིན་ཞིང་། བརྟེན་གཞིའི་ཕྲ་ཕུང་དམར་པོའི་ཚངས་ཐིག་གི་རིང་ཐུང་ཡོད། དབྱིབས་སྣ་ཚོགས་ཏེ་ལི་འབྲུའི་དབྱིབས་དང་འཇོང་དབྱིབས། ཨ་ལོང་གི་དབྱིབས་སོགས་སུ་མངོན། སྐབས་ལ་ལར་འབུ་ལུས་འགྱུར་བཞིན་པ་མཐོང་ཐུབ་ཅིང་། དཔེ་མཚོན་གྱི་འབུ་ལུས་ནི་ལི་འབྲུ་ཟུང་མའི་དབྱིབས་ཀྱི་འབུ་ལུས་ཡིན། ལི་འབྲུ་དབྱིབས་ཀྱི་འབུ་ལུས་རེ་རེར་ཆོས་ཕུང་

གི་ཚོགས་གཉིས་ཡོད། སྤྱིར་བཏང་དུ་ཕྲ་ཕུང་དམར་པོ་གཅིག་གི་ནང་དུ་འབུ་ལུས1～2ཡོད་པ་དང་། སྐབས་རེར་གསུམ་ནས་བཞི་ཡོད་པའང་མཐོང་ཐུབ། ཕྲ་ཕུང་དམར་པོའི་ཚོས་འགོ་ཚད0.5%～10%ཡིན། རྟའི་པླ་ཞྭེ་སི་འབུའི（马巴贝斯虫）ལུས་ཆུང་ཞིང་། ལུས་ཀྱི་རིང་ཚད་ཕྲ་ཕུང་དམར་པོའི་ཚངས་ཐིག་ལས་ཐུང་། འཛོང་དབྱིབས་དང་ཟླུམ་དབྱིབས། ལི་འབྲུ་རྒྱང་མའི་དབྱིབས། འཕང་དབྱིབས། གཟེར་མའི་དབྱིབས། དབྱུག་ཐུང་གི་དབྱིབས། ཟླུམ་ཆེག་གི་དབྱིབས། མཆོང་གདུགས་ཀྱི་དབྱིབས་སོགས་དབྱིབས་སྣ་ཚོགས་སུ་མངོན། དེ་ལས་ཟླུམ་དབྱིབས་དང་འཛོང་དབྱིབས་ཀྱི་འབུ་ལུས་ཉུང་མང་། སྐབས་ལ་ལར་གཟུགས་འགྱུར་གྱི་འབུའང་མཐོང་ཐུབ། དཔེ་མཚོན་གྱི་གཟུགས་དབྱིབས་ལ་ལི་འབྲུ་བཞིའི་དབྱིབས་ཀྱི་འབུ་གཟུགས་ཀྱི་སྣེ་མོ་མཉམ་དུ་སྦྲེལ་ནས་རྒྱ་གྲམ་གྱི་དབྱིབས་སུ་མངོན་པ་དེ་ཡིན།

【འཚོ་བའི་ལོ་རྒྱུས།】 རིགས་མི་འདྲ་བའི་པླ་ཞྭེ་སི་འབུ་གཉིས་སྐྱེ་འཚར་འབྱུང་བར་བརྟེན་གཞི་གཉིས་དགོས། བར་གནས་བརྟེན་གཞི་དེ་རྟའི་ལུས་པོར་གཉིས་སུ་གྱེས་པའམ་ཕྱི་སྨུག་སྐྱེ་འཕེལ་འབྱུས་རྗེས། མཐེད་བྱེད་བརྟེན་གཞི་གཡན་འབུའི་ལུས་སྟེང་དུ་རྒྱུད་འཕེལ་བ་ཡིན། གཡན་འབུས་རེད་ཟིན་པའི་རྟའི་ཁྲག་བཞིབས་རྗེས། པླ་ཞྭེ་སི་འབུ་འདུས་པའི་ཕྲ་ཕུང་དམར་པོ་རྒྱུ་མའི་ནང་བཞིབས་ནས་རིམ་བཞིན་ལག་ཆགས་པར་བརྟེན། སྲིན་འབུ་ལྟོ་འགྲོ་རུ་གྱུར་ནས་གཡན་འབུའི་མཆིལ་མའི་རྨེན་རྩར་འཛུམས་ཏེ། སྒོང་ཟླུམ་གྱི་དབྱིབས་སམ་ལི་

འབྲུའི་དབྱིབས་ཀྱི་འབུ་རུ་འགྱུར་ངེས། དེ་ནས་གཡན་འབུས་ཡང་བསྐྱར་ཁྲག་འཛིབ་དུས་འབུའི་མཆིལ་མས་བདེ་ཐང་ཅན་གྱི་རྟའི་ལུས་པོ་རེད་པ་ཡིན།

གཡན་འབུ་ལོ་གཅིག་ལ་ཐེངས་གཅིག་ལ་རྒྱུད་འཕེལ་བ་དང་། ལྷོགས་ནས་འབུ་རུ་གྱུར་རྗེས་དགུན་བཀལ་ཐུབ། གཡན་འབུ་དཔྱིད་མགོར་རྩྭ་ལྡུང་གི་སྦུ་གུ་འབུས་སྐབས་འཕེལ་ཞིང་། ཕྱིར་བཏང་དུ་ནའོ་ཕྲ་རྡེ་སིའི་འབུ་ནད་ནི་ཟླ་གཉིས་པའི་ཟླ་སྨད་ནས་བཟུང་བྱུང་མགོ་བཙམས་ཤིང་། ཟླ3～4བར་ནི་ཆེས་མང་བའི་དུས་ཡིན། ཟླ་ལྔ་པའི་ཟླ་སྨད་ཀྱི་རྗེས་ནས་རིམ་བཞིན་མཆེད་མཚམས་འཇོག་པ་ཡིན།

རྟའི་ལི་དབྱིབས་འབུ་ནི་སྔོང་ལ་བརྟེན་ནས་མཆེད་པ་ཡིན་ཞིང་། རབས་དུ་མར་གཡན་འབུའི་ལུས་པོར་བརྒྱུད་རྗེས་འགོ་ཁྲབ་ཀྱི་ནུས་པ་ཡོད་པར་གྱུར་བ་ཡིན། རྟ་ཁྲུ་ཡོངས་ས་ཁུལ་གཞན་པར་དེད་ནའང་ལུས་སྟེང་དུ་འབུ་ཡོད་པའིགཡན་འབུས་སྔོ་ཕྱུགས་དང་རི་སྐྱེས་སྲོག་ཆགས་གཞན་པའི་ཁྲག་བཞིབས་ནས་འཚོ་ཐུབ་པར་མ་ཟད། གཡན་འབུའི་རིགས་ཀྱིས་ལྷོགས་སྐམ་ཐུབ་པས་དུས་ཡུན་ཐུང་ངུའི་ནང་ཟ་རྒྱུ་མེད་ཀྱང་ཤི་མི་སྲིད་ལ། གཡན་འབུའི་རིགས་ཡོད་པའི་རྩྭ་ས་དེ་ཡུན་ཐུང་ངུའི་ནང་བདེ་འཇགས་ཀྱི་རྩྭ་སར་འགྱུར་དཀའོ།།

རྟ་ལ་ནའོ་ཕྲ་རྡེ་སིའི་འབུ་ནད་འགོས་རྗེས་ལུས་པོར་འབུ་ཡོད་པའི་ཆ་རྐྱེན་འོག་རིམས་འགོག་ནུས་པ་བསྟུད་མར་ལོ་བཞི་ལ་རྒྱུན་འཁྱོངས་ཐུབ་པ་དང་། རྟའི་ཕྲ་རྡེ་སིའི་ནད་འབུའི་རིམས་འགོག་ནུས་ཡུན་ལོ་བདུན་ལྷག་ཡིན། རིམས་ཁུལ་

གྱི་རྩ་ལ་རྒྱུན་དུ་གཡན་འབུས་སོ་བཏབ་པས་ཡང་དང་བསྐྱར་དུ་རེད་ཅིང་། ས་ཆ་གཞན་ནས་རིམས་ཁྲུལ་དུ་ཡོང་བའི་རྩ་དང་རྩེའུ་ལ་རིམས་འགོག་ནུས་པ་དེའི་རིགས་མེད་པས་ནད་འདི་འགོ་སླའོ།།

【ནད་ངོས་འཛིན་གྱི་གནད།】

1. རིམས་ནད་རིག་པ། འབུ་ནད་འདིའི་ཁྱབ་མཆེད་ལ་ས་ཁུལ་གྱི་རང་བཞིན་ངེས་ཅན་ལྡན་ཞིང་། ནའོ་པླ་ཊེ་སིའི་འབུ་ནད་ནི་བྱང་ཤར་ས་ཁུལ་དང་ནང་སོག་གི་ཤར་རྒྱུད། མཚོ་སྔོན་སོགས་སུ་མཆེད་ཡོད་པ་དང་། རྟའི་པླ་ཊེ་སིའི་འབུ་ནད་ནི་གཙོ་བོ་ཞིན་ཅང་དང་ནང་སོག་གི་ནུབ་རྒྱུད་དང་ལྷོ་ཕྱོགས་ཀྱི་ཞིང་ཆེན་སོ་སོར་མཆེད་ཡོད། ཁྱབ་མཆེད་ཀྱི་དུས་ཚིགས་ནི་གཡན་འབུ་འགྲུལ་སྐྱོད་ཀྱི་དུས་ཚིགས་ཡིན། རྣ་སར་འཚོ་སྐྱོང་བྱས་པའི་རྟ་ལ་འགོ་བའི་ཚད་རྩ་རའི་ནང་གསོ་བའི་རྟ་ལས་མཐོ། ཕྱི་ནས་ནང་འདྲེན་བྱས་པའི་རྟ་ལ་འགོ་བའི་ཚད་ས་གནས་རང་གི་རྟ་ལས་མཐོ། རྩེའུ་ལ་འགོ་བའི་ཚད་ནར་སོན་པའི་རྟ་ལས་མཐོ།

2. ནད་རྟགས། འབུའི་ཚབ་བརྗེའི་ཟགས་ཐོན་གྱི་དུག་ཤུགས་ཤིན་ཏུ་ཆེ་བས་རྟའི་ལུས་ཡོངས་ཀྱི་ཚབ་བརྗེ་དང་སྐྱུར་བུལ་དོ་སྙོམས་འཁྲུགས་པར་བརྟེན། དོན་སྙོད་སྙོམས་སྒྲིག་དང་སྐྱེ་ཕུང་འགྲུལ་སྐྱོད་ཀྱི་དབང་རྩའི་ལྟེ་བའི་མ་ལག་དང་། རྩེ་ཤིང་རང་བཞིན་ཅན་གྱི་དབང་རྩའི་མ་ལག་འཁྲུགས་ནས་ཐོག་མར་ལུས་ཚྫོད་འཕར་བ་དང་རྣམ་རིག་དུབ་པ། བརྒྱལ་བ་སོགས་ཀྱི་ནད་རྟགས་མངོན་ངེས།

(1) ནའོ་པླ་ཊེ་སིའི་འབུ་ནད། རྟ་ལ་ནད་འདི་བྱུང་མ་ཐག་ལུས་ཚྫོད་

རྒྱས་ཤིང་རྣམ་རིག་དུབ་པ། ཡི་ག་འཆུས་པ། འབྲུར་སྐྱི་ལ་ཁྲག་རྒྱས་པའམ་སེར་པོར་འགྱུར་བའི་ནད་རྟགས་མངོན་ཞིང་། རིམ་བཞིན་ལུས་དྲོད་འཕར（39.5～41.5℃）ནས་ཚ་བ་རྒྱས་པའི་ནད་རྟགས་མངོན་ངེས། དེ་ནས་ནད་སྨུར་དུ་ཧེ་ལྷིད་དུ་གྱུར་ནས་མཁྲིས་པ་ཤ་སེར་མིག་སེར་གྱི་ནད་རྟགས་མངོན་པ་དང་། འབྲུར་སྐྱི་དམར་སེར་དུ་གྱུར་ནས་རིམ་བཞིན་སེར་པོར་འགྱུར། གཞན་པའི་འབྲུར་སྐྱི་སེར་པོར་འགྱུར་བ་མངོན་གསལ་ཡིན་ཞིང་། སྐབས་ལ་ལར་ཆེ་ཆུང་མི་མཚུངས་པའི་ཁྲག་ཐིགས་འབབ། གཅིན་སྣ་པོ་དང་གཅིན་མདོག་སེར་པོར་མངོན་ཞིང་། ཁྲག་དམར་སྲི་དཀར་ཤིན་ཏུ་ཉུང་། གློ་སྣ་སྦོམ་ཞིང་དབུགས་འཚང་བ། རྒྱུན་དུ་མདོག་སེར་པོའི་འདག་ཁུ་ཅན་གྱི་སྣ་ཆུ་བཞུར། རྩེའུ་སྦྲུམ་པའི་རྐོད་མ་འཕྱིལ་བའམ་སླ་ཁ་མ་གང་བར་རྩེའུ་བཙའ་བ་དང་། རྐོད་མ་ལ་ལར་ཤ་ཤིད་རྒྱས་ནས་བུ་སྣོད་ལས་ཁྲག་འཛག་ནས་ཤི་འགྲོའོ། །ནད་འདི་བྱུང་ནས་ཡུན་རིང་ཙམ་འགོར་བ་ན། རྟའི་ཤ་ཤིད་ལྷུང་ཞིང་འབྲུར་སྐྱི་སེར་སྐྱར་འགྱུར་བ། གོམ་པ་བརྟན་པོ་མིན་པ་དང་ལུས་པོས་རང་ལྟོགས་མི་ཐུབ་པར་བརྐྱལ་སྲིད། དབུགས་འབྱིན་རྔུབ་ཧ་དཀའ་རུ་འགྱུར་བ་དང་། སྣ་ཁུང་ལས་ལྦུ་བ་འདྲེས་པའི་གཤེར་ཁུ་སེར་པོ་རྒྱུན་དུ་བཞུར། ནད་ཡུན་ལ་ཉིན8～12འགོར་བ་དང་། སྨན་བཅོས་མ་བྱས་ན་སངས་དྲག་འབྱུང་དཀའ། ནད་འདི་རྩེའུ་ལ་ཕོག་ན་ཉེན་ཁ་ཆུང་ཆེ།

རྟའི་ལུས་ཡོངས་ཀྱི་འབྲུར་སྐྱི་དང་པགས་འོག་གི་ཕུང་གྲུབ། གཤེར་སྐྱི་ནང་སྐྱི་སོགས་སེར་པོར་འགྱུར་བ་དང་སྙིང་གི་ནང་སྐྱི་དང་ཕྱི་སྐྱི་ལ་ཁྲག་ཐིགས་འབབ་

པ། ཁྲག་སྣ་བོ་ཡིན་པ་དང་དཀག་པའི་ཚུལ་མི་ལེགས་པ། མཆེར་བ་ལྷབ2～3ལ་སྐྲངས་པ་དང་། མཆེར་བ་སྙི་མོར་གྱུར་ནས་ཁྲག་འཛག་པ་ཡིན། མཆིན་པ་སྐྲངས་ཤིང་མདོག་ཁམ་སེར་དུ་འགྱུར་ཞིང་། རྨིན་མདུད་སྐྲངས་ནས་ཁྲག་འཛག །ཕོ་རྒྱུའི་འབྲུར་སྐྱི་སྐྲངས་ཤིང་ཁྲག་ཐིགས་བབས་ཡོད།

（2）རྟའི་པླ་སྨེ་སིའི་འབུ་ནད་ལ་མྱུར་བའི་རང་བཞིན་དང་མྱུར་གཤིས་ཕལ་བ། དལ་བའི་རང་བཞིན་བཅས་རིགས་གསུམ་ཡོད། མྱུར་བའི་རང་བཞིན་གྱི་ནད་རྟགས་གོང་དང་མཚུངས་ཏེ། ཕལ་མོ་ཆེར་མཚམས་ངེས་མེད་དུ་ལུས་དྲོད་རྒྱས་པའི་ནད་རྟགས་མཆིས་པ་དང་། ནད་ཡུན་ཅུང་རིང་བར་མ་ཟད། ཁྲག་དམར་སྲིན་དཀར་གྱི་གཅིན་དང་རྐང་ལག་སྐྲངས་པ་ཡིན། མྱུར་གཤིས་ཕལ་བའི་རྣམ་པ་ཅན་གྱི་ནད་རྟགས་གོང་དང་བསྡུར་ན་ཅུང་ཡང་ཞིང་། ནད་ཡུན་ལ་ཉིན30～40འགོར། དལ་བའི་རང་བཞིན་ཅན་གྱི་ནད་རྟགས་མངོན་གསལ་མིན་པས་རྟོགས་དཀའ།

（3）རྟའི་པླ་སྨེ་སི་འབུ་དང་ནོར་པླ་སྨེ་སི་འབུ་གཉིས་ཀྱིས་མཉམ་དུ་རེད་ན། ནོ་པླ་སྨེ་སིའི་འབུ་ནད་ཀྱི་ནད་རྟགས་མངོན་པ་སྟེ། ནད་དེ་ཐོག་པའི་རྟའི་ལུས་ཡོངས་ཀྱི་འབྲུར་སྐྱི་སེར་པོར་འགྱུར་ཞིང་། ཆེ་ཆུང་མི་མཚུངས་པའི་ཁྲག་ཐིགས་བབས་ཡོད། ཁྲག་སྣ་བོ་ཡིན་པ་དང་དཀག་པའི་ཚུལ་མི་ལེགས། རྨིན་མདུན་སྐྲངས་པ། མཆེར་བ་དང་མཆིན་པ། མཁལ་མ་ཚང་མ་སྐྲངས་པའི་ནད་རྟགས་མངོན།

3. **ངོས་འཛིན།** རིམས་ཁུལ་དུ་ནད་འདི་མཆེད་པའི་དུས་ཚིགས་སུ་

རྟའི་ལུས་རྡོད་རྒྱས་པ་དང་ཟུངས་ཁྲག་ཟད་པ་སོགས་ཀྱི་ནད་རྟགས་མངོན་པ་ཡིན་ན་ནད་འདི་ཐོག་ཡོད་མེད་ལ་བསམ་བློ་བཏང་ཆོག །ཁྲག་ལ་བརྟགས་ནས་འབུ་ཡོད་ན། ནད་ངོས་འཛིན་གྱི་གཞི་འཛིན་ས་གཙོ་བོ་ཞིག་ཡིན། རྟའི་ལུས་རྡོད་རྒྱས་སྐབས་ཁྲག་ལ་བརྟགས་ན། ཡང་དང་བསྐྱར་དུ་བརྟག་པའམ་འབུ་བསྒྲུ་རུབ་བྱ་དགོས། རྟ་ལ་འབུ་ནད་དེ་འགོས་ན། ཁྲག་དང་དོན་སྙིང་ཕུང་གྲུབ་ཀྱི་ཆོས་བྱུག་ལེབ་ལ་བརྟེན་ནས་འབུ་ལུས་ལ་བརྟག་ཐུབ་པ་དང་། ཆེ་མཐོ་སྣ་བྱུག་ཆོས་སྦྱིད་ན་ཕན་ཐོད་ཆེས་ལེགས་པ་ཡིན། འབུ་ལུས་ཀྱི་དཔེར་མཚོན་རྣམ་པ་གཞིར་བཟུང་ནས་ནའོ་པླ་ཟླེ་སིའི་འབུ་ནད་དང་རྟའི་པླ་ཟླེ་སིའི་འབུ་ནད་གཉིས་ཀྱི་གང་ཡིན་པར་ངོས་འཛིན་བྱས་ཆོག

ཁྲག་དཔྱད་རིག་པའི་ཚོད་ལྟ་ནི་ནད་འདི་ངོས་འཛིན་པའི་ཐབས་རྩུང་ལེགས་ཤོས་དེ་ཡིན། རྟ་ནང་འདྲེན་བྱེད་སར་ནད་འདི་མེད་ནའང་། མཆེད་བརྟེན་ཡོད་པའི་སྐབས་སུ་ཕན་ནུས་མངོན་གསལ་ཡིན། ཁྲག་ལེན་པ་དང་སྐྱེལ་འདྲེན་ནི་ངེས་པར་དུ་ནད་འདི་ངོས་འཛིན་གྱི་ཚོད་ལྟ་ཁང་གི་བླང་བྱ་ལྟར་ལག་ལེན་དུ་བསྟར་དགོས། ཁྲག་དཔྱད་རིག་པའི་ཚོད་ལྟ་བྱས་ཤིང་། ནད་འདི་འགོས་མེད་པའི་ཕྱིར་འཚོང་རྟ་རྣམས་གཡན་འབུ་མེད་པའི་ས་ཆར་འཚོ་སྐྱོང་བྱས་ནས་ནད་འགོ་པར་གཟབ་དགོས།

མིག་སྔར་ཁྲག་དཔྱད་རིག་པའི་ལག་རྩལ་མང་པོ་ཞིག་པླ་ཟླེ་སི་འབུ་ནད་ཀྱི་ངོས་འཛིན་ལ་སྤྱོད་བཞིན་ཡོད་དེ། དཔེར་ན་གཟུགས་གསབ་མཉམ་འབྲེལ་ཚོད་

ལྟ། བར་བརྒྱུད་རིམས་འགོག་ཡིང་གོང་འོད་ཀྱི་ཚོད་ལྟ། （间接免疫荧光试验）རྩབས་འབྲེལ་རིམས་འགོག་འཛིན་ལེན་ཚོད་ལྟ་བཅས་སོ། །གཞན་ཚོར་བ་སྐྱེན་ཞིང་དམིགས་བསལ་གྱི་ནད་རྟགས་ཡོད་པའི་རྟའི་པླ་སྨེ་སི་འབུ་དང་ནའོ་པླ་སྨེ་སི་འབུ་ཡིDNAཁབ་རྩེ་དབྱེ་ཕྲལ་གྱི་རྗེས་སུ་ཚོད་ལྟ་བྱེད་སྐབས། ཁྲག་ལས་འཁྲི་འབུའིDNAལེན་དགོས། ཉི་ལུང་སྐྱིའི（尼龙膜）སྟེང་མ་དཔེ་བཞག་ནས་འཕྲོ་འགྱེད་ཀྱི་རྟགས་མཚོན་དང་འབྲེལ་བའིDNAཡི་ཁབ་རྩེ་ལ་བརྟག་དཔྱད་བྱ་དགོས། ཁབ་རྩེའི་བརྟག་ཐབས་ཀྱིས་རྟའི་ལུས་པོར་གནས་པའི་འབུ་ནད་བརྟག་ཐུབ་པ་དང་། ཕྱིར་འཚོང་བྱ་དགོས་པ་དང་འཁྲི་འབུས་རེད་མི་ཧྲུང་བའི་རྟའི་འབུ་ནད་ལ་བརྟག་དཔྱད་བྱེད་སྐབས། ཁབ་རྩེ་ཡིས་ཁྲག་དཔྱད་རིག་པའི་ཚོད་ལྟའི་ཁྲོད་གནས་པའི་གནད་དོན་ཐག་གཅོད་ཐུབ།

【འགོག་བཅོས།】

1. ནད་འདིའི་ངོས་འཛིན་དང་སྨན་བཅོས་གཉིས་ག་སྔ་དགོས་ཤིང་། སྔ་མོ་ནས་ལི་དབྱིབས་འབུ་སྲོན་འགོག་གི་སྨན་ལ་བརྟེན་པའི་ཐོག་ཏུ་ལུས་ཟུངས་གསོ་བ་དང་། གཤེར་ཁུ་ཁ་གསབ་སོགས་ཀྱི་སྨན་ལའང་ནད་བབ་དང་བསྟུན་ནས་བརྟེན་དགོས། རྒྱུན་སྤྱོད་ཀྱི་སྨན་ལ་གཤམ་གསལ་གྱི་རིགས་འགའ་ཡོད་དེ།

（1）ལུས་ལྗིད་ཀྱི་སྤྱི་རྒྱ་རེར3.5～3.8mgལོངས་ཚོད་ཀྱི་སྦེ་ཉི་ཨེར（贝尼尔）5%ཡི་བཞུ་ཁུ་བསྡེབས་ནས་ཤ་གནད་ལ་རྒྱག་དགོས་པ་དང་། ཉིན་རེར་ཐེངས་གཅིག་དང་བསྟུད་མར་ཉིན3ལ་རྒྱག་དགོས། རྟ་ནད་པ་ལ་ལར་

ཁབ་དེ་བརྒྱབ་རྗེས་རྟུལ་ཆུ་འཛག་པ་དང་སྣ་ཆུ་བཞུར་བ། ཤ་གནད་འདར་བ། གསུམ་པར་ཟུག་གཟེར་ལངས་པ་སོགས་ཀྱི་ཞོར་སྐྱོན་ཐེབས་ནའང་། སྣང་ཚུལ་དེ་མྱུར་དུ་ཡལ་སྲིད།

（2）ལུས་ལྗིད་ཀྱི་སྤྱི་རྒྱ་རེར0.6～1mgཡོངས་ཚོད་ཀྱི་ཨ་ཁྲ་ཕུ་ལིན（阿卡普林）5%ཡི་བཞུ་ཁུ་བསྡེབས་ནས་པགས་འོག་ཏུ་རྒྱག་དགོས། སྐབས་ལ་ལར་ཁབ་བརྒྱབ་ནས་སྐར་མ་འགའ་མ་འགོར་བར་རྟ་ལ་རྟུལ་ཆུ་དང་སྣ་ཆུ་འཛག་པ། ལུས་ཡོངས་འདར་བ། གསུམ་པར་ཟུག་གཟེར་ལངས་པ། སྙིང་གི་འཕར་ལྡིང་དེ་མགྱོགས་ལ་ཕྱིན་པ། དབུགས་འབྱིན་རྔུབ་དཀའ་བ་སོགས་ཀྱི་ཞོར་སྐྱོན་ཐེབས་ནའང་། ཕྱིར་བཏང་དུ་དུས་ཚོད1～3ཡི་རྗེས་སུ་ནད་རྟགས་དེ་དག་རང་འགྲུལ་གྱིས་ཡལ་བར་འགྱུར་ངེས། དགོས་གལ་ཡོད་དུས་ལུས་ལྗིད་ཀྱི་སྤྱི་རྒྱ་རེར10mgཡོངས་ཚོད་ལྟར་པགས་འོག་ལ་ཨ་ཐྲོ་ཕིན་བརྒྱབ་ན་ཞོར་ཐེབས་ཀྱི་ནད་རྟགས་དེ་དག་བསལ་ཐུབ།

（3）ལུས་ལྗིད་ཀྱི་སྤྱི་རྒྱ་རེར3～4mgཡོངས་ཚོད་ཀྱི་ཀྲོའུ་ཧོང་སུའུ（锥黄素）0.5%～1%གི་བཞུ་ཁུ་དང་བསྡེབས་ནས་སྡོད་རྩར་རྒྱག་དགོས། དེས་གོ་མ་ཆོད་ན་དུས་ཚོད24རྗེས་སུ་ཡང་བསྐྱར་ཐེངས་གཅིག་ལ་རྒྱག་དགོས་པ་དང་། ཕྱིར་བཏང་དུ་ཐེངས་གཉིས་ལས་བརྒལ་མི་རུང་། རྟ་ནད་པར་སྨན་བཅོས་བྱེད་པའི་ཉིན་དེ་དག་ཏུ་ཉི་འོད་ལ་འཛེམ་དགོས།

（4）ལུས་ལྗིད་ཀྱི་སྤྱི་རྒྱ་རེར5mgཡོངས་ཚོད་ཀྱི་ཐའི་ཕན་ལན（台

盼蓝）1%གི་བཞུ་ཁུ་ལ་བསྲེབས་ནས་སྡོད་ཚར་རྒྱག་དགོས་པ་དང་། དགོས་པ་ཡོད་དུས་ཉིན1～2འགོར་རྗེས་ཡང་བསྐྱར་ཐེངས1～2ལ་བརྒྱབ་ཆོག

（5）ལུས་ལྤིད་ཀྱི་སྤྱི་རྒྱ་རེར2～4mgལོངས་ཚོད་ཀྱི་སྨི་ཙོལ་པིན་ནའོ（咪唑苯脲）10%ཡི་བཞུ་ཁུ་བསྲེབས་ནས་ཤ་གནད་དུ་ཐེངས་གཉིས་ལ་རྒྱག་དགོས།

2. སྔོན་འགོག་ལ་གཙོ་བོ་གཤམ་གྱི་ཕྱོགས་གསུམ་ནས་ལག་ལེན་བྱ་དགོས།

（1）རྟའི་ལུས་ཀྱི་གཡན་འབུ་སེལ་འཛོམས། དཔྱིད་ཀ་ནི་གཡན་འབུའི་ཕྲ་གུའི་གནོད་སྐྱོན་ཐེབས་པའི་དུས་ཡིན་པས། 0.5%ཡི་མ་ར་ས་ཐེའི་སྐྱུར་འོ་སྦྱོར（马拉硫酸乳剂）དང་། ཡང་ན1%གི་ཁིལ་གསུམ་འབུ་སེལ་གྱི་འོ་སྦྱོར（三氯杀虫酯乳剂）རྟའི་ལུས་པོར་གཏོར་དགོས་པ་དང་། དཔྱར་ཁ་དང་སྟོན་ཁར་རྟའི་ལུས་པོར1%～2%ཀྱི་འབུ་བརྒྱའི་གཞན་པོའི་བཞུ་ཁུ་བསྐྱུ་བའམ་གཏོར་དགོས། གཡན་འབུ་མང་བའི་དུས་ཚིགས་སུ་ཉིན7རེའི་ནང་གོང་བརྗོད་ལྟར་སྨན་བཅོས་འཁྲོངས་དགོས།

（2）གཡན་འབུ་ལ་གཡོལ་ནས་རྟ་འཚོ་བ་སྟེ། གཡན་འབུ་མང་པོ་མེད་པའི་ རྩྭ་སར་རྟ་འཚོ་སྐྱོང་བྱ་དགོས།

（3）སྨན་གྱི་སྔོན་འགོག །བདེ་འཛགས་མིན་པའི་རྩྭ་སར་རྟ་འཚོ་སྐྱོང་བྱེད་ན། ནད་འབྱུང་བའི་དུས་ཚིགས་ཀྱི་སྔོན་དུ་ཉིན15རེའི་ནང་བྷེ་ནི་ཨེར་གྱི་ཁབ་ཐེངས་གཅིག་ལ་བརྒྱབ་ནས་སྔོན་འགོག་བྱ་དགོས་ཤིང་། བསྟེན་ཚུལ་ནི་ལུས་

ལྡིད་ཀྱི་སྤྱི་རྒྱ་རེར2mgལ7%ལོངས་ཚོད་ཀྱི་བཞུ་ཁུ་བསྟེབས་ནས་ཤ་གཞན་དུ་རྒྱག་དགོས།

དྲུག་པ། རྟའི་གཡན་འབུའི་ནད།

རྟའི་གཡན་འབུའི་ནད་ལ་གཡན་སྲིན་གྱི་ནད་ཅེས་ཀྱང་བྱ། དེ་ནི་རྒྱུན་མཐོང་གི་རྟའི་ལུས་ངོས་ཀྱི་འཁྲི་འབུའི་ནད་ཅིག་ཡིན། ནད་འདི་རྟའི་གཡན་སྲིན（Sarcoptesequi）དང་རྟའི་འཕྲུག་གཡན།（Psoroptesequi）རྟའི་རྐང་གཡན།（Chorioptesequi）རྟའི་ཉུར་འགྲོ་གཡན་འབུ（Demodex equi）བཅས་ཀྱིས་བསྐྱེད་པ་ཡིན་ཞིང་། དེ་དག་གི་ཁྲོད་ནས་སྔོན་མ་གཉིས་རྒྱུན་མང་ངོ་། །དེ་ལ་ཟ་འཕྲུག་ལངས་པ་དང་བརླན་འབྱུམ་ཅན་གྱི་པགས་པའི་གཉན་ཚད། སྤུ་ལྷུང་བ། འགོ་མཆེད་སོགས་ཀྱི་ནད་རྟགས་མངོན། འཛམ་གླིང་སྒོག་ཆགས་འཕྲོད་བསྟེན་ཚ་འཛུགས་ཀྱིས་ནད་འདི་སྒོག་ཆགས་ཀྱི་རིམས་ནད་རིགསBཡི་གྲས་སུ་བཞག་ཡོད་པ་རེད།

【ནད་གཞིའི་རྣམ་པ།】 རིགས་མི་འདྲ་བའི་གཡན་འབུའི་གཟུགས་པོངས་ཤིན་ཏུ་ཆུང（0.2～0.8mm）བ་དང་། མདོག་སྐྱ་བོའམ་སེར་སྐྱ་ཡིན་ཞིང་། རུས་སྦལ་གྱི་དབྱིབས་སུ་མངོན། མགོ་དང་བྲང་གཞུང་། གསུམ་པ་བཅས་གཞི་གཅིག་ཏུ་སྦྲེལ་ཡོད། ཁ་སྦྱུག་འབུ་ལུས་ཀྱི་མདུན་ངོས་སུ་ཡོད་པ་དང་། གསུམ་

པར་ཆ་བཞི་འགྲིག་ཅན་གྱི་སྟེང་ཟླུམ་དབྱིབས་ཀྱི་རྐང་ལག་ཡོད། ཕོ་འབུ་མོ་འབུ་ལས་ཅུང་ཆུང་བར་སྣང་། དེ་ལས་རྟའི་གཡན་སྲིན་གྱི་ཕྱི་ངོས་ཉུས་སྤྲལ་གྱི་དབྱིབས་དང་མཚུངས་ཤིང་མདོག་སེར་སྐྱ་ཡིན། རྒྱབ་ངོས་འབུར་ཉམས་དོད་པ་དང་གསུམ་པའི་ངོས་སྨོམས་ཤིང་། ཆེ་ཆུང་ལ0.2～0.5mmཡོད། རྟའི་འཕྲུག་གཡན་གྱི་ཕྱི་ངོས་འཛོང་དབྱིབས་སུ་མངོན་ཞིང་ལུས་པོངས་ཅུང་ཆེ་བ་དང་། ཆེ་ཆུང་ལ0.5～0.8mmཡོད་པས་མིག་གིས་མཐོང་ཐུབ། འབུ་སྒོང་གི་མདོག་སྐྱ་པོ་དང་འཛོང་དབྱིབས་སུ་མངོན་ནོ།།

【འཚོ་བའི་ལོ་རྒྱུས།】 རྟའི་གཡན་འབུ་ལག་ཆགས་པར་སྒོང་དང་འབུ་ཕྲུག །སྲིན་བུ་ཆ་མཐུན། འབུ་ནར་བཅས་གོ་རིམ་བཞི་བརྒྱུད་དགོས་ཤིང་། གཡན་སྲིན་དང་འཕྲུག་གཡན་ནི་རྟའི་ལུས་སྟེང་དུ་ལག་ཆགས་པ་ཡིན། གཡན་སྲིན་གྱིས་པགས་ཕྱིའི་གཉིང་རིམ་དུ་འབུ་ལམ་བརྐོས་ནས་ཕུང་གྲུབ་དང་། སྨིན་བུ་ཟས་སུ་ཟ་བ་ཡིན་པས་ཁྲུང་བརྟོལ་ཇོ་འབྱུང་ཐེར། འཕྲུག་གཡན་པགས་པའི་ཕྱི་རིམ་དུ་ཡོད་པ་དང་མཆུས་པགས་པ་བརྟོལ་ནས་སེམ་ཁུ་ཟས་སུ་བསྟེན་པ་ཡིན་པས་འཐེབ་འཕྲུང་ཇོ་འབྱུང་ཐེར།

【ནད་ངོས་འཛིན་གྱི་གནད།】

1. རིམས་ནད་རིག་པ། ནད་འདི་སྟོན་ཁ་དང་དགུན་ཁར་བྱུང་བ་ཅུང་མང་ཞིང་། ལྷག་པར་རྟ་རར་བརྣན་ཆེ་ཞིང་རྟའི་འཕྲོད་བསྟེན་མི་ལེགས་པ། པགས་པའི་ཕྱི་རིམ་བརྣན་ཆེ་བའི་ཆ་རྐྱེན་འོག་གཡན་འབུའི་རྒྱུད་འཕེལ་སླ། གཙོ་བོ

ནད་དེ་བྱུང་བའི་རྒྱུ་དང་འབྲེལ་ཐུག་བྱས་པ་དང་། གཡན་འབུས་རེད་པའི་རྒྱ་ར་དང་ལོ་ཚས། སྨ་ཚས་སོགས་ལ་བརྟེན་ནས་འགོ་བ་ཡིན།

2. **ནད་རྟགས།** ཟ་འཕྲུག་ལངས་པ་ནི་ནད་འདིའི་ཐུན་མོང་གི་ནད་རྟགས་ཤིག་ཡིན། ནད་ཇི་ལྟར་ལྡིད་ན་ཟ་འཕྲུག་དེ་ལྟར་ལངས་ཤིང་། ནད་དེ་བྱུང་བའི་རྒྱ་རྡོད་ཆེ་བའི་ས་ཚའམ། ཁང་བའི་ནང་འཚོ་སྐྱོང་བྱས་པ་དང་། འགུལ་སྐྱོད་བྱས་ནས་ལུས་དྲོད་རྒྱས་ཡོད་དུས་ཟ་འཕྲུག་ལྷག་ཏུ་ལངས། ཟ་འཕྲུག་ལངས་པར་བརྟེན་རྣས་མཚམས་མི་ཆད་པར་ནད་བྱུང་སར་སོ་འདེབས་པ་དང་། དངོས་པོ་གང་ཙང་གི་སྟེང་ལ་ཤུགས་ཆེན་པོས་གཙུབ་ཅིང་། དེར་བརྟེན་ནད་བྱུང་སར་གཞན་ཚད་རྒྱས་པ་དང་རྨས་སྐྱོན་ཐེབས་པར་མ་ཟད། ཉེ་འཁོར་ལའང་ནད་མཆེད་སྲིད། མདུད་འབུར་དང་སྤུ་ལྤུང་བ། སྐྱི་ཕྲུགས་ཇི་མཐུག་ཏུ་འགྱུར་བ་དག་ཀྱང་གཡན་འབུའི་ནད་ཀྱི་ནད་རྟགས་ཡིན། ནད་འབུའི་ངར་བསླངས་པ་དང་དུག་རྒྱུའི་བྱེད་ལས་ལ་བརྟེན་ནས་པགས་པའི་གཞན་ཚད་རང་བཞིན་གྱི་བརྟན་གྱིས་ཟིན་ནས་ཟ་འཕྲུག་ལངས་སའི་སྐྱི་ཕྲུགས་ལ་མདུད་འབུར་དང་ཆུ་བུར་འབྱུང་བ་དང་། རྟ་ལ་ཟ་འཕྲུག་ཆེན་པོ་ལངས་སྐབས། མདུད་འབུར་དང་ཆུ་བུར་རལ་ནས་གཤེར་ཁུ་ཕྱི་ལ་འཛག་པ་ཡིན། ཕྱི་ལ་འཛར་བའི་གཤེར་ཁུ་དང་ལྤུང་ཟིན་པའི་པགས་པའི་ཕྲ་ཐུང་དང་སྤུ། སྙིགས་རོ་བཅས་གཞི་གཅིག་ཏུ་འདྲེས་ནས་བསྐམས་རྗེས་རྨ་སྐོགས་ཆགས་པ་ཡིན། རྨ་སྐོགས་ཡལ་རྗེས་རྨ་ཤུལ་གསར་པ་ཆགས་སྲིད། གལ་སྲིད་རྨ་ཁ་སྐོགས་ཤུལ་ཏུ་གྱུར་ན། སྐྱི་ཕྲུགས་ཇེ་མཐུག་ཏུ་སོང་སྟེ་ལྟེམ་ཤུགས་ཡལ་ནས་སྤུལ་

མ་ཆགས་ངེས།

རིགས་མི་འདྲ་བའི་གཡན་འབྱུའི་ནད་ཀྱི་ནད་རྟགས་མི་མཚུངས་ཏེ། རྟའི་གཡན་སྲིན་གྱི་ནད་ནི་ཐོག་མར་མགོ་བོ་དང་སྙེ་ཚིགས། ལུས་པོའི་ལོགས་གཉིས། བྱང་ཁོག་བཅས་ནས་རིམ་བཞིན་མཆེད་དེ་ཕྲག་པ་བཅས་ནས་ལུས་ཡོངས་ལ་ཁྱབ་པ་ཡིན། སྐོགས་ཤུན་སྲ་མོ་ཡིན་པས་བགོག་དཀའ་ཞིང་། བཙན་གྱིས་བགོག་ན་རྨ་ཁ་འབབ་རེ་འབྱུར་རེར་གྱུར་ནས་ཁྲག་འཛག་སླ། རྟའི་འཕྲུག་གཡན་གྱི་ནད་ནི་རྫོག་མའི་འོག་དང་ཇ་མ། མགོ། བརླ། དཔྱི་མགོ་བཅས་ལ་འབྱུང་བ་དང་། བཞོན་རྟའི་རྟ་ཆས་འཁེལ་ས་དང་སྙེ་ཚིགས། ཁེབས་རྒྱག་ས་བཅས་སུ་འབྱུང་། སྐྱི་ལྤགས་ཀྱི་སུལ་མ་མངོན་གསལ་མིན་པ་དང་། སྐོགས་ཤུན་མཉེན་ཞིང་ཚིལ་སེར་པོ་དང་། བགོག་སླ་བ་ཡིན། རྟའི་རྐང་གཡན་གྱི་ནད་ནི་བྱུང་བཤིན་ཏུ་ཉུང་ཞིང་། ཐོར་མཆེད་རང་བཞིན་གྱི་ཚུལ་དུ་རྐང་ལག་གི་སྐྱི་ལྤགས་ལ་གཉན་ཚད་རྒྱས་པའི་ནད་རྟགས་མངོན།

3. ངོས་འཛིན། ནད་རྟགས་དང་ནད་བྱུང་བའི་དུས་ཚིགས་གཞིར་བཟུང་ནས་ཐོག་མའི་ངོས་འཛིན་བྱས་ཆོག་པ་དང་། ནད་རྒྱུ་ལ་བརྟག་ཞིབ་དངོས་སུ་ནད་ངོས་འཛིན་བྱས་ཆོག །གཞན་ནད་བྱུང་བའི་སྐྱི་ལྤགས་ཀྱི་སྐོགས་ཤུན་བླངས་ནས་འབུ་ཡོད་མེད་ལ་བརྟག་དགོས། རྟའི་འཕྲུག་གཡན་གྱི་ནད་ལ་རྫོག་མ་དང་ཇ་མ། མགོ། བརླ། དཔྱི་མགོ་བཅས་དང་། བཞོན་རྟའི་རྟ་ཆས་དང་། མཐུར་མདའ། སྒ་ཁེབས་བཅས་འཁེལ་སའི་ལུས་ཀྱི་པགས་ཤུན་བླངས་ནས་བརྟགས་ནས་ངོས་

བཟུང་ཚོག་པ་དང་། རྟའི་གཡན་སྲིན་ནད་ངོས་འཛིན་པར་རྐང་ལག་གི་སྐྱི་ལྤགས་ལ་བརྟག་ཆོག །རྟའི་ནུར་འགྲོའི་གཡན་འབུའི་ནད་ལ་མིག་གི་ཉེ་གམ་དང་མགོ་བོ། ཕྲག་པ་བཅས་ཀྱི་པགས་ཤུན་བླངས་ནས་བརྟག་ཆོག

【འགོག་བཅོས།】 རྒྱུན་མཐོང་གི་ནད་བཅོས་སྨན་ལ་སྐྱི་ལྷན་ལིན་རིགས་ཀྱི་འབུ་གསོད་སྨན（有机磷类杀虫剂）དེ། དཔེར་ན། འབུ་བརྒྱའི་གཉན་པོ་དང་ཞིན་ལིཙུ་ལིན།（辛硫磷）སྦྲང་དུག་ལིན།（蝇毒磷）གཡན་སེལ（螨净）སོགས་ཡོད་པ་དང་། འབུ་སེལ་ཙུ་ཀྲུའེ（拟除虫菊酯）ཡི་རིགས་ལ། དཔེར་ན། ཞིའུ་ཆིན་ཙུ་ཀྲུ（溴氰菊酯）དང་། སྨི་ཀ་བའི（甲脒）རིགས་ལ། དཔེར་ན་སྨི་ཟུང་ལྷན（双甲脒）དང་དབྱི་ཞེ་སྲིན་རྒྱུ་སོགས་ཡོད་དོ།།

རྟའི་གཡན་འབུའི་ནད་ཀྱི་སྔོན་འགོག་ལ་རྟ་ར་གཙང་མ་ཡིན་པ་དང་བརླན་མེད་པ། རླུང་རྒྱུ་ཐུབ་པ། ཉི་འོད་འཕྲོ་བ། ལོད་ཡངས་པ་བཅས་རྒྱུན་འཁྱོངས་བྱས་ནས་འགོ་ཁྱབ་ཀྱི་ཚད་རྗེ་ཇུང་དུ་གཏོང་ཐུབ་དགོས། རྟ་ར་དང་རྟ་ཆས་སྐྱེར་སའི་སྣོད་ཆས་ལ་དུས་བཅད་ལྟར་དུག་སེལ་བྱ་དགོས། རྒྱུན་བྱུང་ས་ཁུལ་དུ་དུས་བཅད་ལྟར་རྟ་ལ་ལྟ་རྟོག་ལེགས་པོ་བྱས་ན། དུས་ཐོག་ཏུ་རྟའི་གཡན་འབུའི་ནད་བྱུང་ཡོད་མེད་ལ་བརྟག་པར་ཕན། ཕྱི་ནས་ནང་འདྲེན་བྱས་པའི་རྟ་ཡིན་ན། སྔོན་ལ་ནད་བྱུང་ཡོད་མེད་བརྟག་རྗེས་ནང་འདྲེན་བྱ་དགོས་ཤིང་། གལ་སྲིད་རྟ་ལ་ནད་འདི་བྱུང་ཡོད་ན་དུས་ཐོག་ཏུ་ཟུར་དུ་བཀར་བ་དང་། འགོ་སླ་བའི་རྟ་ཡོངས་ལ་སྔོན་

འགོག་གི་སྨན་བཅོས་ལེགས་པོ་འཁྱོངས་དགོས།

བདུན་པ། རྟའི་ཕོ་སྦྲང་གི་ནད།

རྟའི་ཕོ་སྦྲང་གི་ནད་ནི་ཕོ་སྦྲང་གི་ཚན་པའི（Gasterophilidae）ཕོ་སྦྲང（Gasterophilus）ཁོངས་གཏོགས་ཀྱི་རིགས་མི་འདྲ་བའི་རྟའི་ཕོ་སྦྲང་འབུ་ཕྲུག་རྟའི་ཁོངས་གཏོགས་སྒྲོག་ཆགས་ཀྱི་ཕོ་བ་དང་རྒྱུ་མའི་ནང་གནས་ནས་བསྐྱེད་པའི་དལ་བའི་རང་བཞིན་གྱི་སྐམ་རིད་ཅན་དང་དུག་ཕོག་རང་བཞིན་གྱི་ནད་ཅིག་ཡིན། བརྟེན་གཞིའི་ཟུངས་ཁྲག་ཟད་པ་དང་ཤ་ཤེད་ལྷུང་བ། དུག་ཕོག་པ། ལུས་ཀྱི་ཟུངས་ཞན་པའི་ནད་རྟགས་མངོན་ཞིང་། ཚབས་ཆེ་དུས་ལུས་ཟུངས་ཉམས་ནས་ཤི་འགྲོའོ།།

【ནད་གཞིའི་རྣམ་པ།】 རྟའི་ཕོ་སྦྲང་འབུ་རུ་འགྱུར་བའི་གོ་རིམ་ལ་རང་དབང་ལྡན་ཞིང་། ལུས་ཡོངས་ཀྱི་སྤུ་རྫོབ་པ་དང་ཁ་དོག་ལྡན། དཔྱིབས་སྦྲང་མ་དང་མཚུངས། མཆུ་ལ་རྣ་དབལ་ལྡན་པ་དང་། མིག་ཟུང་གཉིས་ཆུང་ཞིང་བར་ཐག་རིང་། རྣ་ཆུང་ཞིང་སྐབས་བདེ་ཡིན། གཤོག་པ་ཕྱི་གསལ་ནང་གསལ་ཡིན་པ་དང་ཁྲ་རིས་ཁམ་མདོག་ཡིན། གཤོག་པ་དྭངས་གསལ་མིན་པར་དུ་སྨུག་གི་མདོག་དང་ལྡན་པའང་ཡོད།

【འཚོ་བའི་ལོ་རྒྱུས།】 སྒོང་དེ་རྟའི་ལུས་པོར་འབུ་ཕྲུག་ཏུ་གྱུར་རྗེས

འབུ་ཕྲུག་གིས་ཕྱི་ཤུགས་ཏེ། དཔེར་ན་གཙུབ་བརྡར་སོགས་ལ་བརྟེན་ནས་སྦོང་ཤུན་བརྗེལ་ནས་ཕྱི་ལ་ཐོན་པ་ཡིན་ཞིང་། དུས་རིམ་དང་པོའི་འབུ་ཕྲུག་གི་འགྲུལ་སྐྱོད་ཀྱིས་རྟ་ལ་ཟ་འཕྲུག་བསླངས་སྲིད་པས། ཟ་འཕྲུག་ལངས་སར་སོ་བཏབ་ན། འབུ་ཕྲུག་རྟའི་སོ་དང་མཆུ་ལ་འཕྱར་ནས་ཁའི་ནང་དུ་འཛུལ་སྲིད། ཁ་སྐྲུག་གི་འཕྱར་སྐྱི་འོག་ལྷེའི་ཕྱི་རིམ་གྱི་ཕུང་གྲུབ་ནང་དུས་རིམ་གཉིས་པའི་འབུ་ཕྲུག་ཏུ་འགྱུར་ངེས། དུས་རིམ་གཉིས་པའི་འབུ་ཕྲུག་ཕོ་བ་དང་རྒྱུ་ལམ་དུ་འཛུལ་ནས་ཕོ་བ་དང་རྩིན་བུའི་ནང་ཁྲག་བཞིབས་ནས་དུས་རིམ་གསུམ་པའི་འབུ་ཕྲུག་ཏུ་འགྱུར་ངེས། ལོ་གཉིས་པའི་དཔྱིད་ཀར་དུས་རིམ་གསུམ་པའི་འབུ་ཕྲུག་ཡོངས་སུ་ལག་ཆགས་རྗེས་ཕོ་བའི་ངོས་དང་ཁ་བྲལ་ནས་བཤང་གཅི་དང་མཉམ་དུ་ཕྱི་ལ་བཏོན་ནས་འབུ་ཕྱུམ་དུ་འགྱུར་སྲིད།

【ནད་ངོས་འཛིན་གྱི་གལ་གནད།】

1. རིམས་ནད་རིག་པ། སྦྲང་འབུ་ནར་སོན་རྗེས་བརྟེན་གཞི་མི་དགོས་པར་མ་ཟད་ཁ་ཟས་ཀྱང་མི་དགོས་ལ། རང་བྱུང་ཁམས་སུ་ཉིན་འགའ་འགོར་རྗེས་ཤི་འགྲོ། རང་རྒྱལ་དུ་གཙོ་བོ་ནུབ་བྱང་དང་བྱང་ཤར། ནང་སོག་བཅས་ས་ཁུལ་དུ་ནད་འདི་མཆེད་ཅིང་། རྟའི་ཁོངས་སུ་གཏོགས་པའི་སྲོག་ཆགས་ལ་གཞན། སྐབས་ལ་ལར་རི་བོང་དང་ཁྱི། ཕག་དང་མིའི་ཕོ་བ་སོགས་ལ་བརྟེན་པར་བྱེད། སྤྱིར་བཏང་དུ་ནར་སོན་པའི་འབུ་སྦྲང་ལོ་རེའི་ཟླ་བ་5～9བར་འབྱུང་ཞིང་། ཟླ་བ8～9བར་ཆེས་ནི་ཆེས་མང་དུ་འཕེལ་བའི་དུས་ཡིན།

དུས་ཚིགས་ཀྱི་ངོས་ནས་འབུ་སྲིང་དབྱར་ཁའི་སྐམ་ཤོས་ཆེ་བའི་གནམ་གཤིས་ལ་འཕྲོད་པ་དང་། ཉི་འོད་ཆེ་བའི་གནམ་གཤིས་འོག་སྐྱོང་གསོང་། ཆར་འབབ་སྐབས་ཕྱི་རོལ་གྱི་རྩྭ་ཚོམ་དང་ནགས་ཚལ་ནང་ངལ་གསོ། ཧྲན་མི་ཐུབ་པས་སྦྲར་སྲིན་གྱིས་གནོད་སྐྱོན་ཐེབས་ནས་ཤི་འགྲོའོ། །

2. ནད་རྟགས། འབུ་སྲིང་གིས་སྐྱོང་གསོང་སྐབས་རྟའི་ངལ་གསོ་དང་གཟན་རྩྭ་སོགས་ཟ་བར་བར་ཆད་བཟོ།

（1）ནད་བྱུང་མ་ཐག་ཏུ་སོ་དང་ལྕེ། མིད་པ་བཅས་ཀྱི་འབྲུར་སྐྱི་ལ་རྨས་སྐྱོན་ཐེབས་ནས་སྐྲངས་པ་དང་། གཉན་ཚད་རྒྱས་པ། ཟགས་རལ་དུ་འགྱུར་བ་བཅས་ཀྱི་ནད་རྟགས་མངོན།

（2）འབུ་ཕྲུག་ཕོ་བ་དང་རྒྱུ་སོར་བཅུ་གཉིས་ནང་འཛུལ་རྗེས། ཕོ་བ་དང་རྒྱུ་མའི་འབྲུར་སྐྱི་ལ་གནོད་སྐྱོན་ཐེབས་ནས་ཕོ་བའི་ངོས་སྐྲངས་པ་དང་གཉན་ཚད་རྒྱས་པ། ཟགས་རལ་དུ་འགྱུར་བའི་ནད་རྟགས་མངོན།

（3）འབུ་ཕྲུག་མང་པོ་ཕོ་ཞབས་དང་རྒྱུ་སོར་བཅུ་གཉིས་ཀྱི་ནང་དུ་ཡོད་སྐབས་རྒྱུ་མ་འགགས་པ་དང་། ལ་ལར་ཕོ་བ་དང་རྒྱུ་སོར་བཅུ་གཉིས་རྗོལ་བ་སོགས་ཀྱི་ནད་རྟགས་འབྱུང་།

（4）འབུ་ཕྲུག་གཞང་དཀར་ནག་གི་ནང་དུ་འབྱར་ཡོད་སྐབས་གཞང་དཀར་ནག་གི་འབྲུར་སྐྱི་ལ་ཁྲག་རྒྱས་པ་དང་གཉན་ཚད་རྒྱས་པ། ནད་དེ་བྱུང་བའི་རྟ་ལ་ཟ་འཕྲུག་ལངས་ནས་གཙུབ་བརྡར་བྱས་སུར། རྔ་རྩ་དང་བཤང་ལམ་ལ་རྨས་

སྐྱོན་ཡོག་པ་དང་གཞན་ཚད་རྒྱས་ངེས།

【འགོག་བཅོས།】འབུ་སྒོང་པྲ་ཆིལ་ཚ་པོས་བཀྲུ་བའམ། མེ་སྒྲོན་པའི་ཚང་བཅུད་བལ་རྫོལ་གྱིས་བསྲེགས་ཆོག །ལུས་པོའི་ཕྱི་ངོས་ཀྱི་དུས་རིམ་དང་པོའི་འབུ་ཕྲུག་གསོད་པར1%～2%ཀྱི་འབུ་བརྒྱའི་གཞན་པོའི་བཞུ་ཞུ་གཏོར་བའམ་རྟའི་ལུས་སྟེང་ལ་བསྒྲུ་དགོས་ཤིང་། ཉིན6～10རེའི་ནང་ཐེངས་གཅིག་ལ་བསྒྲུས་པས་ཆོག །ཁ་སྨུག་གི་འབུ་ཕྲུག་གསོད་པར5%ཡི་འབུ་བརྒྱའི་གཞན་པོའི་སྨན་སྣུམ་བསྒྲུ་དགོས་ཤིང་། ཐེངས1～3བསྒྲུས་པས་ཆོག །སྨན་བཅོས་ལ་ཕྱུགས་ཟློག་ལ་སྤྱོད་པའི་འབུ་བརྒྱའི་གཞན་པོ་སྤུས་དག་དང་དབྱི་ལྷེ་སྲིན་རྒྱུ། ཟེ་གཉིས་ཐུན་རྫས་སོགས་སྤྱད་ཆོག

ཕོ་སྦྲང་སྔོན་འགོག་གི་ཆེས་ལེགས་པའི་ཐབས་ནི་འཆར་གཞི་ཡོད་པར་འབུ་བསལ་རྒྱུ་དེ་ཡིན། ཕོ་སྦྲང་གིས་སྒོ་ང་གཏོང་བའི་དུས་ཚིགས་སུ་འབུ་གསོད་སྨན་ལུས་པོར་བསྒྲུ་བའམ་གཏོར་དགོས་ཤིང་། འབུ་སྦྲང་སླར་མི་བྱུང་བའི་བར་དུ་དེ་ལྟར་ཉིན་འགའི་ནང་དུ་ཐེངས་གཅིག་ལ་སྨན་གཏོར་དགོས། ཡང་དང་བསྐྱར་དུ་པྲ་ཆིལ་ཚ་པོས་བཀྲུས་ནས་རྟའི་སྤུ་སྟེང་གི་འབུ་སྒོང་གསད་དགོས། ཆ་རྐྱེན་འཛོམས་ན། འབུ་སྦྲང་གི་གནོད་འཚེ་འགོག་སླད། མཚན་མོར་འཚོས་ནས་འབུ་སྦྲང་གི་གནོད་པ་དང་སྒོ་ང་གཏོང་བར་སྔོན་འགོག་བྱས་ཆོག་གོ།

རབ་བཅད་བདུན་པ། བཙའ་སྐྱོའི་ནད།

དང་པོ། འཕྱིལ་བ།

འཕྱིལ་བ (abortion) ནི་མངལ་གནས་ཕྲུ་གུ་དང་ཨ་མའི་ལུས་པོ་གཉིས་ཀྱི་ལུས་ཁམས་འབྲུགས་པའམ། ཡང་ན་དེ་གཉིས་བར་གྱི་རྒྱུན་ལྡན་གྱི་འབྲེལ་བར་གནོད་སྐྱོན་ཐེབས་ནས་མངལ་ཆགས་མཚམས་བཞག་པའི་སྣང་ཚུལ་ལ་ཟེར། མངལ་ཆགས་པའི་དུས་རིམ་གང་དུའང་འཕྱིལ་བའི་ཉེན་ཁ་ལྡན་ཞིང་། མངལ་ཆགས་པའི་ཐོག་མའི་དུས་རིམ་དུ་འཕྱིལ་བ་ཤུང་མང་། མངལ་ཕྱུང་གཞན་གྱིས་འདེབ་ལེན་བྱས་པའམ། མངལ་གནས་ཕྲུ་གུ་ཤི་བས་ཕྱི་ལ་བཏོན་པ། ཟླ་ཁ་མ་གང་བར་ཕྲུ་གུ་བཙས་པ་བཅས་ཀྱི་སྣང་ཚུལ་ཡོད། སྐབས་ལ་ལར་མངལ་གནས་ཕྲུ་གུ་ཤི་ནས་ཕྱི་ལ་མ་བཏོན་པར་བུ་སྣོད་ཀྱི་ནང་དུ་བེམ་རོ་བསྐམས་པའམ་རུལ་བ། ཞུ་བ་བཅས་ཀྱི་སྣང་ཚུལ་ཡང་འབྱུང་། འཕྱིལ་ནས་ཕྲུ་གུ་ཤི་བའམ་ལག་ཆགས་མ་ཐུབ་ན། ཨ་མའི་བདེ་ཐང་ལའང་གནོད་སྐྱོན་ཐེབས་ངེས། རྒྱུ་རྐྱེན་དུ་མས་འཕྱིལ་བ་ལ་ཁྱུ་འབྱུང་རང་བཞིན་གྱི་ཁྱད་ཆོས་ལྡན་པས་མངལ་གནས་རྗེའུ་འཕྱིལ་བར་སྔོན་འགོག་བྱེད་པའི་ལས་ཀ་གལ་ཆེན་དུ་འཛིན་དགོས།

【ནད་རྒྱུ།】 འཕྱིལ་བ་ལ་སྤྱིར་བཏང་གི་འཕྱིལ་བ（སྲོལ་རྒྱུན་རང་བཞིན་མ་ཡིན་པའི་འཕྱིལ་བ）དང་འགོ་ཁྱབ་རང་བཞིན་གྱི་འཕྱིལ་བ། འཁྲི་འབྱུའི་རང་བཞིན་གྱི་འཕྱིལ་བ་བཅས་རིགས་ཆེན་པོ་གསུམ་ཡོད། རིགས་གསུམ་པོ་རེ་རེ་ལའང་རང་བྱུང་ཅན་གྱི་འཕྱིལ་བ་དང་ནད་རྟགས་ཅན་གྱི་འཕྱིལ་བ་གཉིས་ཡོད། རང་བྱུང་ཅན（自发性）གྱི་འཕྱིལ་བ་ནི་མངལ་གནས་ཕྲུ་གུ་དང་ཤ་མ་ལ་སྐྱོན་ཤོར་བའམ། ཐད་ཀར་ཤུགས་རྐྱེན་ཐེབས་ནས་འཕྱིལ་བ་ལ་ཟེར། ནད་རྟགས་ཅན（症状性）གྱི་འཕྱིལ་བ་ནི་མངལ་ཆགས་པའི་སྐོད་མར་ནད་གཞན་གྱི་ནད་རྟགས་མངོན་པའམ། གཟན་གསོ་དོད་དམ་གྱིས་མ་འཁྱུས་པར་མངལ་བཤོར་བ་ཡིན།

1. སྤྱིར་བཏང་གི་འཕྱིལ་བ།（འགོ་ཁྱབ་རང་བཞིན་མ་ཡིན་པའི་འཕྱིལ་བ）

（1）རང་བྱུང་ཅན་གྱི་འཕྱིལ་བ།

1）མངལ་གནས་ཕྲུ་གུའི་ཞོར་གཏོགས་སྐྱི་མོར་གནོད་སྐྱོན་ཐེབས་པ། ①ཁྱུལ་སྐྱིའི（绒毛膜）སྐྱི་འཚར་འཁྱུས་མི་ཚང་བའམ། ལྷན་སྐྱེས་སུ་ཁྱུལ་མེད་པས་མངལ་གནས་ཕྲུ་གུ་དང་ཨ་མའི་ལུས་པོ་བར་དུ་འཚོ་བཅུད་བརྗེ་རེས་ལེགས་པོ་བྱེད་མ་ཐུབ་པར་མངལ་གནས་ཕྲུ་གུ་ལག་མ་ཆགས་པ། ②རྫེས་བྱུང་རང་བཞིན་ཅན་གྱི་ཁྱུལ་སྐྱི་འཁྱེམས་ནས་ཉམས་པ། ③ལྟེ་ཐག་སྐྲངས་པའམ་དཀྲིས་བརྒྱབ་ནས་ཁྲག་གི་འཁོར་རྒྱུགས་ལ་གནོད་པ་དང་། ལྟེ་ཐག་གི་ཁྲག་སྦུག་ལས་ཁྲག་བུད་པའང་ཁྲག་འགགས་ནས་མངལ་གནས་ཕྲུ་གུར་དབྱུང་རླུང་དང་

འཚོ་བཅུད་ཀྱིས་མ་འདང་བ། འདི་དག་ནི་ཨ་མའི་བུ་སྣོད་ཀྱི་གནས་གང་ཉུང་གི་འགྱུར་སྐྱི་ལ་གཞན་ཚད་རྒྱས་ནས་ཁྱལ་སྐྱིའི་ཁྱལ་སྤུ་དང་གཞན་ཚད་རྒྱས་པའི་འགྱུར་སྐྱི་ལ་འབྲེལ་ཡམ་ཆད་པར་བརྟེན་བསྐྱེད་པ་ཡིན།

2）མངལ་ཕྲུང་ལག་ཆགས་མ་ཐུབ་པའམ་རྒྱུན་ལྡན་མིན་པ། ཁམས་དཀར་དམར་གཉིས་ལ་སྐྱོན་ཤོར་བའམ་ཁམས་དམར་རྣམ་པའི་རྐྱེན་གྱིས་ཡིན་ཞིང་། སྦྱོར་སྡེབ་འཕྲི་བ་དང་གཉེན་ཚན་བར་རྒྱུད་སྤེལ་བ་སོགས་ཀྱིས་བསྐྱེད་པ་ཡིན།

3）མངལ་ཕྲུང་མང་དྲགས་པ། མངལ་ཕྲུང་མང་པོས་འཚོ་བཅུད་དང་ཤོང་གནས་འཕྲོག་རྩོད་བྱས་ཏེ་སྟོབས་ལྡན་སྟོབས་ཞན་ལས་རྒྱལ་ཞིང་། ལག་ཆགས་པ་དལ་བའི་མངལ་ཕྲུང་ལ་ཉེ་མཚེས་མངལ་ཕྲུང་གིས་འབུད་འདེད་བྱས་པར་བརྟེན། བུ་སྣོད་ཀྱི་འགྱུར་སྐྱི་དང་འབྲེལ་ཡམ་ཆད་དེ་ཁྲག་གི་མཁོ་འདོན་ལ་ཆད་བཀག་ཐེབས་ནས་ལག་ཆགས་མ་ཐུབ་པར་ཤི་བ་དང་། ཕྲུ་གུ་བཙའ་བའི་སྐབས་སུ་བེམ་སྐམ་ཕྲུ་གུའི་ཚུལ་དུ་ཕྱི་ལ་བཏོན་པ་ཡིན། རྟའི་ཕྲུ་གུ་མཆེ་མ་འཕྱིལ་བའི་སྣང་ཚུལ་དེ་མངལ་ཆགས་པའི་ཟླ་རིམ་གང་ཉུང་དུ་འབྱུང་སྲིད། ཡིན་ནའང་ཟླ6～7བར་ནི་འཕྱིལ་ཚད་ཉུང་མཐོ་བའི་དུས་ཡིན་ཞིང་། གཙོ་བོ་འཚོ་བཅུད་ཀྱིས་མ་འདང་བས་ཡིན།

（2）ནད་རྟགས་ཅན་གྱི་འཕྱིལ་བ།

1）སྐྱི་འཕེལ་དབང་པོའི་ནད། ཁོད་མ་འཕྱིལ་བར་བྱེད་པའི་སྐྱི་འཕེལ་དབང་པོའི་ནད་གཙོ་བོ་ནི་བུ་སྣོད་ཀྱི་ནང་སྐྱིའི་གཞན་ཚད་ཡིན། ཁོད་མར་ཚད་

བཀག་ཅན་གྱི་དཔལ་བའི་རང་བཞིན་གྱི་བུ་སྣོད་ནང་སྐྱིའི་གཉན་ཚད་རྒྱས་དུས་སྦྱོར་སྡེབ་བྱས་ནས་མངལ་ཆགས་ཤིང་། མངལ་ཆགས་པའི་སྐབས་གཉན་ཚད་རྒྱས་པ་ཡིན་ན། ཤ་མར་གནོད་སྐྱོན་ཐེབས་ནས་མངལ་གནས་ཕྲུ་གུ་ཤི་སྲིད་པ་དང་། ཕྲུ་གུ་བཙས་རྗེས་གྲོད་མར་མངལ་ལམ་གཉན་ཚད་རྒྱས་པའམ། མངལ་ལམ་ཏྲུགས་ན། བུ་སྣོད་ཀྱི་མངལ་སྐའི་འབྱར་ཁུ་དཀག་ནས་བུ་སྣོད་ལའང་གཉན་ཚད་ཀྱིས་ཤན་ཐེབས་པར་བརྟེན། ཕྲུ་མའི་གཉན་ཚད་བསླངས་ཏེ་མངལ་གནས་ཕྲུ་གུ་ལ་གནོད་འཚེ་འབྱུང་སྲིད། ལྷན་སྐྱེས་སུ་བུ་སྣོད་སྒྲིབ་པ་འཕྱུས་མི་ཚང་བ་དང་བུ་སྣོད་འབྱར་བ། བུ་སྣོད་ཀྱི་ནང་སྐྱི་ལ་རྨས་སྐྱོན་ཐེབས་ནས་གཉན་ཚད་རྒྱས་པ་ཚང་མས་མངལ་གནས་ཕྲུ་གུ་ལག་ཆགས་པར་ཤན་ཐེབས་ཏེ། མངལ་ཆགས་ནས་དུས་རིམ་ངེས་ཅན་དུ་ཐོན་རྗེས་རྒྱུན་བསྐྱངས་མ་ཐུབ་པར་མངལ་ཤོར་སྲིད།

2）མངལ་ཆགས་པ་དང་འབྲེལ་བའི་སྐྱེ་འཕེལ་གྱི་སྐྱུལ་རྒྱུ་དོ་མ་མཉམ་པ། གྲོད་མའི་མངལ་ལམ་གྱི་དབང་ནུས་ནི་དུས་ཚོད་ཀྱི་ཐད་ནས། ཁམས་དམར་རྒྱུ་ལམ་གྱིས་ཁམས་དཀར་བུ་སྣོད་དུ་དྲངས་པ་དང་། བུ་སྣོད་ནང་དུ་འབྱར་བ་དང་དུས་མཉམ་ཡིན། དཔེར་ན་མོའི་སྐྱུལ་རྒྱུ་དང་ཕོའི་སྐྱུལ་རྒྱུའི་བྱེད་ལས་འགྲུགས་ན། བུ་སྣོད་དུ་མངལ་ཕྱུང་ལག་ཆགས་མི་ཐུབ་པས་མངལ་ཕྱུང་ཤི་བའི་ཉེན་ཁ་ལྡན། སྐྱམ་ཐོན（孕酮）གྱིས་མ་འདང་ན། བུ་སྣོད་ནང་གི་མངལ་གནས་ཕྲུ་གུ་ལག་ཆགས་མ་ཐུབ་པར་འཕྱིལ་སྲིད།

3）འགོ་ཁྱབ་རང་བཞིན་མ་ཡིན་པའི་ལུས་ཡོངས་ཀྱི་ནད། གྲོད་མར་

གསུམ་ནད་བྱུང་ཚེ་འགྲེལ་ལོག་རྒྱག་པ་དང་། བུ་སྐྱོད་འཁྲུམས་ནས་འཕྲིལ་བ་ཡིན། གྲོད་མར་མངལ་སྨུམ་ཁྲག་དུག་གི་ནད་བྱུང་བའམ། ལུས་དྲོད་འཕར་ནས་དབུགས་འཐིན་རྩུབ་དཀའ་བ་དང་ཟུངས་ཁྲག་ཟད་པ། ཁྲག་ཤོར་བ། དབྱང་རླུང་གིས་མ་འདང་བ། ཟད་གྲོན་རང་བཞིན་གྱི་ནད་དང་དུག་ནད་སོགས་ཡོག་ནའང་གྲོད་མ་འཕྲིལ་བའི་ཉེན་ཁ་ཡོད།

4）གཟན་གསོ་རང་བཞིན་གྱི་མངལ་ཤོར། འཚོ་བཅུད་མང་དྲགས་པ་དང་འཚོ་བཅུད་ཀྱིས་མ་འདང་ན་མངལ་གནས་ཕྲུ་གུ་ལག་ཆགས་པར་གནོད། རྫས་ཆས་ཁྲོད་ཀལ་དང་ཡིན། ཟླ། མེན（锰）སོགས་མང་དྲགས་ན། ཚོར་གླད་འོག་གི་གླད་ནུའི་འགྲུལ་སྐྱོད་ལ་ཚད་བཀག་ཐེབས་ནས་ཁམས་དཀར་བསྐྱེ་ཚད་དང་། མངལ་གནས་ཕྲུ་གུར་ཤན་ཐེབས་པར་མ་ཟད། གྲོད་མའི་ལུས་པོའི་གསང་རྒྱུད་ཟགས་གཤེར་ལ་འགྱུར་བ་ཐེབས་ནས་མངལ་ཕྱུང་ལ་བར་ཆད་བཟོ་ངེས། རྫས་ཆས་ཁྲོད་ཞི（硒）ཡིས་མ་འདང་བ་དང་། རྫས་ཆས་ཟུལ་བ་སོགས་ཕྱིན་ནའང་གྲོད་མ་འཕྲིལ་བའི་ཉེན་ཁ་ཆེ།

5）རྨས་སྐྱོན་ཐེབས་པའམ་དོ་དམ་ལ་འཛུས་ཤོར་ནས་འཕྲིལ་བ། གྲོད་མ་ཚད་ལས་བརྒལ་བར་འགྲུལ་སྐྱོད་བྱས་པ་དང་ཐང་ལ་འགྲེལ་བ། གསུམ་པར་བརྡབ་གསིག་ཐེབས་པའམ་རྨས་སྐྱོན་བཟོས་པ། བཙིར་གནོན་ཐེབས་པ་སོགས་ཀྱིས་བུ་སྐྱོད་འཁྲུམས་ནས་འཕྲིལ་སྲིད་པ་དང་། ལས་ཀར་བཀོལ་ཡུན་རིང་ན། གྲོད་མ་ཐང་ཆད་དྲགས་ནས་ལུས་པོར་དབྱང་གཉིས་ཐུན་འགྱུར་དང་། འོ་སྐྱུར་

མང་པོ་བྱུང་སྐེ་ཚོར་གླད་ནང་གི་ཁྲག་རྩས་དབང་རྩ་འཁྲུམས་ནས་ཤ་མའི་ཁྲག་རྩ་འཁྲུམས་ཤིང་། དབྱང་རླུང་མཚོ་འདོན་གྱིས་མ་འདང་བར་འཕྱིལ་སྲིད། མངལ་ཆགས་རྗེས་བསྐྱར་དུ་སྦྱོར་སྦྱེབ་བྱེད་པ་དང་། དུས་ཡུན་རིང་པོར་གྲང་རླུང་གིས་གཅོས་པ། འཁྱག་རིངས་སུ་གྱུར་པའི་རྩྭ་ཆས་བྱིན་པ། སྐྲག་བསླངས་པ་སོགས་ཀྱིས་ཀྱོད་མ་འཕྱིལ་དུ་འཇུག་སྲིད།

6） སྨན་བཅོས་ལ་ནོར་འཁྲུལ་བྱུང་ནས་འཕྱིལ་བ། ལུས་པོ་ཡོངས་ལ་སྲིད་སྨན་བརྒྱབ་པ་དང་ཁྲག་མང་པོ་གཏར་བ། གསུམ་པར་གཤག་བཅོས་བྱས་པ། གཞང་དཀར་ནག་དང་མངལ་ལམ་ལ་ལག་ལེན་རྩུབ་མོས་བརྟག་དཔྱད་བྱས་པ། དུས་ལ་མ་ཐོན་པར་སྦྱོར་སྦྱེབ་བྱས་པ། སྨན་མང་པོ་བླུད་པ་སྟེ། བཤལ་སྨན་དང་འབུ་གསོད་ཀྱི་སྨན། གཅིན་འབབ་པའི་སྨན། བུ་སྣོད་འཁྲུམས་པའི་སྨན་ཁབ་བརྒྱབ་པ། （ཨན་ཀ་ཞན་བུལ་མཁྲིས།<氨甲酰胆碱>མའོ་ཀོ་ཡོན་ཞིམ་བུལ།<毛果芸香碱>སོགས） སྐྱེ་འདེད་ཀྱི་སྨན། （མདུན་ཆགས་རྟེན་བུའི་རིགས་ཀྱི་སྨན་དང་མཁལ་མགོའི་གཤེར་རྩིན་སྐྱུལ་རྒྱུའི་རིགས་ཀྱི་སྨན） གཞན་མངལ་ཆགས་པའི་ཀྱོད་མས་འབྱུང་མི་རུང་བའི་རྩྭ་སྨན（པོང་ང་དང་ཁམ་སྙིང་། གུར་ཀུམ་སོགས）འབྱུང་ནའང་ཀྱོད་མ་འཕྱིལ་སྲིད།

2. འགོ་ཁྱབ་རང་བཞིན་གྱི་འཕྱིལ་བ།　སྐྱེ་དངོས་ཕྲ་རབ་མང་པོས་ཀྱོད་མའི་འཕྱིལ་སྲིད་དེ། དེ་དག་གིས་ཤ་མར་གནོད་སྐྱོན་ཐེབས་པའམ། མངལ་གནས་ཕྲུ་གུར་ཤན་ཐེབས་ནས་རང་འགྱུལ་གྱིས་འཕྱིལ་བ། ཡང་ན་འཕྱིལ་བའི་ནད་

རྟགས་མངོན་ནས་ནད་རྟགས་རང་བཞིན་གྱི་འཕྲོལ་བའི་སྣང་ཚུལ་འབྱུང་སྲིད།

【 ཇོས་འཛིན། 】 འཕྲོལ་བའི་དུས་ཚོད་དང་རྒྱུ་རྐྱེན། གོད་མའི་ལུས་ཁམས་བཅས་མི་མཚུངས་པར་བརྟེན། ན་ལུགས་དང་མངལ་གནས་སྤྱ་གུའི་འགྱུར་ལྡོག །ནད་རྟགས་བཅས་ཀྱང་གཅིག་མཚུངས་མིན།

1. **ནད་རྟགས་མི་མངོན་པར་འཕྲོལ་བ།** མངལ་ཆགས་མཚམས་བཞག་ཀྱང་ནད་རྟགས་མི་མངོན་པ་ལ་ཐོག་མའི་མངལ་སྦུང་འཛིབ་ལེན་ཞེས་ཀྱང་བྱ། ཟླུར་འབྲེལ (附植) མདུན་རྒྱབ་ཀྱི་མངལ་སྦུང་ཤི་བ་སྟེ། ཐེངས་མང་པོར་སྦྱོར་སྡེབ་བྱས་ཀྱང་མངལ་མི་ཆགས་པ (ཟླུར་འབྲེལ་མདུན་གྱི་མངལ་སྦུང་ཤི་བ) དང་སྦྱོར་སྡེབ་ཕྱིར་འགྱངས་བྱས་པའི (ཟླུར་འབྲེལ་རྒྱབ་ཀྱི་མངལ་སྦུང་ཤི་བ) ནད་རྟགས་མངོན་ནས་མངལ་ཆགས་ཚད་རྗེ་དམའ་རུ་འགྱུར་སྲིད། ནད་རྟགས་གཞིར་བཟུང་ནས་གཤམ་གྱི་རིགས་འགར་དབྱེ་ཆོག་སྟེ།

(1) ནད་རྟགས་ཆ་ཚང་བག་ལ་ཞ་ནས་འཕྲོལ་བ། མངལ་ཆགས་པའི་ཐོག་མའི་དུས་རིམ་དུ་ཟླུར་འབྲེལ་གྱི་མདུན་རྒྱབ་ཏུ་འཕྲོལ་ནས་མངལ་སྦུང་དང་དུང་སྤྱ་གུར་གྱུར་མེད་ཅིང་། མངལ་སྦུང་ཤི་རྗེས་སྦུང་གྲུབ་ཀྱི་གཤེར་འགྱུར་གོད་མའི་ལུས་པོས་བསྡུ་ལེན་བྱས་ཤིང་། ཡང་བསྐྱར་སྦྱོར་སྡེབ་བྱེད་སྐབས་གཅིན་དང་མཉམ་དུ་བཏོན་ནས་མ་མཐོང་བས། དུས་རྩ་ལངས་པའི་དུས་ཡུན་ཕོན་ཕྱིར་འགྱངས་བྱས་པ་ཡིན།

(2) ནད་རྟགས་ཆ་ཤས་བག་ལ་ཞ་ནས་འཕྲོལ་བ། མངལ་སྦུང་གཅིག་ཤི་

ཞིང་ཞུ་ནས་བསྐྱུ་ལེན་བྱས་རྗེས། གཞན་པའི་མངལ་ཕྱུང་སྨ་མཐུད་དུ་ཕྲུ་གུ་བཙའ་རག་བར་འཚར་ལོངས་འབྱུང་ངེས།

2. **ཟླ་སྐྱེ།** ཟླ་ཁ་མ་གང་བར་སྐྱེས་པའི་ཕྲུ་གུ་གསོན་པོ་ནི་མངལ་ཆགས་པའི་དུས་མཇུག་གི་འཕྲིལ་བའི་ཁོངས་སུ་གཏོགས་པ་དང་། དེ་ནི་རྒྱུན་ལྡན་གྱི་བཙའ་སྐྱེ་དང་གཅིག་མཚུངས་ཡིན། འཚོ་བཅུད་ཀྱིས་མ་འདང་བ་དང་ཟད་གྲོན་རང་བཞིན་གྱི་ནད། ནོད་ཚད་མཐོ་དྲགས་པའམ་དམའ་དྲགས་ནས་ངར་སློང་རང་བཞིན་གྱིACTHཟགས་ཐོན་ཇེ་མང་དུ་སོང་བ་སོགས་ལ་རྐྱེན་བྱས་ཏེ་ཟླ་ཁ་མ་གང་བར་རྗེའུ་བཙས་པ་ཡིན།

3. **སྐྱེས་ཤོར།** སྐྱེས་ཤོར（小产）ནི་མངལ་གནས་ཕྲུ་གུ་ཤི་པོ་ཕྱི་ལ་བཏོན་པ་ལ་གོ །མངལ་གནས་ཕྲུ་གུ་ཤི་རྗེས་གྲོད་མའི་ལུས་པོར་མཚོན་ན། དེ་ནི་དངོས་པོ་གཞན་པ་ཞིག་ཏུ་གྱུར་པ་རེད། གཙོ་བོ་མངལ་ཆགས་པའི་མཇུག་མཐའི་དུས་རིམ་དུ་མངལ་ཤོར་ཡིན་ཞིང་། མངལ་གནས་ཕྲུ་གུ་ཅུང་ཆེ་བ་དང་མངལ་གནས་ཕྲུ་གུའི་ཁ་ཕྱོགས་དང་འདུག་སྟངས་ནོར་བར་བརྟེན་འཕྲིལ་སྲིད། མངལ་ཆགས་པའི་མཇུག་མཐའི་དུས་རིམ་དུ་མངལ་གནས་ཕྲུ་གུ་ཤི་རྗེས། གྲོད་མའི་གསུས་ངོས་འདར་འགྱུལ་བྱེད་བཞིན་པ་མཐོང་མི་ཐུབ་པས། གཞང་དཀར་ནག་དང་མངལ་ལམ་ལ་བརྟག་དཔྱད་བྱས་ཏེ། ཕྱོགས་བསྡུས་ཀྱི་བརྟག་ཐབས་ལ་བརྟེན་ནས་འཕྲིལ་བའི་ནད་ལ་ངོས་འཛིན་བྱ་དགོས།

4. **ཕྱིར་འགྱུངས་རང་བཞིན་གྱི་འཕྲིལ་བ།** དེ་ནི་མངལ་གནས་ཕྲུ་གུ་ཤི་

རྗེས་གྲོད་མའི་བུ་སྣོད་འཁྲུམས་ནས་མངལ་སྐྱེའི་ཁ་ཕྱེ་མ་ཐུབ་པའམ། ཁ་ཡོངས་སུ་ཕྱེ་མ་ཐུབ་པར་མངལ་གནས་ཕྲུ་གུ་ཤི་པོ་དུས་ཡུན་རིང་པོར་བུ་སྣོད་ཀྱི་ནང་དུ་ལུས་པ་ལ་གོ། མངལ་སྐྱེ་ཁ་ཕྱེ་བའི་གནས་ཚུལ་དང་། ཕྲ་སྲིན་དང་སེར་གཟུགས་ཡོད་མེད་གཞིར་བཟུང་ནས་རིགས་གསུམ་དུ་དབྱེ་ཆོག་སྟེ།

(1) མངལ་གནས་ཕྲུ་གུ་སྐམ་འགྱུར། མངལ་ཆགས་མཚམས་བཞག་རྗེས་མངལ་གནས་ཕྲུ་གུ་བུ་སྣོད་ཀྱི་ནང་དུ་ལུས་ཤིང་། མངལ་ཆགས་སེར་གཟུགས་སྤར་བཞིན་ཡོད་པ་དང་མངལ་སྐྱེ་ཁ་ཕྱེ་མ་ཐུབ་པ། མ་རལ་བའི་ཕྲ་སྲིན་གྱིས་ཤན་ཐེབས་ནས་མངལ་གནས་ཕྲུ་གུ་དང་། ཟུར་གཏོགས་ཀྱི་ཆུ་གྲོད་མའི་ལུས་པོས་བསྡུ་ལེན་བྱས་སྨུར་མངལ་གནས་ཕྲུ་གུའི་ལུས་པོ་བསྐམས་པའི་སྣང་ཚུལ་ལ་གོ།

(2) མངལ་གནས་ཕྲུ་གུ་བཞུ་འགྱུར། མངལ་ཆགས་མཚམས་བཞག་རྗེས་སེར་གཟུགས་འཁྲུམས་ཤིང་ཕྲུ་གུའི་བེམ་རོ་བུ་སྣོད་དུ་ལུས་པ་དང་། རུལ་འགྱུར་རང་བཞིན་མ་ཡིན་པའི་ཕྲ་སྲིན་ཡོངས་སུ་ཕྱེ་མེད་པའི་མངལ་སྐྱེ་བརྒྱུད་དེ་བུ་སྣོད་ཀྱི་ནང་དུ་འཛུལ་ཞིང་། མངལ་གནས་ཕྲུ་གུའི་ཕུང་གྲུབ་དག་དབྱེ་ཐལ་བྱས་ནས་གཤེར་གཟུགས་སུ་གྱུར་རྗེས། ཕྱི་ལ་བཞུར་བ་དང་རུས་པ་བུ་སྣོད་དུ་ལུས་པ་ལ་མངལ་གནས་ཕྲུ་གུ་བཞུས་པ་ཞེས་བྱ།

(3) མངལ་གནས་ཕྲུ་གུ་རུལ་བའམ་སྐྲངས་པ། ཕྲུ་གུ་བཙའ་བའི་སྔ་གཞུག་གམ་བཙའ་དཀའ་བའི་དུས་ཡུན་རིང་བ། མངལ་གནས་ཕྲུ་གུ་ཤི་རྗེས་རུལ་འགྱུར་སྲིན (ལྷེ་པའི་འཕང་སྲིན། རུལ་འགྱུར་འཕང་སྲིན། ཕུང་གྲུབ་བཞུས་

མའི་འཕང་སྲིན། དབུགས་སྐྲངས་འཕང་སྲིན) ཁ་ཕྱེ་ཡོད་པའི་མངལ་སྐྲེ་བརྒྱུད་དེ། སྦྲུ་གུའི་ལུས་པོར་ཁྱབ་ནས་མངལ་གནས་སྦྲུ་གུ་དབྱེ་ཕྲལ་གྱི་གོ་རིམ་ཁྲིད་རླུང་གཟུགས་མང་པོ་བྱུང་སྟེ་པགས་འོག་དང་གསུམ་པའི་འབྱར་སྐྱི། གསང་སྒྲོའི་ནང་དུ་བསགས་པར་བརྟེན། མངལ་གནས་སྦྲུ་གུའི་ལུས་པོངས་མངོན་གསལ་ངང་ཇེ་ཆེར་འགྱུར་ངེས། རྐོད་མའི་གསུམ་པའི་གནོན་ཤུགས་ཇེ་ཆེར་སོང་བ་དང་ཕྲ་སྲིན་གྱི་དུག་རྒྱུའི་བྱེད་ལས། བུ་སྣོད་རྩོལ་བ་སོགས་ལ་རྐྱེན་བྱས་ཏེ་དུས་ཡུན་ཐུང་ངུའི་ནང་རྣམ་རིག་དབབ་པ་དང་ལུས་ཟུངས་ཉམས་ནས་ཤི་སྲིད་དོ། ། མངལ་ལམ་ལ་བརྟག་དཔྱད་བྱས་ན། ཐྲི་ངན་བྲོ་ཞིང་མདོག་དམར་སྐྱ་ཡིན་པའི་གཤེར་གཟུགས་མཐོང་ཐུབ།

【 འགོག་བཅོས། 】

1. སྔོན་འགོག

(1) ནད་རྒྱུ་ལ་བརྟག་དཔྱད་དང་བག་ལ་ཉ་བའི་གནོད་ལྡན་རྒྱུ་རྐྱེན་བཅལ་ནས་ནད་བབ་དང་བསྟུན་པའི་སྨན་བཅོས་ཀྱི་བྱེད་ཐབས་འདོན་དགོས།

(2) མངལ་གནས་སྦྲུ་གུ་དང་མངལ་སྐྱི་ལ་བརྟག་དཔྱད་བྱས་ཏེ། རང་བྱུང་ཅན་དང་ནད་རྟགས་ཅན་གྱི་འཕྱིལ་བའི་རིགས་གང་ཡིན་པ་ཐག་བཅད་དེ་རྐོད་མ་གཞན་པར་འགོ་བར་སྔོན་འགོག་བྱ་དགོས།

2. སྨན་བཅོས་ཀྱི་རྩ་དོན། ཅི་ནུས་ཀྱིས་རྐོད་མ་འཕྱིལ་བར་སྔོན་འགོག་བྱས་ཤིང་། འཕྱིལ་བ་ཚོད་འཛིན་བྱེད་མི་ཐུབ་དུས་མྱུར་དུ་མངལ་གནས་སྦྲུ་གུའི་

བེམ་རོ་ཕྱི་ལ་བཏོན་ནས་གྲོད་མའི་བདེ་ཐང་དང་། མངལ་ལམ་ལ་རྨས་སྐྱོན་མི་ཐེབས་པར་ཁག་ཐེག་བྱེད་ཐུབ་དགོས། གཙོ་བོ་གྲོད་མ་འཕྱིལ་བའི་བྱེ་བྲག་གི་རྒྱུ་རྐྱེན་གཏན་འཁེལ་བྱས་ཏེ། དམིགས་གཏད་རང་བཞིན་གྱི་སྔོན་འགོག་བྱེད་ཐབས་ལག་ལེན་དུ་བསྟར་དགོས།

(1) གྲོད་མ་འཕྱིལ་བར་དོགས་པ་ཡོད་སྐབས་ཀྱི་སྔོན་འགོག་བྱེད་ཐབས། གྲོད་མར་མངལ་ཆགས་པའི་ཐོག་མའི་དུས་སུ་ལས་ཀར་ཡུན་རིང་བོར་མ་བགོལ་བར་འདང་ངེས་པའི་འཚོ་བཅུད་མགོ་འདོན་བྱ་དགོས། ཁམས་དཀར་བསྡུ་ལེན་བྱས་ནས་ཉིན15ཡས་མས་འགོར་རྗེས། སྐྱུམ་ཐོན་ཁ་གསབ་བམHCGདངLHརིགས་ཀྱི་སྨན་ལ་བརྟེན་ནས་སྔོན་འགོག་རང་བཞིན་གྱི་མངལ་གནས་ཁྱུ་གུ་བསྲུང་དགོས།

(2) ནད་རྟགས་མངོན་པའི་གྲོད་མ་འཕྱིལ་བར་སྔོན་འགོག་བྱེད་ཐབས། གྲོད་མ་མངལ་ཆགས་ནས་མཇུག་མཐའི་དུས་རིམ་དུ་མ་ཐོན་པར་གསུམ་པ་ཙམ་ན་བ་དང་ཉལ་ལངས་སྐབས་བདེ་མིན་པ། དབུགས་ཀྱི་འཕྲིན་རྟུབ་དང་རྩའི་འཕར་ཚད་མགྱོགས་པ་སོགས་ཀྱི་སྣང་ཚུལ་འབྱུང་ན་འཕྱིལ་བའི་ནད་རྟགས་མངོན་པ་ཡིན་ཞིང་། མངལ་ལམ་གྱི་བརྟག་དཔྱད་གཞིར་བཟུང་ནས་དབྱེ་ན། 1) ཐོག་མའི་དུས་ཀྱི་ནད་རྟགས་ཡང་མོའི་རིགས། མངལ་སྒོ་བསུམ་ཡོད་པ་དང་མངལ་སྒོ་འདག་ཀས་འགགས་ནས་གཤེར་ཁུར་མ་འགྱུར་བ། གཞང་དཀར་ནག་ལ་བརྟགས་ན། མངལ་གནས་ཁྱུ་གུ་ད་དུང་གསོན་ཡོད། སྨན་བཅོས་ཀྱི་རྩ་དོན

ན་མངལ་གནས་ཕྲུ་གུ་བསྲུང་རྒྱུ་དེ་ཡིན་ཞིང་། ཤ་གནད་ལ་སེར་གཟུགས་སྐྱལ་རྒྱུ50～100mgརྒྱག་དགོས་པ་དང་། ཉིན་རེར་རིམ་ཉིན་གཅིག་འགོར་རྗེས་བསྟུད་མར་ཐེངས་འགར་རྒྱག་དགོས། གོམས་གཤིས་རང་བཞིན་གྱི་འཕྲུལ་བ་ལ་ཐོན་འགོག་བྱ་ཆེད། མངལ་ཆགས་པའི་དུས་ཡུན་ངེས་ཅན་ནང་སེར་གཟུགས་སྐྱལ་རྒྱུ་ལ་བརྟགས་ནས་པགས་འོག་ལ1%གི་ཟེ་སྐྱུར་ཨ་ཐོ་ཕིན（硫酸阿托品）1～3mlརྒྱག་དགོས་ཤིང་། གཞན་གཟེར་འཇོམས་སྨན་རྫས་ཏེ། དཔེར་ན་ཞིའུ་སྨན（溴剂）དང་ཁིལ་ག་ཆེན། ཚ་སྦྱོར་ཁིལ་ཆེན་བཅས་ལའང་བསྟེན་ཆོག །གཞན5%ཡི་ཚ་སྦྱོར་ཁིལ་ཆེན200mlསྦོད་རྩར་རྒྱག་པའམ། ཚ་སྦྱོར་ཁིལ་ཆེན15～30gལྡུད་དགོས། མངལ་ལམ་དང་གཞང་དཀར་ནག་ལ་བརྟག་དཔྱད་བྱས་ན་ཟུག་གཟེར་བསྐྱང་སྲིད་པས་གཟབ་དགོས། 2）མཇུག་མཐའི་ནད་རྟགས་ཚབས་ཆེན། ནད་ཟུ་མཐུད་དུ་ཧེ་སྡུག་ཏུ་གྱུར་ནས་མངལ་སྐྱེའི་ཁ་ཕྱེ་ནས་སྐྱུམ་སྣོད་སྐྱེ་ལམ་དུ་འཛུལ་ན། མྱུར་དུ་བུ་སྣོད་ནང་གི་དངོས་པོ་དག་ཕྱི་ལ་བཏོན་ནས་རྟེའུ་ཕྲུག་ཤི་རྗེས་བུ་སྣོད་ལ་གཉན་ཚད་རྒྱས་པར་གཟབ་དགོས། མངལ་སྐྱེ་ཡོངས་སུ་ཕྱེ་ཡོད་ན། མངལ་གནས་ཕྲུ་གུ་ཆེན་པོ་མ་ཆགས་པའི་སྐབས་སུ་མངལ་གནས་ཕྲུ་གུ་ཧེ་དྲང་དུ་བཏང་ནས་ཕྱི་ལ་འཐེན་ཆོག །གལ་སྲིད་ཧེ་དྲང་དུ་གཏོང་མ་ཐུབ་ན། གནས་ཚུལ་དངོས་ལ་གཞིགས་ནས་མངལ་གནས་ཕྲུ་གུ་གཤག་གཅུབ་ཀྱི་ཐབས་སམ་གསུམ་སྐྱེས་ཀྱི་བྱེད་ཐབས་སྤྱོད་དགོས་པ་དང་། མངལ་སྐྱེ་ཡོངས་སུ་མ་ཕྱེ་ན། ལག་པ་ནང་དུ་བསྲིངས་དཀའ་བས་མིའི་ཐབས་ཀྱི་རིགས་འདེགས་ལ་

བརྟེན་དགོས།

3. འཕྲུལ་བ་ཕྱིར་འགྲུངས་པའི་སྔོན་འགོག་རྩ་དོན། མྱུར་དུ་བུ་སྣོད་སྟོང་བར་བཏང་ནས་རེད་འགྱུར་ཁྲབ་མཆེད་ལ་གཟབ་དགོས།

（1）མངལ་གནས་ཕྲུ་གུའི་སྐམ་འགྱུར། མངལ་སྐྱེའི་ཁ་ཕྱེ་ཞིང་སེར་གཟུགས་ཞུ་རུ་འཇུག་པ་དང་། སྐྱེ་ལམ་འཇམ་པོ་བཟོས་ནས་བུ་སྣོད་འཁྲུམ་དུ་འཇུག་དགོས། ཉིན་དང་པོར PGSསྦྱོད་པ་དང་། ཉིན་གཉིས་པ་ནས་བཟུང་ཉིན་རེར་ཁ་ཞི་མོ་སྨན（乙烯雌酚）20～30mgཤ་གནད་དུ་རྒྱག་དགོས། ཉིན་གསུམ་པ་ནས་བཟུང་ཉིན་རེར་པགས་འོག་ཏུDT10mlརྒྱག་དགོས། ཁུ་སྣོད་འཁྲུམས་པ་དང་མངལ་སྐྱེའི་ཁ་ཕྱེ་བའི་དུས་མཚུངས་སུ་ལག་པས་མངལ་སྐྱེ་ཇེ་ཆེར་བཏང་ནས་བུ་སྣོད་ནང་དྲོད་ལྡན་ཞིང་སླ་པོ་ཡིན་པའི་འཇམ་རྫས（滑润剂）སམ། འདག་ཆལ་གྱི་རྩུ་བླུགས་རྗེས་མངལ་གནས་ཕྲུ་གུ་ལེན་དགོས།

（2）མངལ་གནས་ཕྲུ་གུའི་བཞུ་འགྱུར། ཐོག་མར་ཉིན་རེར་ཤ་གནད་དུPGཐེངས་གཅིག་ལ་རྒྱག་པ་དང་། ཡང་ན་ཁ་ཞི་མོ་སྨན20～30mgཔགས་འོག་ཏུ་རྒྱག་དགོས། མངལ་སྐྱེ་ཁ་ཕྱེས་རྗེས། བྲ་ཚིལ་གྱི་སྨུམ་བུ་སྣོད་དང་མངལ་ལ་བསྐུས་ནས་ལག་པས་རུས་པ་བླངས་ནས་བུ་སྣོད་ནང་གི་སྙིགས་རོ་དག་ཀྱང་མ་ལུས་པར་ཕྱི་ལ་འདོན་དགོས། གལ་སྲིད་རུང་ཆེ་བའི་རུས་པ་ལེན་དཀའ་ན། སྐམ་པས་མངལ་སྐྱེའི་ཕྱི་སྒོ་དང་མངལ་ཁའི་ཉེ་གམ་བཟུང་ཞིང་། དེ་ནས་མངལ་ལམ་འབྱེད་ཆས་ཀྱིས་མངལ་སྐྱེ་ཆེར་ཕྱེས་རྗེས། སྐམ་པ་ཡུ་རིང་གིས་རུས་པ་ཕྱི་ལ་དལ་

མོར་འཐེན་དགོས། དེའི་རྗེས་ཚུ་རྡོད་མ་འཇམ་གྱིས་ཚྭ་ཚུ5%～10%དང་ཧེན་ཞུ་སྣ་ཁུ（碘溶液稀释）ལྡབ400བསྡེབས་ནས་བུ་སྣོད་གཙང་མར་བཀྲུས་རྗེས་ཐུའུ་མེ་སུའུ་སྨན་ཕྱེ250mgགཏོར་དགོས།

（3）མངལ་གནས་ཕྲུ་གུ་ཊུལ་བ། ཐོག་མར0.2%གྱི་སྐྱུར་མཚོ་ཐྲ་ཁུས（酸钾液）བུ་སྣོད་བཀྲུས་རྗེས། མངལ་གནས་ཕྲུ་གུ་ཕྱི་ལ་འཐེན་དགོས། གལ་སྲིད་ཕྱི་ལ་འཐེན་མ་ཐུབ་ན་མངལ་གནས་ཕྲུ་གུའི་སྐྱི་ལྤགས་གཤགས་ནས་དབུགས་སྦུང་བའམ་བྲང་གསུམ་ཧེ་ཚུང་དུ་བཏང་རྗེས་མངལ་གནས་ཕྲུ་གུ་ལེན་དགོས། མངལ་གནས་ཕྲུ་གུ་ཕྱིར་བཏོན་རྗེས0.2%གྱི་སྐྱུར་མཚོ་ཐྲ་ཁུས་བུ་སྣོད་ཡང་དང་བསྐྱར་དུ་བཀྲུ་དགོས་པར་མ་ཟད། DT10IUཤ་གནད་དུ་བརྒྱབ་རྗེས་བུ་སྣོད་དུ་ཐུའུ་མེ་སུའུ་ཕྱེ་གཏོར་དགོས།

ངོ་སྣང་བྱ་དགོས་པ་ཞིག་ལ་གཤག་བཅོས་སྨན་པས་སྦྱིན་དཀར་ལག་ཤུབས་རིང་པོ་གྱོན་ནས་རྐོད་མའི་ལུས་ཡོངས་ལ་སྲིན་འགོག་སྨན་བཅོས་བྱ་དགོས་པར་མ་ཟད། སྨན་པ་རང་ཉིད་ཀྱི་འགོག་སྲུང་ལའང་གཟབ་དགོས།

གཉིས་པ། ཤ་མ་མི་ལྷུང་བ།

རྐོད་མས་ཧེའུ་ཕྲུག་བཙས་རྗེས་ཀྱི་དུས་ཚོད1～1.5ནང་ཤ་མ་ད་དུང་མ་ལྷུང་བ་ལ་ཤ་མ་མི་ལྷུང་བའམ་ཕྲུ་མ་ལུས་པ（retained fetal membranes）

ཟེར། གྲོད་མའི་ཤ་མ་མི་ལྡུང་བའི་ཚད4%ཡིན་པ་དང་། ལས་ཀར་བཀོལ་བའི་གྲོད་མར་ཤ་མ་མི་ལྡུང་བའི་སྣང་ཚུལ་འབྱུང་བ་ཉུང་མང་།

【ནད་རྒྱུ།】 ཤ་མ་མི་ལྡུང་བ་ལ་རྒྱུ་རྐྱེན་མང་པོ་ཡོད་ཅིང་། གཙོ་བོ་ཕྲུ་གུ་བཙས་རྗེས་བུ་སྣོད་ཀྱི་བསྐུམ་ནུས་དང་། ཤ་མ་མ་སྨིན་པའམ་ཁྲག་རྒྱས་པ། རྒས་པ། སླངས་པ། གཞན་ཚད་རྒྱས་པ་སོགས་དང་འབྲེལ་བ་ལྡན།

【ནད་རྟགས།】 ཤ་མ་མི་ལྡུང་བ་ལ་ཤ་མའི་ཆ་ཤས་མི་ལྡུང་བ་དང་ཤ་མ་ཡོངས་རྫོགས་མི་ལྡུང་བའི་རིགས་གཉིས་ཡོད།

1. **ཤ་མ་ཡོངས་རྫོགས་མི་ལྡུང་བ།** ཤ་མ་ཡོངས་རྫོགས་མི་ལྡུང་བ་ནི། མངལ་གནས་ཕྲུ་གུའི་ཕྲུ་མ་མང་ཆེ་ཤས་སྔར་བཞིན་བུ་སྣོད་ཀྱི་འབྱར་སྐྱི་དང་སྦྲེལ་ནས་ཤ་མའི་ཆ་ཤས་ཤིག་མངལ་སྒོར་དཔྱངས་པ་ལ་གོ །མངལ་སྒོའི་ཕྱི་ལ་བརྟེན་པ་ནི་གཙོ་བོ་གཅིན་སྐྱི་དང་མངལ་གནས་ཕྲུ་གུའི་ཤུན་ལྤགས་ཡིན་ཞིང་། དེའི་མདོག་དཀར་པོ་དང་ངོས་འཇམ་པོ་ཡིན། བུ་སྣོད་ལྷོད་པ་ཤས་ཆེ་ན། མངལ་གནས་ཕྲུ་གུའི་ཤུན་ལྤགས་བུ་སྣོད་ནང་ལུས་ཡོད་པའི་རྟགས་ཡིན་པས། མངལ་སྒོར་དཔྱངས་པའི་ཤ་མཐའ་ཆད་སྲིད། གནས་ཚུལ་འདི་ལྟ་བུ་བྱུང་ཚེ་མངལ་ལམ་ལ་བརྟག་དཔྱད་བྱས་ན། ད་གཟོད་བུ་སྣོད་ནང་ཤ་མ་ད་རུང་ལུས་ཡོད་པ་རྟོགས་ཐུབ།

2. **ཤ་མའི་ཆ་ཤས་མི་ལྡུང་བ།** ཤ་མའི་ཆ་ཤས་མི་ལྡུང་བ་ནི་ཤ་མའི་མང་ཆེ་ཤས་ཕྱི་ལ་བརྟེན་ཟིན་ནའང་། ཉུང་ཤས་སམ་ཕྲུ་གུའི་ཕྲུ་མ་བུ་སྣོད་ཀྱི་ནང་དུ་ལུས་པ་ལ་གོ །ལྡུང་ནས་ཉུང་མ་འགོར་བའི་ཤ་མ་ཐང་ལ་བཞག་ནས་ཤ་མ་ཐེད་

པའི་མཚམས་དང་། ཁྲག་རྩ་ཆད་པའི་སྣེ་གཉིས་ཐོ་གཏུག་ཐུབ་མིན་དང་། སྐྱེ་རྟེན་ལོ་མར་གནོད་སྐྱོན་ཐེབས་ཡོད་མེད་ལ་བརྟགས་ན། ཤ་མའི་ཆ་ཤས་མི་ལྷུང་བ་ཡིན་མིན་རྟོགས་ཐུབ། ཤ་མ་མི་ལྷུང་བ་ལ་རྐྱོད་མ་ཚོར་བ་སྐྱེན་པོ་ཡོད་པས། ཕྱིར་བཏང་དུ་རྟེའུ་ཕྲུག་བཙས་ནས་ཉིན་ཕྱེད་ཙམ་འགོར་རྗེས་ལུས་ཡོངས་ལ་ནད་རྟགས་མངོན་ཞིང་ཚ་དྲོད་རྒྱས་ངེས།

【སྨན་བཅོས།】 ཤ་མ་མི་ལྷུང་བ་ལ་སྨན་བཅོས་བྱེད་པའི་རྩ་དོན་ནི་མགྱོགས་པོར་བྱེད་ཐབས་བཀོལ་ནས་སྨན་བཅོས་བྱེད་པ་དང་། ཤ་མ་རྡུལ་བ་དང་བུ་སྣོད་འཁྲུམས་པར་སྔོན་འགོག་བྱེད་པ། སྲིན་འཛོམས་གཉན་སེལ་དང་། ཚ་རྒྱུན་འཛོམས་ན་ལག་པས་ཤ་མ་གཤུད་དགོས། ཤ་མ་མ་ལྷུང་བའི་བཅོས་ཐབས་ལ་རིགས་མང་པོ་ཡོད་ཀྱང་། དེ་དག་སྨན་གྱི་བཅོས་ཐབས་དང་གཤག་བཅོས་ཀྱི་ཐབས་བཅས་རིགས་ཆེན་པོ་གཉིས་སུ་བསྡུས་ཆོག

1. **སྨན་གྱི་བཅོས་ཐབས།** ཤ་མ་མ་ལྷུང་བ་ཐག་གིས་ཆོད་ན། སྨན་ལ་བརྟེན་ནས་སྨན་བཅོས་བྱ་དགོས།

（1）བུ་སྣོད་ནང་དུ་སྨན་འཛོག་པ། བུ་སྣོད་ནང་ལ་གདུབ་བཞི་རྒྱུ་རིགས（四环素族）དང་ཐུའུ་མེ་སུའུ། ཧོང་ཨན་རིགས་ཀྱི་སྨན་དང་། གཞན་པའི་སྲིན་འགོག་གི་སྨན་བཞག་ན། རྡུལ་འགོག་དང་ཞུ་འབྱེད་འགོག་པའི་གོ་ཆོད་ཅིང་། གོང་བརྗོད་ཀྱི་སྨན་དེའི་རིགས་བཞག་རྗེས་ཤ་མ་རང་འགྱུལ་གྱིས་ལྷུང་བར་བསྒུག་དགོས། སྨན་བུ་སྣོད་ཀྱི་འབྲུར་སྐྱི་དང་ཤ་མ་གཉིས་ཀྱི་བར་ལ་འཛོག་དགོས་པ་དང་།

མངལ་སྐྱེ་འཁྲུམས་ཆེ། ཐོག་མར་ཤ་གནད་ལ་མོའི་སྐྱུལ་རྒྱུ་བརྒྱབ་ན། མངལ་སྐྱེའི་ཁ་ཕྱི་ནས་ཟགས་རལ་དུ་གྱུར་པའི་སྙིགས་རོ་དག་ཕྱི་ལ་འདོན་པར་ཕན་ཞིང་། དེ་ནས་རེད་འགོག་གི་སྨན་འཛོག་དགོས། ཉིན་རེར་རམ་ཉིན་གཅིག་རེའི་མཚམས་ནས་ཐེངས་གཅིག་དང་། བསྡོམས་པས་ཐེངས2～3ལ་རྒྱག་དགོས།

（2）ཤ་གནད་ལ་སྲིན་འགོག་གི་སྨན་རྒྱག་པ། ཤ་མ་མི་ལྷུང་བའི་ཐོག་མའི་དུས་རིམ་དུ་ནད་རྟགས་ཀྱི་ལྷོ་ཡང་ལ་གཞིགས་ནས་སྲིན་འགོག་གི་སྨན་ལ་བརྟེན་ཆོག་སྟེ། དཔེར་ན་ཆིང་མེ་སུའུ་སྡོད་རྩར་རྒྱག་པ་དང་ཨིན་ནོ་ཧྲ་ཞིན（恩诺沙星）སོགས་ཤ་གནད་དུ་བརྒྱབ་ན་རེད་སྐྱོན་ཐེབས་པར་སྔོན་འགོག་བྱེད་ཐུབ།

（3）བུ་སྣོད་འཁྲུམ་པ། བུ་སྣོད་ནང་གི་ཟགས་རལ་དུ་གྱུར་པའི་ཤ་མ་དང་གཤེར་ཁུ་མགྱོགས་པོར་ཕྱི་ལ་འདོན་ཆེད། ཐོག་མར་ཞིན་ཁ་མོའི་ཟླུན་ཤ་གནད་དུ་རྒྱག་པ་དང་། དུས་ཚོད་གཅིག་གི་རྗེས་སུ་ཤ་གནད་དམ་པགས་འོག་ལ་སྐྱེ་འདེད་ཀྱི་སྨན（催产素）འཇལ་གཞི་རེར40～5རྒྱག་དགོས་པ་དང་། དུས་ཚོད་གཉིས་ཀྱི་རྗེས་སུ་ཡང་བསྐྱར་ཐེངས་གཅིག་ལ་རྒྱག་དགོས།

2. **གཤག་བཅོས་ཀྱི་ཐབས།** BT4ལག་པས་ཤ་མ་གཤུད་པ་སྟེ། བརྟོལ་སླ་ན་གཤུད་པ་དང་། བརྟོལ་མི་སླ་ན་བཙན་གྱིས་མི་གཤུད་པ། གཙང་མར་གཤུད་མ་ཐུབ་པ་ལས་མ་གཤུད་ན་ལེགས་པ་ནི་བཅོས་ཐབས་འདིའི་རྩ་དོན་ནོ། །རྐྱེན་མའི་ཤ་མི་ལྷུང་བར་དུས་ཚོད24བརྒལ་ན་གཤུད་དགོས། ཤ་མ་གཤུད་སྐབས་མགྱོགས་པ

(སྐར་མ5～20ནང་གཤུད་ཚར་དགོས) དང་གཙང་བ། (སྲིན་མེད་གཙང་གཤུད་བྱ་དགོས) ཡང་ན (ལག་རྩུབ་མོས་བཤུད་མི་རུང་) བཅས་འགྲོངས་པར་བྱས་ནས་བུ་སྣོད་ཀྱི་ནང་སྐྱི་ལ་རྨ་ཁ་བཟོ་མི་རུང་། བུ་སྣོད་ཀྱི་ནང་སྐྱི་ལ་མྱུར་བའི་རང་བཞིན་གྱི་གཉན་ཚད་རྒྱས་པ་དང་། ལུས་དྲོད་འཕར་བའི་གྲོད་མ་ནད་པའི་ཤ་མ་གཤུད་མི་རུང་། གཤུད་པའི་ཐབས་ནི་མངལ་སྐྱེ་ནས་གཅིན་སྐྱི་དང་ཁུལ་སྐྱི་བརྡོལ་མཚམས་བཅལ་ནས་ལག་པ་བུ་སྣོད་ཀྱི་ནང་སྐྱི་དང་ཁུལ་སྐྱིའི་བར་དུ་བསྒྲིངས་ཤིང་། མཐེབ་རྩེ་དང་ལག་མཐིལ་གྱི་མཐའ་ཡིས་ཕྲུ་མ་ལོགས་སུ་ཤུགས་ཡང་མོས་མདུན་དུ་བསྒྲིངས་ནས་བུ་སྣོད་ཀྱི་འབྱར་སྐྱིའི་སྟེང་ཁུལ་སྐྱི་བཤུད་པས་ཆོག

ཤ་མ་བཤུད་རྗེས་ཀྱི་སྨན་བཅོས། ཕྱིར་བཏང་དུ་ཤ་མ་བཤུད་རྗེས་བུ་སྣོད་མ་བཀྲུས་པར་ནང་དུ་སྨན་འཛུག་དགོས་ཏེ། དཔེར་ན་ཆིང་མེ་སུའུ་འཇལ་གཞི་ཁྲི240དང་ལན་མེ་སུའུ་འཇལ་གཞི་ཁྲི100དང་། སྨན་བཅོས་ཆུ་ཚ100mlབཅས་ལ་བསྙེན་དགོས། གཞན་ཏང་ཨན་མེ་ཙོ་ཏིན150mlདང40%ཡི་ལྷོ་ལའོ་ཐོ་ཕིན60mlསྦྱོད་ཙར་བརྒྱབ་ན་གོ་ཆོད་དོ།།

ཏའི་རྒྱུན་མཐོང་ནད་རིགས་འགོག་བཅོས་བྱེད་ཐབས།

དཔེ་སྐྲུན་པ། དབྱང་གྲེང་།

སྒྲིག་མཁན། ལི་ཅིང་། ཉིང་ལིའང་། ཏུའུ་ཏན།

སྒྱུར་མཁན། ཚེ་བརྟན་དཔལ།

རྩོམ་སྒྲིག་འགན་ཁུར་བ། ལི་ཆན།

ཆེད་བསྒོས་བོད་ཡིག་རྩོམ་སྒྲིག་པ། རྒྱལ་ཁྲིམས་བཟང་པོ། དངོས་གྲུབ་སྒྲོལ་མ། ཡེ་ཤེས་ཕུན་ཚོགས།

མདུན་ཤོག་ཇུས་འགོད་པ། ཨ་ལིན།

སྒྲིག་སྒྱུར་མཁན། སི་ཁྲོན་ཏིང་ཞང་གྲངས་འཛིན་པར་འདེབས་ཇུས་འགོད་ཚད་ཡོད་ཀུང་སི།

པར་སྐྲུན་འགན་ལེན་པ། པའེ་ཞུའེ།

དཔེ་སྐྲུན་འགྲེམ་སྤེལ། གནམ་ས་དཔེ་སྐྲུན་ཁང་།

(ཁྲིང་ཏུའུ་གྲོང་ཁྱེར་རྡོའི་ཧྲུའུ་སྲམ་ལམ་སྒོ་རྟགས་ཨང2པ། སྦྲག་ཨང་། 610014)

(པེ་ཅིན་གྲོང་ཁྱེར་ཧྥང་གྲོང་ཧྥང་ཀྲུན་གླིང་ཁུལ3པའི་སྒོ་རྟགས་ཨང3པ། སྦྲག་ཨང་། 100078)

དྲ་གནས། http://www.tiandiph.com

ཡིག་སྒམ། tianditg@163.com

འགྲེམ་སྤེལ། ཞིན་ཧྭ་ཕྱུན་ཤོན་པར་སྐྲུན་སྤྱུན་སྦྱོར་མ་ཀང་ཚད་ཡོད་ཀུང་སི།

པར་འདེབས། ཁྲིན་ཏུའུ་གྲོང་ཁྱེར་ཅིང་ཡཱ་ཏི་ཚོན་ལྡན་པར་འདེབས་ཚད་ཡོད་ཀུང་སི།

པར་གཞི། 2021ལོའི་ཟླ4པར་པར་གཞི་དང་པོ་བསྒྲིགས།

པར་ཐེངས། 2021ལོའི་ཟླ4པར་པར་ཐེངས་དང་པོ་དཔར།

དེབ་ཚད། 889mm×1194mm 1/32

དཔར་ཤོག 7

ཡིག་གྲངས། སྟོང168

རིན་གོང་། སྒོར32.00

དཔེ་རྟགས། ISBN 978-7-5455-6308-5

འབྲེལ་གཏུག་ཁ་པར། (028) 87734639(སྤྱི་ཁྱབ་རྩོམ་སྒྲིག་ཁང་།)

མངག་ཉོ་ཁ་པར། (010) 67693207(ཚོང་གཉེར་སྡེ་གནས།)

དཔར་སྐྲུན་དང་ཆད་ལྷག་བྱུང་ཚེ་ངེད་དཔེ་སྐྲུན་ཁང་ནས་བརྗེ་ཆོག